油气管道科技丛书

油气管道化学添加剂技术

中国石油管道公司　编

石油工业出版社

内 容 提 要

本书在介绍了国内外油气管道发展现状和管道化学添加剂需求的基础上，详细阐述了油气管道三种主要化学添加剂——油品减阻剂、天然气减阻剂、降凝剂。其特点是基本理论与实践经验结合紧密，并在国内首次全面阐述了油气管道化学添加剂技术。

本书可为管道设计与相关工作人员提供相应的参考，也可供石油工程技术、科研及管理人员参考。

图书在版编目（CIP）数据

油气管道化学添加剂技术/中国石油管道公司编.
北京：石油工业出版社，2010.7
油气管道科技丛书
ISBN 978-7-5021-7859-8

Ⅰ. 油…
Ⅱ. 中…
Ⅲ. 油气运输：管道运输-石油添加剂-技术
Ⅳ. TE832.3

中国版本图书馆 CIP 数据核字（2010）第 110437 号

出版发行：石油工业出版社
（北京安定门外安华里2区1号 100011）
网 址：www.petropub.com.cn
编辑部：（010）64523579 发行部：（010）64523620
经 销：全国新华书店
印 刷：中国石油报社印刷厂

2010年7月第1版 2010年7月第1次印刷
787×1092毫米 开本：1/16 印张：12.75
字数：307千字

定价：52.00元
（如出现印装质量问题，我社发行部负责调换）

《油气管道科技丛书》编委会

《油气管道化学添加剂》编写组

编写人：李国平　李春漫　张志恒　刘天佑　刘　兵
常维纯　鲍旭晨　高艳清　徐海红　张金岭
杨法杰　贾子麒　代晓东　郭海峰
审核人：李　莉　张一玲

序

今年是“八三”管道建设40周年。40年前的8月3日，经党中央、国务院批准，大庆经铁岭至抚顺和秦皇岛输油管道工程建设领导小组召开了第一次会议，并将这项工程命名为“东北八三工程”。由此，拉开了我国长距离输油气管道建设的序幕，开创了油气管道运输的一个新的时代。40年来，中国的油气管道从小到大、由弱到强，特别是近10年来得到了突飞猛进的发展，现已成为国家能源重要战略基础设施，为国民经济和社会发展做出了巨大贡献。

回顾40年来我国油气管道的发展历程，既是一部艰苦创业史，更是一部科技创新史。自“八三”管道开始，几代管道人以敢为天下先的精神，以大无畏的英雄气魄，迎难而上，努力拼搏，使我国起步较晚的管道事业有了长足进步。其间，科技进步成为发展的助推器。当年在冻土带管道建设、严寒条件下管道防腐、三高原油工艺参数确定等方面开展了大量艰苦细致的科学试验，为管道的顺利建设提供了技术保障，建立了管道勘察、设计、施工及运营的技术标准，为中国管道运输业的发展奠定了基础。此后，在密闭输送、节能降耗、提高效率等技术改造过程中，科技进步始终发挥着支撑和引领作用。

历史表明，科技创新是推进企业发展的巨大动力。随着经济社会发展和国家油气资源战略的实施，油气管道正进入新一轮大发展时期。面对快速发展中的瓶颈技术和当前制约安全生产的难点问题，必须依靠科技进步加以解决。通过科技创新，加快经济发展方式的转变，提高全面协调可持续发展能力，实现管道事业又好又快发展。

为纪念“八三”管道建设40周年，梳理和总结40年来管道科技发展成果，中国石油管道公司组织编写了这套《油气管道科技丛书》。全套丛书共有9个分册，分别对油气管道运行工艺、化学添加剂、流动保障、完整性管理、腐蚀控制、安全预警与泄漏检测、地质灾害风险管理、检测与修复及国内外技术标准等进行了介绍。这套技术丛书，既是对以往管道运行管理技术的回顾和总结，也是对未来管道科技工作的规划和展望。期冀此套丛书成为管道科技发展的新起点，为管道安全运行提供支撑和保障。

2010年5月　于廊坊

前　　言

为了纪念“八三”管道建设40周年，总结40年来管道科技成就，为科研、设计、运营管理、领导决策提供参考资料，中国石油管道公司组织专家学者和科技人员共计200余人，历时两年编制了这套油气管道科技丛书。全套丛书共分为9个分册，包括：《油气管道运行工艺》、《油气管道化学添加剂技术》、《油气管道流动保障技术》、《油气管道完整性管理技术》、《油气管道腐蚀控制实用技术》、《油气管道安全预警与泄漏检测技术》、《油气管道地质灾害风险管理技术》、《油气管道检测与修复技术》、《国内外油气管道标准对比分析》。本书是丛书的第2分册。

油气管道化学添加剂的研究是石油、天然气储存与运输工程学科重要的工程技术应用与科学研究内容之一，其研究目的就是依据化学的基本原理，采用化学工程的制造技术来制取油气管道化学品，并通过将之直接添加于油气管道的方式，以达到油气管道输送过程中的特定工程目的。随着世界范围内对资源问题的日益关注，我国也开始将“节能减排”作为一项基本国策，该领域的研究与工程技术开发的重要性和学术地位日益突显。

就目前石油、天然气储存与运输工程学科实际现状而言，油气管道输送化学添加剂的工程技术应用与科学研究内容主要涉及油品管道减阻剂、天然气管道减阻剂、原油输送降凝剂和其他原油降粘剂、防蜡剂及缓蚀剂等，同时也包括随该学科的发展需要而不断提出的亟须解决的新的工程技术和应用基础理论研究内容。

本书在介绍了目前通行的管道化学添加剂的分类、功能和对油气品质的影响的基础上，就油品管道减阻剂、天然气管道减阻剂和原油输送降凝剂的研究内容进行了系统论述，主要侧重于论述上述几种油气管道输送化学添加剂的作用机理、合成工艺、相关生产工艺和评价方法，同时对工程实际应用技术和它们的发展趋势作了部分有针对性的论述。

在油品管道减阻剂方面，本书对国内外现有的减阻机理进行了全面综合的论述，并根据我们的研究结果提出了有关减阻机理的新见解。基于我们近十几年从事油品管道减阻剂的合成工艺、工业生产技术和工程应用技术的研究基础，对该部分内容给予了重点论述，并对油品管道减阻剂的未来发展趋势提出了我们的见解。

在天然气管道减阻剂方面，其研究与开发是目前世界新兴研究热点，我们对天然气管道减阻的技术现状进行了综述，特别是对目前的天然气减阻剂减阻机理给予了重点介绍，同时根据我们在该方面的实际研究成果，对现有天然气减阻剂减阻机理进行了论证与解析，对现有天然气减阻剂的实验室合成与评价方法给出了最新研究进展，并对我们所研究的天然气减阻剂的工程注入技术进行了系统的评价，给出了具体可行的技术方案。

在降凝剂方面，本书对降凝剂作用机理及影响降凝效果的因素、现有含蜡原油的降凝降粘技术和降凝剂发展概况进行了全面系统的综述，结合我们长期从事油品管道降凝剂的合成工艺、工业生产技术和工程应用技术的研究经验，对新型降凝剂的研制和工程应用技术给予了重点介绍。

本书是在集成前人研究成果的基础上，结合我们研究团队近十几年的研究成果而形成的。在本书的编写过程中，虽然经过多次修改及补充，但由于作者水平所限，书中的论点及研究内容不一定完整、恰当，疏漏难免，诚恳希望得到读者的批评指正。

编　者

2010 年 5 月

目　　录

第一章　概　　述

世界上大多数油气田都分布在辽阔的旷野、草原、荒漠及无垠的海洋中，而大部分油气消费市场却在人口稠密、经济发达的大中城市及其周边地区，两者可能相距数百甚至数千公里。据美国《油气杂志》报道，全球2008年原油和凝析油产量36.48亿吨，天然气产量30501亿立方米。将这么多石油、天然气千里迢迢地从油气产地运送到消费市场可以采用铁路、公路、水路、航空和管道等任何一种运输方式，但是管道无疑是最合适的运输工具，因为它具有运量大、能耗低、连续输送、安全可靠、不污染环境、不受地理和气象条件影响等特点，因此目前全球石油、天然气产量的90%以上要靠管道输送，大多数国家的石油、天然气管道已成为保障国民经济建设、国防建设和人民生活需要的地下大动脉。

管道运输也存在其不足之处，主要有两点：一点是输量应变能力差，实际输量只能在设计输量范围内，不能过高或过低，否则会因为管压过高而出现安全事故，或因为能耗过大而得不偿失。另一点是管道输送的物料或其混合物必须具有一定的流动性，相对于管壁能够顺利流动。如果在管输温度下呈现固态、半固态或紧紧粘附在壁面上，那么这样难以流动的物料将无法沿管道运送。

对于油气管道而言，化学添加剂可以很好地解决上述两个问题。由于各种化学添加剂具有不同的功能和作用效果，因此其组成、相对分子质量、分子结构及性能也有所不同。例如降凝剂可以明显降低多蜡原油的凝点、屈服值和表观粘度，降粘剂能够降低高粘原油的粘度，而油品减阻剂和天然气减阻剂则可以分别显著降低湍流油品管道和天然气管道的沿程摩擦阻力。不同的化学添加剂通过不同的作用方法影响油气管道的运行，要么能够增加管道输量，提高管输弹性；要么可以降低管道压力，保障管道安全运行。目前的油气管道化学添加剂已应用于各种类型的油气管道中，已成为油气管道节能、降耗、增输和安全运行的有力辅助手段！

第一节　管道化学添加剂的分类

管道化学添加剂大都是有机化合物或高分子聚合物，其分子结构十分复杂，不同种类的化学添加剂之间的组成及结构差别很大。目前，主要是依据用途、功能及作用机理将其分为如下几类：油品管道减阻剂、天然气管道减阻剂、降凝剂。

一、油品管道减阻剂

当今国内外的油品减阻剂，都是高级α-烯烃聚合物，是具有超高相对分子质量（$>10^6$）的带有若干短侧链的单长链高分子聚合物，主要应用于处在湍流状态的原油或成品油管道中。油品减阻剂溶解分散在管输油品中后，管壁附近的减阻剂分子长链被轴向摩擦切应力定向在管流或管轴方向，并具有弹性。由于减阻剂分子抑制了油品微团的径向脉动，使壁面附近的湍流附加切应力减小，因此在管道压降和油品粘度不变的情况下，使管壁附近的时均速度梯度增大，从而可增加管道输量。

二、天然气管道减阻剂

关于天然气减阻剂，目前尚处于研制、筛选和现场应用试验阶段。探讨较多的天然气减阻剂不是高分子聚合物，而是一种化合物；在管道内不是分散在天然气中，而是吸附在壁面上，并形成一层弹性薄膜。其分子结构特点是：分子的一端是极性基团，它可以吸附在管道内表面上；另一端为非极性基团，形成一个新的管道内表面与天然气接触。天然气减阻剂形成的壁面薄膜在一定程度上减小了壁面粗糙度，增加了壁面弹性，抑制了壁面附近的气体脉动，减少了气体的流动阻力。

可以作为天然气减阻剂应用的物质包括某些原油和商业应用的化合物，如某些类型的防腐剂等。防腐剂类型是指脂肪酸胺或脂肪酸酰胺，其中的阳离子氨基或酰胺基官能团是分子的极性基团，而长链脂肪酸官能团则是包含 18 ~ 54 个碳原子的非极性基团。

三、降凝剂

降凝剂也是一种高分子聚合物，但相对分子质量远小于油品减阻剂。主要应用于多蜡原油管道中，通过吸附和共晶作用，改善原油中的蜡晶结构，明显降低原油的凝点、屈服值，并附带有降粘作用，改善原油的低温流动性。降凝剂一般由非极性长链烃和极性基团组成。在原油降温重结晶过程中，降凝剂的非极性长链烃与原油中的正构烷烃（石蜡）吸附共晶，极性基团阻止蜡晶形成网络结构。目前普遍应用的降凝剂是 EVA 系列降凝剂（乙烯—乙酸乙烯酯共聚物）。

与减阻剂、降凝剂相比，降粘剂的研究和应用比较少。由于降凝剂在降低含蜡原油凝点的同时，还能够明显降低低温（低于析蜡点）含蜡原油的粘度或表观粘度，况且几乎所有原油都含有石蜡，只是含蜡量多少不同而已，因此常常考虑采用降凝剂降低原油粘度，改善原油低温流动性。但是当原油中石蜡含量很低而胶质、沥青质含量较高时，影响原油粘度的主要因素是胶质、沥青质而不是石蜡，此时应用降凝剂就不会有明显的降粘效果，达不到实用要求。此时要降低原油粘度，就只能采用降粘剂。目前降粘剂的降粘效果并不很理想，其应用也是集中在油田的短距离管道。

其他管道化学添加剂还有防蜡剂、缓蚀剂等。顾名思义，前者的主要作用是防止石蜡在壁面上沉积，后者的主要作用是延缓管壁的腐蚀。

第二节　管道化学添加剂的功能

在油气管道化学添加剂中，用于油气管道输送的化学添加剂主要有减阻剂、降凝剂和降粘剂。虽然它们的分子结构、作用机理和应用方法不同，但其基本功能或最终用途都是为了

减阻增输、节能降耗和保障管道安全运行。

当流体管道稳定运行时，外界提供的管道两端压差等于管道摩阻压降与管道两端高程差之和，其中管道两端的高程差是由于地形地势导致，无法改变，因此提高管道输量有两种办法：一种办法是提高泵压，管道输量跟着提高，这是常用的方法；另一种是减小流体沿管道流动的摩擦阻力，泵压不变也可以提高管道输量，这是减阻增输方法，其中最重要的手段就是应用管道化学添加剂。

一、降低油气管道沿程摩擦阻力

1. 减小水力摩阻系数（降低油品粘度和壁面粗糙度）

对于任何流体（气体或液体）管道，稳定流动时流量与沿程摩阻压降的关系为：

$$\Delta p = \lambda \frac{8L\rho}{\pi^2 d^5} Q^2 \qquad (1-1)$$

式中　Δp——管道沿程摩阻压降，Pa；

λ——水力摩阻系数；

L——管长，m；

d——管内径，m；

ρ——流体密度，kg/m^3；

Q——流量，m^3/s。

在不同流态下，水力摩阻系数 λ 可表示为：

$$\lambda = \begin{cases} 64/Re & \text{（层流）} \\ 0.3164/Re^{0.25} & \text{（光滑区湍流）} \\ 0.11\left(\dfrac{\delta}{d} + \dfrac{68}{Re}\right)^{0.25} & \text{（混合摩擦区湍流）} \\ 0.11\left(\dfrac{\delta}{d}\right)^{0.25} & \text{（粗糙区湍流）} \end{cases} \qquad (1-2)$$

式中　Re——雷诺数，$Re = \dfrac{4Q}{\pi d \nu}$；

δ——壁面粗糙度，m；

ν——流体运动粘度，m^2/s。

由式（1－1）可以看出，对于某一条管道，若管输流体的密度和输量不变，则减小沿程摩擦阻力的唯一方法是减小水力摩阻系数 λ。

式（1－2）表明，对于某一条管道，水力摩阻系数 λ 在流量不变的条件下只与流体流态、运动粘度 ν 和壁面粗糙度 δ 有关。在不同流态下，流体粘度和壁面粗糙度对水力摩阻系数影响的权重不同，这就决定了各种管道化学添加剂的应用范围：层流时，λ 与 ν 成正比；光滑区湍流或混合摩擦区湍流时，λ 与 $\nu^{0.25}$ 成正比；粗糙区湍流时，λ 与 ν 无关。

由于降粘剂的作用就是降低高粘原油的粘度，降凝剂在降低多蜡原油凝点的同时还能明显降低原油粘度，因此它们主要是应用于层流油品管道，其次是光滑区或混合摩擦区湍流油品管道。在粗糙区湍流油品管道中，油品粘度变化对沿程摩阻压降无任何影响。高粘原油管道几乎都处于层流状态，多蜡原油加热输送管道都处于光滑区湍流状态，低温低输量时会处于层流状态，所以原油管道应用降凝剂、降粘剂的降粘减阻效果是非常明显的。

当流体管道处于混合摩擦区湍流或粗糙区湍流时，λ 与 $(\delta/d)^{0.25}$ 成比例；当处于层流或光滑区湍流时，壁面粗糙度对水力摩阻系数无任何影响，因此降低壁面粗糙度只会降低处于混合摩擦区湍流或粗糙区湍流的流体管道的摩阻压降。油品管道很少进入混合摩擦区，而大部分天然气管道却处于混合摩擦区或粗糙区，因此降低壁面粗糙度可以明显降低天然气管道的沿程摩阻压降。目前降低壁面粗糙度的主要方法是施加内涂层，不过从经济效益方面考虑，管径小于400mm 的天然气管道不适于采用内涂层，而正在运行的管道又难于施工，这是内涂层技术的不足之处。天然气减阻剂依靠其极性基团，牢固地吸附在壁面上，尤其是壁面凹陷处吸附堆积得更多，在一定程度上减小了壁面粗糙度，降低了管道摩阻压降。

2. 改变脉动结构和时均速度分布（抑制近壁层内流体径向脉动）

式（1－1）、式（1－2）给出了流体粘度或壁面粗糙度对水力摩阻系数和沿程摩阻压降的影响，也就是说，如果流体粘度和壁面粗糙度都没发生变化，那么当输量不变时，沿程摩阻压降一定不变。不过，只有当管道具有刚性壁面和管输物料是均质流体时，式（1－1）、式（1－2）才是正确的。如果壁面具有弹性或流体质点不均匀，那么不仅流体的边界条件发生变化，而且流体内的脉动结构和时均速度分布也会发生改变，严格地讲，式（1－1）、式（1－2）不再适用。若采用式（1－1）研究问题，则 λ 应被看作是“当量”水力摩阻系数，而且也不能利用式（1－2）计算。

在油品管道中加入微量减阻剂后，加剂油品粘度不变或稍有增加，而管道壁面粗糙度不会发生任何变化，依照式（1－1）、式（1－2），当管道输油量不变时沿程摩阻压降应该不变或稍有增大。但是，若油品管道流态为光滑区湍流或混合摩擦区湍流，则沿程摩阻压降不仅没增加反而明显下降。其原因就是加入减阻剂后湍流结构或脉动结构发生了很大变化，具体地说，是减阻剂分子抑制了近壁流体层中油品微团的径向脉动。详细内容参看第二章。

如果油品管道或天然气管道的管壁内表面具有弹性，那么同样可以抑制壁面附近油品或天然气微团的径向脉动，同样具有降低沿程摩阻的作用。天然气减阻剂在壁面上可以形成弹性薄膜，因此具有改变壁面附近天然气脉动结构并实现减阻的能力。

二、降低多蜡原油管道启动压力

当多蜡原油温度低于析蜡点后，原油从单相液态逐渐变成液固二相体系：蜡晶颗粒为分散相，液态烃为连续相。随着油温降低，蜡晶生长成网络状连续相，液态烃被分隔成分散相而失去流动性，原油似乎“凝固”了。实际上是“凝而不固”的，只要外加剪切力就能破坏石蜡网络结构，液态烃被“解放”，原油就又能流动了。一般给出的原油凝点是个条件性指标，是在规定条件下测定的原油“不能流动”时的最高温度（或能“流动”时的最低温度），但在凝点时各种原油的屈服值处在一定范围内，通常为5～10Pa。

降凝剂注入多蜡原油后，降低了石蜡网状结构的强度，使其易于破碎，即破坏石蜡网状结构所需的外加剪切力（等于屈服值）减小，或者说多蜡原油的凝点降低了。

热输多蜡原油管道长期停输后再启动时，油温远低于正常运行时的油温。如果启动时油温接近原油凝点甚至低于原油凝点，那么要想使原油能够流动，首先需破坏石蜡网状结构，

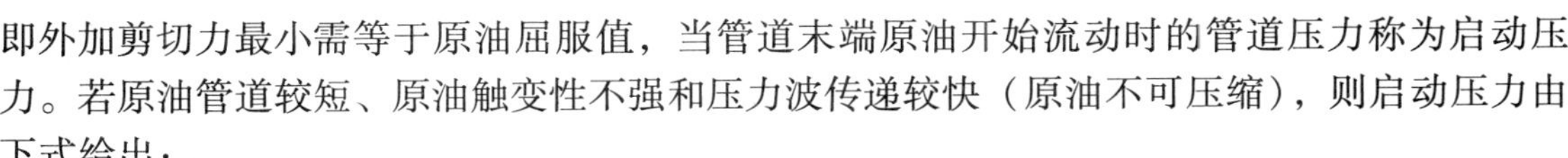

即外加剪切力最小需等于原油屈服值，当管道末端原油开始流动时的管道压力称为启动压力。若原油管道较短、原油触变性不强和压力波传递较快（原油不可压缩），则启动压力由下式给出：

$$\Delta p = \frac{4\tau_y L}{d} \tag{1-3}$$

式中 Δp——启动压力，Pa；

τ_y——启动油温下原油屈服值，Pa。

显然，降凝剂降低了原油屈服值τ_y，也就降低了启动压力。一般情况下，真实管线的启动压力比式（1-3）计算值小。

第三节 管道化学添加剂对油气品质的影响

管道化学添加剂的基本组成与石油类似，都是有机烃类与少量杂质的混合物。

原油是指油田开采的未经加工炼制的天然石油，是多组分的复杂混合物，除碳、氢外还含有少量氧、硫、氮等其他微量元素，既含有液态低烃类物质，又含有胶质、沥青质和石蜡等重烃物质。因为管道化学添加剂的成分或在原油本身中含有，或经由原油炼制后产物反应所得，同时原油也必须经过炼制才能应用，所以原油中加入微量（10~1000mg/kg）化学添加剂对其经济价值和实际应用不会产生任何影响。只要原油管道输送需要并能够产生经济效益或社会效益，原油管道就可以采用任何类型的管道化学添加剂。

天然气是以甲烷为主，含有少量乙烷、丙烷的气体混合物，天然气减阻剂是目前很可能应用于天然气管道中的化学添加剂。与直接注入油品中的降凝剂、油品减阻剂、降粘剂等不同，天然气减阻剂不进入天然气中，而是涂敷在管壁上，形成一层弹性吸附膜。虽经长时间使用后会逐渐脱离管壁，而进入天然气中，但由于用量极少，且脱离速度很慢，使得真正进入天然气中的天然气减阻剂近于痕量，从而对天然气气质的影响可以忽略不计。

成品油是由低相对分子质量的轻烃组成，且干净无杂质。在成品油管道中应用的管道化学添加剂主要是油品减阻剂，它是超高相对分子质量烃类，因此将其注入成品油管道中后，可能对成品油品质有影响，在应用前应对其影响作出评估。

首先实验检测减阻剂含量不同的管输成品油的品质。任何成品油的品质参量都存在合格范围，且在出厂时都有一定的富余量。由于减阻剂注入量极小，因此加剂油品的质量虽然会降低，但当加剂量小于某一临界值时仍然能够满足要求。只要管道油品中减阻剂加剂量小于该临界值即可应用。

再者，减阻剂分子是超高相对分子质量（$>10^6$）的单长链高聚物，且长链中仅含碳、氢两种元素，与成品油为同族烃类物质，因此将含有减阻剂的成品油经过一定时间的泵剪切使其降解，可使减阻剂对成品油品质的影响明显降低。

在减阻剂产品的后处理过程中，需要添加固体分散剂、增稠剂和表面活性剂等化学物质。在用于成品油的减阻剂产品中，应避免加入对成品油性质有影响的化学成分。中国石油管道公司科技中心已研制出成品油减阻剂，并成功地在兰成渝、西南及抚鲅等成品油管道上进行了现场试验和应用。

事实上，美国 Conoco 公司曾专门做过实验，把加入 20mg/kg 减阻剂的柴油和汽油在发动机中长时间燃烧，与不加减阻剂的油品进行比较，无任何不良影响，完全可以正常使用。

一般对航空燃料质量的要求是非常严格的，普通减阻剂不允许应用。为此美国 Baker Petrolite 公司生产出纯烃类的 Flo xs 减阻剂产品，不含金属盐类、不含水、不含胺以及表面活性剂，将可能是第一个用于航空成品油输送的管道化学添加剂。

油气管道化学添加剂对管道系统的影响只有一“点”，即在管道首端合适的某一点开挖一个化学添加剂注入孔，而管道的其他部位和设备都不需要改变。其工艺相对简单、便捷，但却能起到明显的效果，增加管道的安全性和经济性，同时因为加入量很小，故而不会发生负面影响。对于管道运营企业来说，应用化学添加剂无风险、成本低（只有化学添加剂产品费），但可获得巨大的经济效益和社会效益。

参 考 文 献

[1] 江宏俊．流体力学．北京：高等教育出版社，1985.

[2] 刘兵，崔涛．油气管道减阻增输与高聚物应用．油气储运，2007，26（10）：7~14.

[3] 李国平，刘兵．天然气管道的减阻与天然气减阻剂．油气储运，2008，27（3）：15~21.

[4] 刘天佑，高艳清．原油长输管道启动压力研究．油气储运，1997，16（12）：7~13.

[5] 中国石油管道公司管道科技中心信息与经济研究所．世界管道概览．北京：石油工业出版社，2004.

第二章　油品管道减阻剂

在湍动流体管道中加入少量某种化学添加剂，可以明显降低管道沿程摩擦阻力，这种化学添加剂叫做减阻剂（DRA）。应用于油品管道的减阻剂称为油品管道减阻剂或油品减阻剂。

第一节　油品减阻剂的发展概况

一、减阻现象

长期以来有很多关于流体里的污染物会引起摩阻减小的报告。早在1883年就有河道淤泥使流量增大的记载。19世纪末在大水箱里进行标准船只模型实验时发现阻力有约10%的减小，后来才知道这是由于水中藻类所产生的微量高分子粘液引起的。第一个做减阻实验的人是Hele Shaw（1897），他对海洋动物皮肤上的阻力很感兴趣，并且通过向水中加入胆汁的办法试图模拟动物表皮的可溶性粘液。流动试验表明这种奇怪的添加剂甚至对于很粗糙的表面亦有减阻效果，但是对于管道的实验结果却没有定论。第二次世界大战末期，K Mysels和他的助手向大流量汽油管道中加入Napalm（一种肥皂）后，观察到管道压力明显降低，由于战争的影响，这个现象没有被充分研究。第一份关于减阻现象的书面资料是由Mysels所申请的专利。1946年，Toms在第一届国际流变学会议上发表了第一篇关于高聚物减阻的论文，指出以少量的聚甲基丙烯酸甲酯（PMMA）溶于氯苯中，摩阻降低约50%，因此，高聚物减阻又称为Toms效应。Toms在1974年由B. H. R. A.组织的国际减阻会议上作报告，介绍了有关这一发现的历史背景。在这一现象还未引起人们关注的时候，从得克萨斯油田又传来令人振奋的消息：人们发现用来稳定钻孔泥浆中颗粒的瓜尔胶（Guar gum）也可以大大降低泵送压力。Savins（1961）意识到这项技术的重要性并开始研究它的实际应用，他也是引入“减阻”（Drag Reduction）名词的人。

二、油品减阻剂分类

减阻剂按照应用的流体介质分类可分为两大类：水相减阻剂和油相减阻剂。常用的水相减阻剂有聚丙烯酰胺（PAM）、聚环氧乙烷（PEO）、天然胶类（如瓜尔胶）、羟甲基纤维素钠盐（CMC）、羟乙基纤维素及一些无机高聚物如多聚磷酸钾等。由于实际应用的需要，油相减阻剂大多集中在能溶于脂肪烃的聚合物上，如聚异丁烯、聚长链α-烯烃、氢化聚异戊二烯、乙烯—丙烯嵌段共聚物、聚对烷基苯乙烯及聚甲基丙烯酸长链烷基酯等。另外，一些有机酸的盐类也具有减阻效果，如油酸和环烷酸的铝皂、钠皂等。这些皂类虽然是低分子化合物，但它们能够形成长链的胶束，在高剪切应力下，胶束发生断裂，失去减阻性；但在低剪切应力下，胶束可恢复，又具有减阻性能。而高聚物型的减阻剂在剪切降解后，减阻性能发生不可恢复的降低。在石油工业中，水相减阻剂的应用仅限于油田压裂，而油相减阻剂广泛应用于原油和成品油管道输送，也称为油品管道减阻剂。

依据减阻剂的分子结构、作用机理和研发经历，油品管道减阻剂可分为三类。

1. 高分子减阻剂

高分子减阻剂是具有超高相对分子质量（$>10^6$）的单长链高聚物，是目前普遍应用的油品管道减阻剂，例如美国 Conoco 公司生产的油品减阻剂 CDR101 和国产 EP 系列减阻剂都是聚长链 α-烯烃，其减阻机理可用“近壁层径向脉动抑制说”解释。在湍流管道的近壁流体层中，流体时均速度梯度和轴向摩擦切应力都很大，将高分子长链定向在管流方向并具有弹性，使近壁流体层发生很大变化：抑制了流体径向脉动→在管道压降不变时增加时均速度梯度→增加近壁流体层和管道核心区流体的时均速度→增加输量。高分子减阻剂的优点是用量少、应用方便、减阻效果明显。主要缺点是剪切降解，即加剂油品通过输油泵、减压阀和细密过滤网等高速剪切后，高分子长链会断裂，而且这种降解断裂是永久性的、不可逆的。因此，当加剂油品通过高速剪切后，若要恢复减阻剂的减阻增输效果，唯一的办法就是再补充适量的减阻剂。

2. 表面活性剂类减阻剂

表面活性剂类减阻剂是通过在流体中形成胶束而实现减阻的。由于其分子体积很小，在高剪切力作用下不会断裂降解，而被高剪切力破坏了的胶束体系在剪切力减小后会重新恢复起来，即应力控制可逆性，因此它们具有良好的抗剪切性能。但是为了要形成可以实现减阻的胶束就必须使表面活性剂的含量达到临界浓度，因此表面活性剂的用量较大，很不经济，因而尽管具有抗剪切的优越性，却不适于在原油管道和成品油管道中采用。

3. 缔合型高分子减阻剂

为了解决减阻共聚物的超高相对分子质量与剪切易降解之间的矛盾，受胶束减阻抗剪切原理——应力控制可逆性的启发，人们想到了合成一种缔合型高分子减阻剂，这种减阻剂由能先于共价键断裂并能恢复的缔合键（如配位键、氢键）构成。利用缔合键的缔合可逆性来解决高分子链在剪切作用下的不可逆降解问题，这一设想推动了 20 世纪 80 年代以后的减阻剂研究工作。

Peiffer 和 Kowalik 等人合成了溶于芳烃的聚两性电解质减阻剂 NVP，这是一种乙烯基吡啶与苯乙烯及其磺酸盐的三元共聚物，结构式如图 2-1 所示。

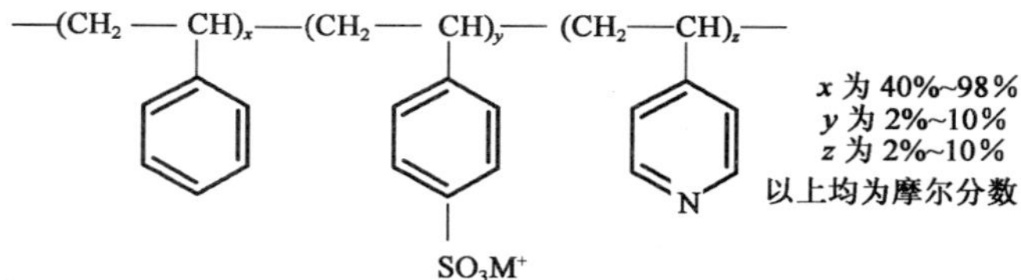

图 2-1　聚两性电解质减阻剂 NVP 结构式

通过苯乙烯磺酸盐的过渡金属离子 M 的空轨道与乙烯基吡啶中 N 的孤电子对进行配位，

形成缔合键，但缔合不仅发生在不同的 NVP 分子之间，同样会发生在同一 NVP 分子之内，这样必然会影响高分子链的充分伸展，甚至使高分子链卷缩而影响减阻效果。1986 年，Kowalik 等人在 NVP 的基础上，又设计研制了分子间缔合性混合物减阻剂，主要有 SVP/C8－ESTER－ACID 和 SVP/Zn－S－EPDM 两种，其中 SVP 是苯乙烯（92%）/乙烯基吡啶（8%）的共聚物，C8－ESTER－ACID 是 1－辛烯（99%）/十一碳烯酸甲酯（>0.9%）/十一碳烯酸（<0.1%）的三元共聚物，Zn－S－EPDM 是乙烯（55%）/丙烯（45%）/亚乙基降冰片烯（5%）的三元共聚物（含 0.3% 的磺酸锌）。电子给予体（A）和接受体（R）被分别安置在不同的分子链上（此处 A 是 SVP 中的 N；R 是 C8－ESTER－ACID 中的 H 和 Zn－S－EPDM 中的 Zn），这样基本消除了分子内缔合的影响。

到目前为止，工业化生产并在油品管道中应用的油品管道减阻剂就是高分子减阻剂，其代表是 α－烯烃类减阻剂。对聚合物通过不同的后处理工序，可以获得不同外观形态和使用性能的减阻剂产品，见表 2－1。

表 2－1　减阻剂产品的主要类型

减阻剂类型	优　点	缺　点	使 用 情 况
高粘度胶状减阻剂	—	粘度很大，需要特殊的注入设备	基本淘汰
低粘度胶状减阻剂	粘度较低，无需特殊的注入设备	浓度很低，运输工作量很大	广泛用于成品油管道
水基乳胶状减阻剂	浓度较高，运输工作量较小	储存时间短，稳定性差，会将水等杂质带进管输流体	广泛用于原油管道
非水基悬浮减阻剂	粘度低，浓度高，储存时间长，不会将水等杂质带进管输流体	—	新技术，可用于原油及成品油管道

一般而言，高粘度胶状减阻剂是减阻剂的早期产品类型，由于对现场应用设备要求较高，需特殊的压力装置，使用很不方便，加之运输费用较高，现在已基本淘汰。低粘度胶状减阻剂中除溶剂和聚合物外不含其他物质，因此不会污染所输油品，可用于成品油管道。虽然水基乳胶状减阻剂产品中聚合物的浓度高，可大量节约运输和储藏费用，但产品中含有较多的添加剂，会对成品油造成一定程度的污染，因此主要用于原油管道。非水基悬浮减阻剂是最新产品，粘度低、浓度高、便于储存和运输，既可用于原油管道，又可用于成品油管道。

三、油品减阻剂研制

20 世纪 50 年代到 60 年代初期，减阻研究多局限于流变学、化工和石油部门。高聚物减阻从 60 年代中期以后，开始引起流体力学工作者的注意，并广泛开展了研究工作。60 年代末，减阻剂的研究已经取得了很大的进展，但在石油工业中大规模地应用仍局限于油品压裂，而且多限于水相添加剂。减阻技术的潜力未得到充分的发挥，除了技术、经济上的原因外，对减阻剂前景悲观的估计也阻碍着这项技术的发展。如研究减阻剂的权威人士依据实验室的数据认为，减阻的起始流速高达 2.59～4.33m/s。对于原油管道而言，在这么高的流速下，聚合物柔性长链的降解会是严重的问题，聚合物的减阻效果会很差甚至不会产生减阻作用。为了弄清这些问题，大陆石油公司（Conoco 公司的前身）在该公司的两条原油管道及实验室管式粘度计上进行了大量的试验，利用试验数据拟合了一个用于 ϕ100 ~400mm 管道的公式：

$$DR = \frac{(V-1.5)C}{[23+2.2V+0.093C(V-1.5)]^{0.312}}$$

式中 DR——减阻率,%；

V——流速，in/s；

C——CDR 注入浓度，mg/kg。

大陆石油公司的试验结果解决了在大口径管道中应用减阻剂的若干技术难题，证明了减阻剂技术在工业管道上应用是可行的。1972 年美国 Conoco 公司生产的 CDR 减阻剂取得了第一个专利。1979 年是个转折点，CDR 减阻剂在进行了大量试验后，正式工业化生产并首次应用于横贯阿拉斯加的原油管道，取得了巨大的经济效益和社会效益，揭开了管道运输行业应用减阻剂的序幕。

以 Conoco 公司为代表的减阻剂生产厂家，已使减阻剂生产工艺和应用技术得到了很大的发展，减阻剂自身物性不断改善，减阻剂注入更加方便，减阻效率成倍提高。例如，Conoco 公司已将其注入设备标准化，减阻剂产品也从第一代 CDR101 发展到 CDR102、CDR103 和 CDR LP（Liquid Power）。美国 Baker Hughes 公司生产的减阻剂产品就有近十种，适用于不同的油品：汽油、煤油、柴油、液化气及不同含蜡量的原油等。此外，芬兰的 Neste 公司、泰国的 EEI 公司也生产出了性能较好的减阻剂产品。总之，国外减阻剂的研究和生产发展很快，但由于减阻聚合物的生产条件很难控制，因此只有极少数公司垄断该技术，如美国 Conoco 公司、Baker Hughes 公司，它们的产品基本上代表了目前世界上最高水平和发展方向。

国内减阻剂研究起始较晚。浙江大学在 20 世纪 80 年代进行了 ZDR、EPO 等系列减阻剂的实验室研制。ZDR（ZDR -1、ZDR -2、ZDR -3）系列减阻剂样品是采用 C_9 ~ C_{14} 混合 α - 烯烃聚合而成，当时 ZDR 与 Conoco 公司的 CDR102 曾做过对比，性能要差一些，据分析是由于相对分子质量较小的缘故。EPO 型减阻剂是采用乙烯、丙烯、1 -辛烯的三元共聚物，研究的结果是当三元共聚物中辛烯单元 3% ~9%，丙烯单元 35% ~28% 时能在很少的加剂量下获得较大的减阻率。

成都科技大学在减阻剂的实验室合成方面也做了一些探索性的工作，其 PDR 型减阻剂是用甲基丙烯酸高级酯聚合而成，室内减阻效果较好。

但是由于种种客观原因，减阻剂室内研究工作没有深入进行，因此到 90 年代末，我国还没有工业化生产的减阻剂产品，这与我国管道运输工业的发展是极不相称的。1997 年，“油品减阻剂的研究与应用技术开发”被列为中国石油管道公司的重点科研攻关项目，经四年的刻苦努力，研制成功 EP 系列油品减阻剂，形成了具有独立知识产权的中试规模减阻剂生产能力，填补了国内空白，获得了 2002 年国家级新产品证书和 2008 年国家技术发明二等奖。该系列减阻剂性能与国外先进产品相当，但成本仅为国外剂的 1/3，同样规模生产装置的成本仅为国外的 1/20。

四、油品减阻剂应用

减阻剂技术具有成本低、见效快、减阻效果明显和应用简便灵活的特点，通过减小流体流动阻力，可以达到增加输量、降低管压、减少固定投资、提高管输弹性和克服管道“瓶颈”段的目的。目前全世界有数百条原油和成品油管道应用减阻剂，其中美国阿拉斯加原油管道是世界上首次应用减阻剂的工业管道，也是减阻效果和经济效益非常高的管道。

阿拉斯加管道处于北极圈内的永冻土地带，绝大部分区域荒无人烟。该管道长1287km、管道内径1194mm，设计输量13250m^3/h，设计泵站12座，1977年仅建成8座泵站。该条管线大规模使用减阻剂的原因有两点：一是1977年8号泵站毁于大火，输量降至4640m^3/h，急需应用减阻剂提高输量；二是油田产量上升，面临增建泵站或是应用减阻剂的选择。1979年，大陆石油公司在大量试验的基础上，决定在该管线上首次应用CDR101减阻剂，当加剂量为20g/t时，不仅增输率达到12.2%，满足了油田开发的需要，而且替代了待建的三座泵站。

减阻剂不仅适用于原油管道，而且也适用于成品油管道。国外许多成品油管道，随着季节和消费需求的变化，管输油品的牌号也在不断变化，常常导致输量超过管道的运输能力。例如美国西南部有一条ϕ200mm的成品油管道，由于夏季汽油用量增大，多次出现96.6km长的“瓶颈”管段。这种临时的紧急性问题，采用其他方法难以奏效，而应用减阻剂可以迅速、方便、经济地解决问题。应用减阻剂使摩阻下降40%，增输近30%。由于减阻剂的主要成分是碳、氢，而且油品中加入量很小，因此针对某种油品只要适当改变减阻剂生产工艺，那么添加减阻剂就不会影响油品质量和用户的使用。在多种油品顺序输送的长输成品油管道中，某种油品中加入的减阻剂会不会混入另一种相邻的油品中呢？由于成品油管道大多处于湍流的粗糙区或混合摩擦区，因此其时均速度分布呈“高原”状：即四周壁面附近流体的时均速度从零急剧增大，而绝大部分区域（管道核心区）流体的时均速度很大而且相差很小。这样的速度分布导致相邻油品的混油量很小，从加剂油品混入相邻油品的减阻剂也就很少。为了证实这个问题，有人在美国俄克拉荷马州的一条成品油管线中做试验：在某种油品中减阻剂注入量为30~70g/t，相邻油品中不含减阻剂，输送一定距离后的测试数据表明，在两种油品的界面处减阻剂含量突然降低，以至于难以测出其存在（<1g/t），这就为长距离顺序输送不同油品灵活应用减阻剂提供了可能。

从20世纪80年代中期开始，国内采用进口减阻剂在长输石油管道上进行减阻增输现场试验。早在1984年，由于大庆油田和胜利油田产量的迅速增加，几条输油管道相继满负荷运行，为解决产销矛盾，引进美国Conoco公司和Arco公司的减阻剂，取得了一定的效果。之后又在铁大线（铁岭—大连）、东黄线（东营—黄岛）、秦京线（秦皇岛—北京）、花格线（花土沟—格尔木）等多条原油管道上进行试验，结果表明，减阻剂的减阻效果是比较明显的。1997年，美国BPCI公司生产的Flo减阻剂在格拉线（格尔木—拉萨）成品油管道上进行了试验和应用，也显示出明显的减阻作用。

自2001年EP系列减阻剂研制成功并批量化生产以来，由于该剂减阻效果明显，且产品价格低廉，因此广泛应用于国内多条原油和成品油管道，如库鄯线（库尔勒—鄯善）、大铁线（大庆—铁岭）、兰成渝线（兰州—成都—重庆）、旅大线（旅顺—大连）、湛茂线（湛江—茂名）等。EP系列减阻剂不仅占有国内90%左右的减阻剂市场，而且在2002年还成功打开国际市场，英国、伊朗、苏丹先后应用EP系列减阻剂。至2008年底，应用EP系列减阻剂累计产生直接经济效益3.1亿元人民币，应用企业获得新增经济效益32.6亿元人民币。除经济效益外，应用减阻剂还会产生巨大的社会效益。例如2008年5月，四川发生特大地震灾害，作为灾区唯一的一条成品油管道兰成渝成品油管道，成了保障抢险工作顺利进行的一条生命线。地震可能使管道变形、移位，导致管道承压能力下降，在运行过程中一旦发生断裂，后果将十分严重。在余震频繁和地质情况不明的情况下，通过添加EP减阻剂，在保证原输量的条件下，管道压力降低20%以上，保证管线安全、平稳运行，对抗震救灾起到了至关重要的作用。

第二节　油品减阻剂的减阻机理

油品减阻剂主要是指高分子减阻剂。目前普遍认为高级α-烯烃的高分子聚合物具有优良的减阻性能，因此国内外原油和成品油管道中应用的减阻剂都是聚α-烯烃类高聚物，相对分子质量为$10^6 \sim 10^7$。减阻剂分子在油品中溶解后，在油流中呈梳状伸展。分子结构式如图2-2所示。

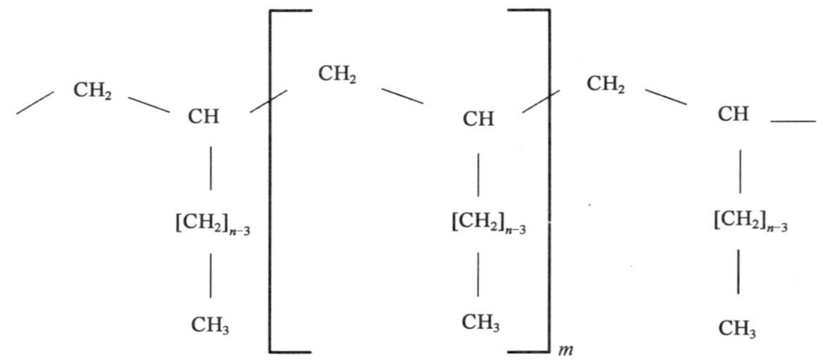

图2-2　聚α-烯烃分子结构式

为了解释高聚物减阻现象和减阻规律，曾提出多种减阻机理假说。早期减阻机理研究大致分三类：第一类研究的重点是高聚物分子本身，通过研究高聚物分子在湍流中分子链形态变化特点和运动特性，来推测高聚物的加入对湍流的影响；第二类研究的重点是高聚物对湍流统计量的影响，通过比较高聚物加入前后湍流统计量的变化研究减阻机理；第三类研究的重点是高聚物对湍流拟序结构的影响，通过湍流结构变化分析减阻的原因。

高聚物减阻机理比较复杂，不仅与高聚物的组成、相对分子质量和分子结构有关，也与流体的流动状态、湍流结构有关。人们通过总结某些高聚物减阻规律提出了各种减阻假说，常常可以圆满解释某些减阻现象，而对另一些减阻现象却显得无奈。“近壁层径向脉动抑制说”基本上可以解释至今发现的减阻规律和减阻现象。

一、早期减阻机理假说

具有代表性的早期减阻机理假说有如下三种。

1. 伪塑说

这是最早提出的减阻机理假说。Toms 提出，聚合物溶液具有伪塑性，剪切速度越大，表观粘度越小。当溶液沿管道流动时，壁面附近剪切速度大，表观粘度小，因此使流动阻力减小。膨肿性流体的流变特性与伪塑性流体刚好相反，即剪切速度越大，表观粘度越大。Walsh 利用聚甲基丙烯酸溶液（膨肿性流体）做实验，也有很强的减阻作用，因此伪塑说被否定。

2. 湍流脉动抑制说

由于高聚物只对湍流具有减阻作用，而对层流没有任何减阻作用，因此人们自然会联想到，高聚物的减阻作用是因为高聚物分子抑制了流体脉动或漩涡，降低了流体脉动强度的结果。Pinho、Rudd 等人分别用激光测速仪测量了管流和槽流中的湍流统计量，实测结果表明，高聚物的加入，不是减弱了湍流强度，而是改变了湍流结构。还有文献指出，在实验中，在管道中心注入减阻剂没有减阻作用，只有在壁面附近注入减阻剂才有减阻效果。显然，利用湍流脉动抑制说无法说明这些问题。

3. 粘弹说

这个假说的前提是含有减阻剂的液体具有粘弹性。随着粘弹性流体力学的发展，有人提出高聚物溶液的减阻作用是由于溶液粘弹性与湍流漩涡发生相互作用的结果。湍流漩涡的一部分动能被聚合物分子吸收，以弹性能的形式储存起来，使漩涡动能减少，漩涡摩擦消耗的能量随之减少。有人将聚合物分子的松弛时间与漩涡的持续时间进行了比较，发现聚合物分子的松弛时间大于漩涡的持续时间，说明聚合物分子的弹性似乎的确起了作用。虽然粘弹说被不少学者接受，但是有些减阻现象仍不能被合理解释，同样无法避免上述湍流脉动抑制说所遇到的困惑。此外，1997 年 Toonder 利用激光测速仪测量了近壁区的湍流统计量和湍动能谱，同时又利用两种模型在计算机上进行数值模拟。一种模型是“液体粘性应力各向异性模型”，另一种是“液体粘弹性应力各向异性模型”。计算表明，利用前一种模型模拟计算的结果与实测数据符合得很好，而利用后一种模型的计算结果却与实验数据差异较大。

此外，还有有效滑移说，这是 Olyroyd 早在 1949 年提出的观点，但滑移的原因、机理都没说明。

近期有人提出了“近壁层径向脉动抑制说”，其部分观点与湍流脉动抑制说或粘弹说相似，即减阻剂高分子会抑制湍流脉动，但其核心内容却与之相左。

二、近壁层径向脉动抑制说

李国平、刘天佑在 2006 年提出新的油品减阻剂减阻机理假说——“近壁层径向脉动抑制说”，其基本要点为：

（1）湍流管道减阻增输的主要方法是降低湍流附加切应力，特别是降低近壁流体层中的湍流附加切应力。

（2）依据轴向摩擦切应力的大小，可将管道截面分成两部分，即近壁流体层和管道核心区，其界面处的轴向摩擦切应力为临界轴向摩擦切应力，它刚好能够定向减阻剂分子长链。在近壁流体层内，轴向摩擦切应力大于临界值，可使高分子长链定向在管轴方向，并被拉长、伸直和具有弹性，使减阻剂分子能够抑制层中流体的径向脉动。管道核心区中的减阻剂分子不会被拉长和定向，没有抑制流体径向脉动的能力，而是呈卷缩状随机分布在流体中。

（3）近壁流体层包括粘性底层、过渡层和部分对数率层。由于粘性底层基本处于层流状态，几乎不存在脉动，因此，主要是过渡层和部分对数率层中的减阻剂分子在起减阻增输作用：抑制该区域中的径向流体脉动→减小该区域中的湍流附加切应力→降低管道压降或增加输量。

三、流体管道增输就是增大流体速度梯度

当粘性流体进入管道后，必有一层流体粘附在管壁上，其速度为零。若要使管内流体能够沿管道流动，则它们相对于管壁或那层静止流体必须具有一定的流速，而且距管壁越远流速越大，即沿管道径向必然存在速度差或速度梯度。速度梯度越大，距管壁相等距离处的流体的速度越大，导致流体的平均速度（沿管道截面平均）或输量越大。一般情况下，通过增加外界压力就可以增大速度梯度。但在减阻增输的情况下，不需要增加外界压力而是通过减小流动阻力来达到增加速度梯度的目的。

如果管道内两点距管轴的距离不同，那么两点处速度增量对平均速度或输量的贡献是不同的。设距管轴距离为 r 的流体微团的速度增量为 Δu，则管道体积输量就增加 $\Delta u\cdot\pi r^2$，如图 2－3 所示。可见越靠近管壁的地方，其速度增量或速度梯度对输量的贡献就越大。由此可知，不管采用什么方法，只要不增加外界压力而能增加流体速度梯度尤其是壁面附近的速度梯度，那么它就是一项有效的减阻增输措施。

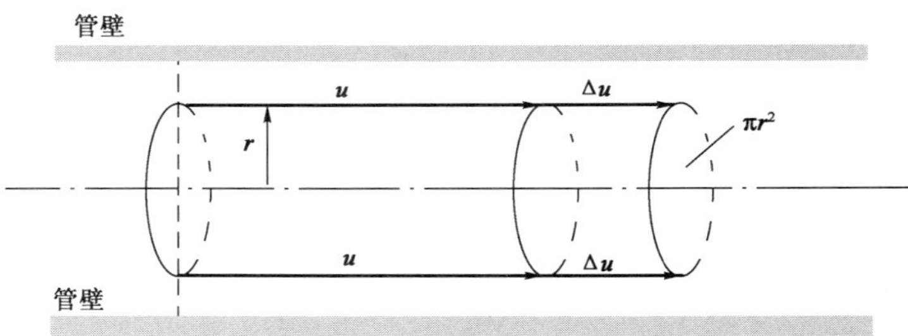

图 2－3　近壁层流体速度增量对输量影响最大

四、流体管道减阻增输方法分类

在稳定流动的水平直圆管中，任取一个与管道同轴的圆柱，略去重力的影响，圆柱受到两个外力的作用，即两端的压力差和圆柱外四周流体对圆柱产生的摩擦流动阻力。对圆柱而言，由力平衡和轴对称性可知下式成立（见图 2－4）：

$$2\pi r\Delta Z\cdot\tau+\pi r^2\Delta p=0$$

即
$$\tau = -\frac{r}{2} \cdot \frac{\Delta p}{\Delta Z} \tag{2-1}$$

式中　r——流体柱半径，m；

τ——流体柱四周表面上的轴向切应力（单位表面积受到的流动阻力），Pa；

ΔZ——流体柱长度，m；

Δp——沿流体柱的压降，$\Delta p = p_1 - p_2$，$p_1 > p_2$，Pa 。

负号表示轴向切应力方向与压降方向（流体流动方向）相反，阻碍流体流动。不管是层流或是湍流，只要是宏观稳定流动，式（2－1）总是正确的。

当 r 等于管道内半径 r_o时，式（2－1）中的τ就是壁面切应力τ_o：

$$\tau_o = -\frac{r_o}{2} \cdot \frac{\Delta p}{\Delta Z} \tag{2-2}$$

相对轴向切应力分布为：

$$\frac{\tau}{\tau_o} = \frac{r}{r_o} \tag{2-3}$$

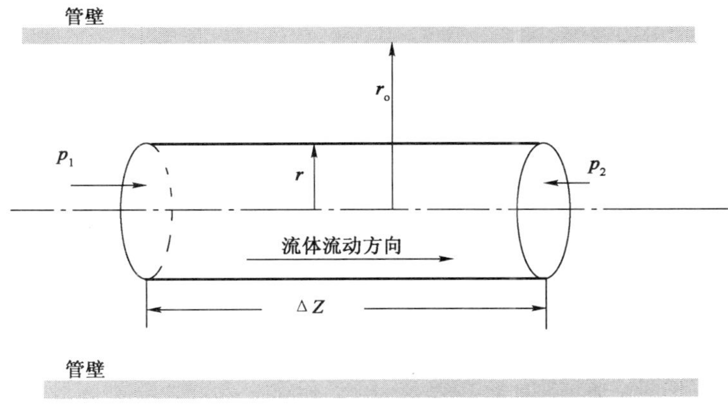

图 2－4　与管道同轴的任意流体圆柱

一般情况下，轴向切应力由两部分组成，即 $\tau = \tau_1 + \tau_2$ 。τ_1与流体时均运动状态有关，叫做轴向摩擦切应力；τ_2与脉动和漩涡有关，称为湍流附加切应力。依据牛顿内摩擦定律，轴向摩擦切应力为：

$$\tau_1 = \mu \cdot \frac{\mathrm{d}\bar{u}}{\mathrm{d}r}$$

式中　μ——动力粘度，Pa · s；

$\frac{\mathrm{d}\bar{u}}{\mathrm{d}r}$——时均速度梯度，$s^{-1}$。

将τ_1和τ_2的表达式代入$\tau = \tau_1 + \tau_2$，得：

$$-\frac{r}{2} \cdot \frac{\Delta p}{\Delta Z} = \mu \frac{\mathrm{d}\bar{u}}{\mathrm{d}r} + \tau_2 \tag{2-4}$$

式（2－4）表明，减小 μ 或 τ_2 都可以实现减阻 $\left(\frac{\mathrm{d}\bar{u}}{\mathrm{d}r}\text{不变，减小}\frac{\Delta p}{\Delta Z}\right)$ 增输 $\left(\frac{\Delta p}{\Delta Z}\text{不变，增大}\frac{\mathrm{d}\bar{u}}{\mathrm{d}r}\right)$，因此各种减阻增输措施可分为两大类：即减小 $\frac{\mathrm{d}\bar{u}}{\mathrm{d}r}\neq 0$ 处流体的粘度或当量粘度，例如加热、添加降凝剂或减粘剂、乳化剂、悬浮剂、磁化剂、低粘液环等；或降低湍流附加切应力，特别是降低管壁附近的湍流附加切应力，例如添加减阻剂、施加内涂层及弹性膜等。

五、湍流附加切应力

1. 层流不存在湍流附加切应力

稳定层流时流体速度只有轴向分量，而且时均速度等于瞬时速度。对于水平圆直管中的流体，层流速度分布为轴对称抛物线形分布，即是旋转抛物面：

$$u = u_Z = \frac{r_o^2 - r^2}{4\mu} \cdot \frac{\Delta p}{\Delta Z} \tag{2-5}$$

式中 u——流体速度，m/s；

u_Z——流体速度的轴向分量，m/s。

速度梯度为：

$$\frac{\mathrm{d}u}{\mathrm{d}r} = -\frac{r}{2\mu} \cdot \frac{\Delta p}{\Delta Z} \tag{2-6}$$

由牛顿内摩擦定律得轴向摩擦切应力为：

$$\tau_1 = \mu \frac{\mathrm{d}u}{\mathrm{d}r} = -\frac{r}{2} \cdot \frac{\Delta p}{\Delta Z} \tag{2-7}$$

式(2－7)与式(2－1)完全相同，表明层流时管道内各处的轴向摩擦切应力 τ_1 都等于轴向切应力 τ，而湍流附加切应力 τ_2 为零。从流动形态来看，由于层流时不存在脉动和漩涡，因此就不存在与之相应的湍流附加切应力。所以，层流时提高速度梯度实现减阻增输的唯一办法，就是降低管内流体尤其是管壁附近流体的粘度或当量粘度。

2. 湍流附加切应力间接计算

稳定湍流管道中某一点的瞬时速度和瞬时压力都不是稳定的而是在不断变化的，但是在一个相当长时间间隔内的平均值（时均值）却是不变的。

湍流时均速度分布函数通常分层给出。一般将管壁附近流体分为三层，紧贴壁面的薄层是粘性底层（$y^+ \leqslant 5$），依次是过渡层（$5 \leqslant y^+ \leqslant 30$）和对数率层（$y^+ \geqslant 30$）。

$$y^+ = yu_*/\nu$$

$$u_* = \sqrt{\frac{\tau_o}{\rho}}$$

式中 y^+——流体微团至管壁的特征无量纲距离；

y——流体微团至管壁的有量纲距离，m；

u_*——壁面切应力速度，m/s；

ρ——流体密度，kg/m³；

ν——流体运动粘度，m²/s。

采用 y^+ 表示流体层厚度时，各层厚度都是常数而与湍流状态无关。随着雷诺数 Re 的增大，在管道中心会出现时均速度不随半径变化的区域，称之为湍流核心区。粘性底层有量纲厚度为 $y=\frac{5\nu}{u_*}$，当粗糙度小于粘性底层厚度（$\delta<\frac{5\nu}{u_*}$）时叫做水力光滑管，对数率层内时均速度分布不受粗糙度影响；当粗糙度远大于粘性底层厚度$\left(\delta>\frac{70\nu}{u_*}\right)$时称为水力粗糙管，对数率层内时均速度分布完全由粗糙度决定。粘性底层和对数率层中的时均速度分布如下式所示：

$$\bar{u}=\begin{cases}\frac{u_* y}{\nu}u_* & y^+=\frac{yu_*}{\nu}\leqslant 5\\ \left(2.5\ln\frac{u_* y}{\nu}+5.5\right)u_* \quad (\text{水力光滑管}) & y^+=\frac{yu_*}{\nu}\geqslant 30\\ \left(2.5\ln\frac{y}{\delta}+8.5\right)u_* \quad (\text{水力粗糙管}) & y^+=\frac{yu_*}{\nu}\geqslant 30\end{cases} \tag{2-8}$$

式中　$\bar{u}$——时均速度，m/s；

δ——有量纲粗糙度或绝对粗糙度，m。

利用牛顿内摩擦定律得轴向摩擦切应力为：

$$\tau_1=\mu\frac{\mathrm{d}\bar{u}}{\mathrm{d}y}=\begin{cases}\tau_o & y^+\leqslant 5\\ \frac{2.5}{y^+}\tau_o & y^+\geqslant 30\end{cases} \tag{2-9}$$

虽然人们至今尚未找到适合过渡层的时均速度分布函数，但是既然过渡层是对数率层向粘性底层过渡的区域，而且工程上常把过渡层与对数率层看成一个整体，故提出如下假设：

（1）过渡层中轴向摩擦切应力分布函数应与对数率层中的相似。

（2）在过渡层两边（$y^+=5$ 和 $y^+=30$）的计算值应与式（2－9）的计算值相等。

设过渡层中轴向摩擦切应力分布函数为 $\tau_1=\left(\frac{A}{y^+}+B\right)\tau_o$，代入 $y^+=5$ 和 $y^+=30$ 及式（2－9）的相应τ_1值得：

$$\tau_1=\left(\frac{5.5}{y^+}-0.1\right)\tau_o \qquad 5\leqslant y^+\leqslant 30 \tag{2-10}$$

将式（2－9）、式（2－10）除以动力粘度 μ 即可得到各个流体层中的时均速度梯度分布。图 2－5 示出管壁附近相对轴向摩擦切应力（轴向摩擦切应力与壁面切应力的比值）分布或相对时均速度梯度（时均速度梯度与壁面速度梯度的比值）分布。可以看出，仅仅在紧贴管壁的薄层（$y^+<40$）内轴向摩擦切应力或时均速度梯度才比较大。

为了比较轴向摩擦切应力τ_1与轴向切应力τ的大小，需要改变式（2－3）中的自变量。由于湍流平均流速 v（沿管道截面平均）大约是壁面切应力速度 u_* 的 16.3～23.3 倍（由雷诺数 Re 的大小决定），因此，为了简化讨论，设 $\frac{v}{u_*}\approx 20$。将管道雷诺数 $Re=\frac{2r_o v}{\nu}$ 代入式（2－3）得：

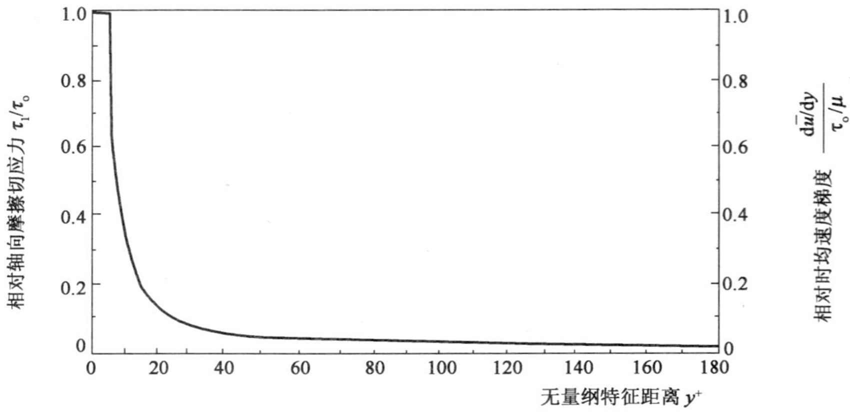

图 2-5　管壁附近轴向摩擦切应力与时均速度梯度分布

$$\tau = \left(1 - \frac{40}{Re}y^+\right)\tau_o \qquad (2-11)$$

至此可以间接求出湍流附加切应力τ_2：

$$\tau_2 = \tau - \tau_1 = \begin{cases} -\dfrac{40}{Re}y^+\tau_o \approx 0 & y^+ \leqslant 5 \\ \left(1.1 - \dfrac{40}{Re}y^+ - \dfrac{5.5}{y^+}\right)\tau_o & 5 \leqslant y^+ \leqslant 30 \\ \left(1 - \dfrac{40}{Re}y^+ - \dfrac{2.5}{y^+}\right)\tau_o & y^+ \geqslant 30 \end{cases} \qquad (2-12)$$

在粘性底层中，$\tau_2 < 0$是不合理的，这是由于将粘性底层的时均速度分布简化成线性分布造成的。实际上τ_2应该是等于零或稍大于零。

为了与实测值比较，设$Re = 5 \times 10^5$，代入式（2-12）间接求出τ_2，如图2-6中曲线（2）所示。为了实现减小τ_2达到增大时均速度梯度的目的，必须知道湍流附加切应力τ_2与哪些因素有关。

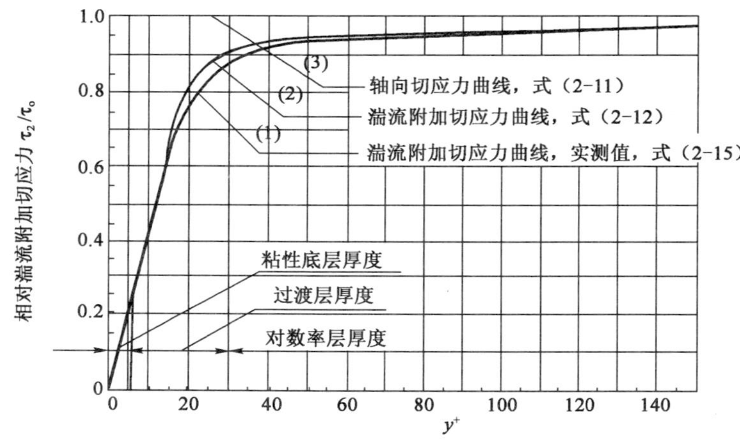

图 2-6　壁面附近的湍流附加切应力分布（$Re = 5 \times 10^5$）

3. 湍流附加切应力理论计算

O. Reynolds 首先从不可压缩流体运动的基本方程导出了湍流平均运动方程。在水平圆直管稳定湍流情况下，可将该方程简化成如下形式：

$$\frac{\mathrm{d}\bar{p}}{\mathrm{d}Z} = \mu\left(\frac{\mathrm{d}^2 \overline{u_Z}}{\mathrm{d}r^2} + \frac{1}{r}\frac{\mathrm{d}\overline{u_Z}}{\mathrm{d}r}\right) - \frac{\rho}{r} \cdot \frac{\mathrm{d}}{\mathrm{d}r}(r\overline{u'_r u'_Z}) \tag{2-13}$$

把式（2－13）积分得：

$$-\frac{r}{2}\frac{\overline{\Delta p}}{\Delta Z} = \mu\frac{\mathrm{d}\overline{u_Z}}{\mathrm{d}r} - \rho\overline{u'_r u'_Z} \tag{2-14}$$

将上式与式（2－4）比较后可知，湍流附加切应力为：

$$\tau_2 = -\rho\overline{u'_r u'_Z} \tag{2-15}$$

式中　$\overline{u'_r u'_Z}$——流体脉动速度径向分量与轴向分量乘积的时均值，m^2/s^2。

式（2－15）的物理意义可以结合式（2－4）来理解，当流体微团由于径向脉动从圆柱面外侧向内侧流动时（见图2－4），流体是由流速较低的流层进入流速较高的流层，低速流体掺入和动量传递的结果，圆柱面内侧的流体被减速。依据流体连续性原理，同时又有同样多的流体从圆柱面内侧流入外侧，高速流体的混入使圆柱面外侧流体被加速。也就是说，由于径向脉动速度 u'_r 的存在，导致两侧流体的速度差即时均速度梯度减小，阻碍流体的剪切流动，相当于流动阻力增加。

4. 湍流附加切应力实验验证

以上得到的式（2－12）和式（2－15）是两个关于湍流附加切应力的计算方法，前者是依据大量实验数据的间接计算方法，后者是从基本方程导出的理论计算方法，两者的计算结果应该相同。由于 u'_r 和 u'_Z 是未知量，而且其大小和方向都是随机的，因此单独测量 u'_r 和 u'_Z 依据式（2－15）计算τ_2是不可能的。但是，因为 $u'_r u'_Z$ 总是小于零，所以其时均值 $\overline{u'_r u'_Z}$ 也是小于零，可以测量 $\overline{u'_r u'_Z}$ 并利用式（2－15）计算出湍流附加切应力τ_2。这一点可以这样理解：当流体微团沿径向产生一个脉动速度（$u'_r>0$）时，由于流体微团是从时均速度较高的流层向时均速度较低的流层脉动，相当于同时沿负轴向又产生一个脉动 $u'_Z<0$，因此 $u'_r u'_Z<0$；同理，当 $u'_r<0$ 时，必然有 $u'_Z>0$。由此可见，不管脉动速度分量 u'_r 和 u'_Z 的方向怎样变化，两者乘积总是小于零的，其时均值 $\overline{u'_r u'_Z}$ 也总是小于零的。

Laufer J 在长 5m、内径为 247mm 的无缝铜管内以空气为介质进行实验，当雷诺数 $Re=5\times10^5$时测量了湍流附加切应力 $\tau_2=-\rho\overline{u'_r u'_Z}$ 的分布。图2－6 中曲线（1）是 Laufer J 的实验测试值。

为了观察湍流附加切应力在整个管道截面上的分布，需将式（2－12）中的自变量 y^+ 变成相对无量纲距离 y_*，即有量纲距离 y 与管道半径 r_o的比值。由前述可知，$y^+=\frac{yu_*}{\nu}$，$y=y_* r_o$，$u_*=\frac{\bar{\nu}}{20}$，$Re=\frac{2r_o\bar{\nu}}{\nu}$，因此 $y^+=\frac{Rey_*}{40}$，式（2－12）变成：

$$\tau_2 = \tau - \tau_1 = \begin{cases} 0 & y_* \leqslant \dfrac{200}{Re} \\ \left(1.1 - y_* - \dfrac{220}{Rey_*}\right)\tau_0 & \dfrac{200}{Re} \leqslant y_* \leqslant \dfrac{1200}{Re} \\ \left(1 - y_* - \dfrac{100}{Rey_*}\right)\tau_0 & y_* \geqslant \dfrac{1200}{Re} \end{cases} \tag{2-16}$$

图 2-7 示出了湍流附加切应力在整个管道截面上的分布。图中曲线（1）是 Laufer J 的测量值，曲线（2）是依据式（2-16）的计算值。

用 y_* 取代式（2-3）中的 r，则轴向切应力表达式变为：

$$\tau = (1 - y_*)\tau_0 \tag{2-17}$$

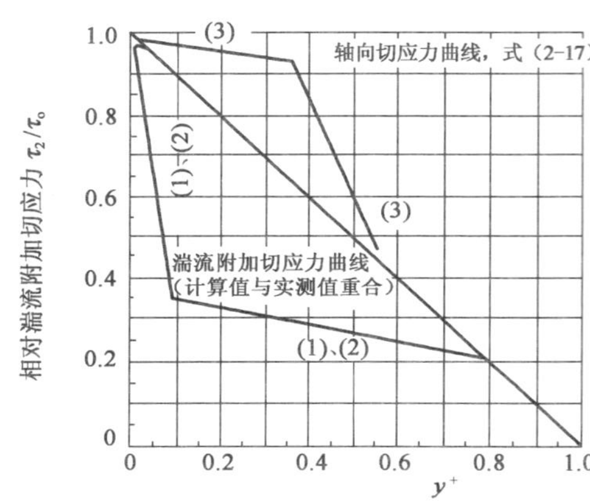

图 2-7　湍流附加切应力沿管道截面的分布（$Re = 5 \times 10^5$）

由图 2-6 和图 2-7 可以看出，湍流附加切应力 τ_2 的间接计算值与依据式（2-15）的实测值比较一致，如果能减少 $|u'_r u'_Z|$，那么即可减小 τ_2。此外，图 2-6 显示间接计算值与实测值不完全一致，其原因是计算模型近似性造成的：当 $y^+ < 7$（主要在粘性底层）时，实测值大于间接计算值，这是因为间接计算时将粘性底层看成完全层流，实际上层中存在一定的湍动；当 $y^+ > 8$（主要是过渡层及少部分对数率层）时，实测值小于间接计算值，这是因为在推导公式 $\tau_2 = -\rho \overline{u'_r u'_Z}$ 时忽略了与脉动密度有关的高阶小量。从图 2-7 还可看出，除紧贴管壁的薄层外，在绝大部分管道截面上，湍流附加切应力几乎等于轴向切应力，即大部分流体的流动阻力几乎都是脉动造成的而与轴向流动无关。

六、减阻剂与流体的微观作用及宏观效果

单长链高分子聚合物充分溶解在流体中后，一般呈单分子状态悬浮在流体中。由于其分子是细长的大分子（相对分子质量高达 10^6 以上），不论大小、形状或是结构，与流体分子有极大差别，因此，高聚物分子与流体在一定条件下相互作用的结果将会改变流体原来的脉动结构。

1. 轴向摩擦切应力使聚合物分子长链定向在管轴方向

若流体处于静止状态或无旋流动状态，则溶于其中的高分子与流体相对静止，其长链方向不变，仍处于溶解后的各向同性状态。在湍流管道的时均速度梯度接近零的区域（管道核心区），高分子只会受到脉动流体的随机碰撞作用，高分子长链不会定向在某一确定方向。在流体管道的时均速度梯度较大的区域（近壁流体层），存在与时均速度梯度成正比的轴向摩擦切应力。如果高分子长链两端处流体的时均速度不同，那么在轴向摩擦切应力的作用下，高分子长链一端移动得快，另一端移动得慢，导致高分子长链发生不超过 180° 的旋

转，直到两端的速度差为零时停止，这时高分子长链与液流方向平行。例如，当高分子长链两端处在图 2－4 所示的同一个圆柱面上时，两端处流体速度相等，高分子长链的方向保持不变，不一定与管轴平行，但一定与管径垂直。当高分子长链两端不在同一个圆柱面上时，长链有被扭转到管轴方向的倾向。分子链两端处流体的速度差或时均速度梯度越大，分子链受到的扭转定向作用越强烈。其中以管壁附近的长链与管径平行的高分子受到的扭转定向作用最大，其过程如图 2－8 所示。

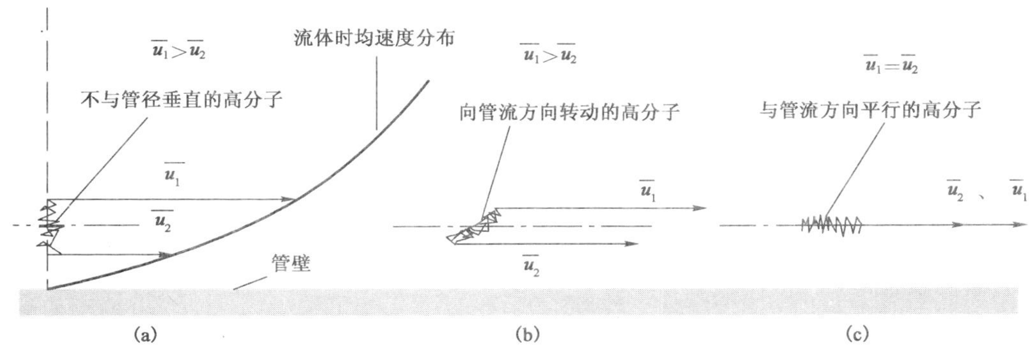

图 2－8　轴向摩擦切应力将高分子长链定向在管流方向

2. 近壁流体层

由式（2－9）和图 2－5 可以看出，随着离开壁面的距离加大，轴向摩擦切应力τ_1急剧减小。当 $y^+=250$ 时，τ_1只有τ_o的 1/100。也就是说在 $y^+<250$ 的壁面附近的流体层内，轴向摩擦切应力τ_1不仅较大，而且变化很快，从壁面（$y^+=0$）处的最大值$\tau_1=\tau_o$快速下降到 $y^+=250$ 时的$\tau_1=\tau_o/100$。而在 $y^+>250$ 的管道核心区，轴向摩擦切应力τ_1不仅很小（最大值为$\tau_1<\tau_o/100$），而且变化缓慢，从 $y^+=250$ 时的$\tau_1=\tau_o/100$ 缓慢下降到管道轴心处的$\tau_1=0$。

实际上，要定向高分子长链，轴向摩擦切应力必须大于某一临界值τ_1^*，当$\tau_1>\tau_1^*$时，可将高分子长链定向在管轴方向；当$\tau_1<\tau_1^*$时，由于随机脉动的干扰，高分子长链不能或不容易定向在管轴方向。

由于轴向摩擦切应力τ_1从壁面至轴心呈单边下降，从最大值$\tau_1=\tau_o$减小到零，因此管道截面上必然存在这样的圆环：环上各点的轴向摩擦切应力$\tau_1=\tau_1^*$，在环与壁面间的τ_1都能定向高分子长链，这层流体叫做近壁流体层；而环内各点的τ_1太小或不存在，不能定向高分子长链，这个区域称为管道核心区。

通过简单计算可以发现，能够定向高分子长链的近壁流体层是非常薄的。假定$\tau_1^*=\tau_o/100$，那么近壁流体层的无量纲特征厚度为 $y^+=250$。由于 $y^+=\dfrac{yu_*}{\nu}, u_*=\dfrac{\bar{v}}{20}$，因此得下式：

$$y=5000\frac{\mu}{\bar{v}\rho} \tag{2-18}$$

对于成品油管道，大约可取如下数据：$\mu=0.5\times10^{-3}\mathrm{Pa\cdot s}, \rho=750\mathrm{kg/m^3}, \bar{v}=2\mathrm{m/s}$，

r_o =0.35m，代入式（2－18）得：

$$y = 0.0017\text{m} = 1.7\text{mm} \qquad y/r_o = 0.47\%$$

由此可见，对于一般的湍流成品油管道来说，能够定向高分子长链的近壁流体层很薄，只有1.7mm左右。当然，由于能够定向高分子长链的临界轴向摩擦切应力的值尚不能确切知道，而且各条管道的壁面切应力和管道半径也不会相同，因此真实的近壁流体层厚度不会相等，但是因为壁面附近轴向摩擦切应力急剧减小，所以一定会很薄，特别是对于成品油工业管道，近壁流体层厚度与管径的比值很小。

3. 高分子长链抑制近壁流体层中的径向流体脉动

在近壁流体层中，高分子长链被定向在管轴方向，伸直、拉长并具有弹性。设A点存在一个径向脉动流体微团，其径向脉动速度为u'_{rA}，移动到B点时的径向脉动速度为u'_{rB}。在流体微团沿管道径向脉动的过程中，由于粘滞力作用，带动周围流体一起移动，同时又使四周较远的流体反向流动，去填充脉动流体微团离开A点后留下的空间，于是在脉动流体微团由A脉动到B的过程中，在脉动流体微团的四周形成了脉动漩涡，如图2－9（a）所示。由于四周流体的粘滞阻碍作用，使脉动流体微团从A点到B点的脉动是减速运动，即$u'_{rA} > u'_{rB}$。

若在A、B两点间存在一个与管径垂直的高分子长链，则脉动流体微团必然与高分子长链相撞。在减阻剂分子长度和相对分子质量远大于脉动流体微团的情况下，减阻剂分子受到脉动微团的碰撞后不会发生整体平移，只会在相撞处产生局部弹性形变。弹性形变力像粘滞力一样阻碍脉动流体微团的移动，使其更快减速，但两种阻力的本质是不同的：前者将流体脉动能转化成弹性势能后储存；后者将脉动能转化成热能而耗散掉。当高分子长链局部弹性形变达到最大时，脉动流体微团的脉动停止，不再在B点产生脉动，也就是说，高分子长链一方面抑制了A点流体微团的径向脉动范围，另一方面又抑制了B点的径向脉动，见图2－9（b）。

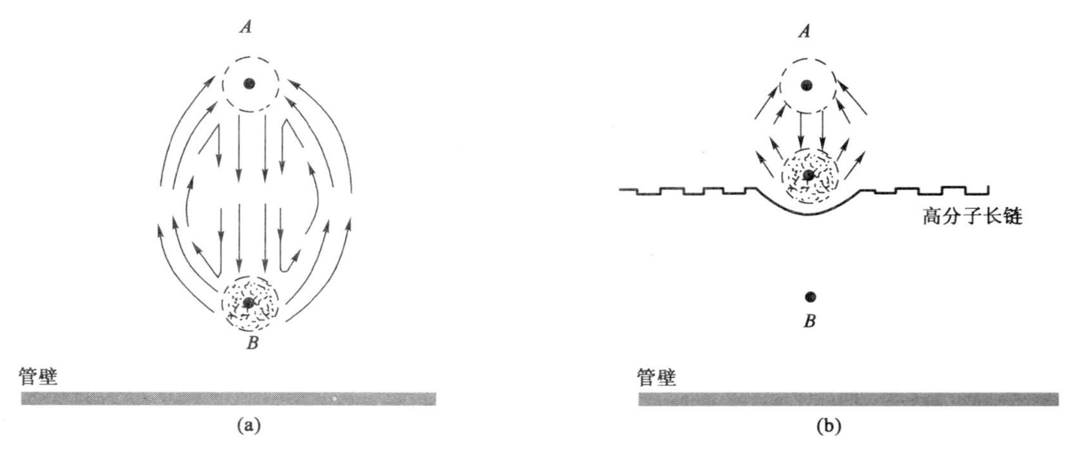

图2－9　近壁流体层中高分子长链抑制流体径向脉动

在高分子长链局部伸长、收缩并抑制流体径向脉动的形变过程中，其周围流体会发生扰动，即产生各个方向的微小脉动。由于高分子长链被轴向摩擦切应力拉长拉直，弹性形变幅

度相对很小，因此产生的附加脉动也很小。总的结果是：近壁流体层中减阻剂分子长链不是抑制流体所有方向的脉动，仅仅是径向流体脉动强度明显减弱，而轴向脉动强度不仅没被减小，反而稍有增强。Pinho 等人应用激光测速仪（LDV）测量了管流和槽流注入减阻剂前后的湍流统计量，测量结果与上述结论完全一致。

总之，在近壁流体层中，流体时均速度梯度产生的轴向摩擦切应力首先将高分子长链定向在管轴方向，并使之具有弹性；然后被定向的高分子长链又抑制了流体径向脉动，最后导致湍流附加切应力减小和时均速度梯度增大。在管道核心区，高分子长链没被定向，也没有弹性或弹性很小，流体与高分子间不存在上述作用。它们间的碰撞是随机的各向同性的，而且是非弹性碰撞。

从动力学的观点看，减阻就是减小流动阻力。由式（2－4）和式（2－15）可知，只要能降低径向脉动分量与轴向脉动分量的乘积的绝对值 $|u'_r u'_Z|$，那么就可以减阻。由于高分子长链在明显减小 u'_r 的同时却又使 u'_Z 稍有增大，因此两者乘积是增大还是减小呢？设加入单长链高聚物后 u'_r 减小到 $u'_r - \Delta u'_r$，u'_Z 增加到 $u'_Z + \Delta u'_Z$，则：

$$(u'_r - \Delta u'_r)(u'_Z + \Delta u'_Z) = u'_r u'_Z - (u'_Z \Delta u'_r + \Delta u'_r \Delta u'_Z - u'_r \Delta u'_Z)$$

因为 $\Delta u'_r > \Delta u'_Z$，所以只要 $u'_Z > u'_r$，那么一定存在 $(u'_r - \Delta u'_r)(u'_Z + \Delta u'_Z) < u'_r u'_Z$。Laufer J 和 Lawn C J 等人各自测量了湍流强度分布。Laufer J 在 $Re = 5 \times 10^5$ 时测量的相对湍流强度（脉动速度的方均根值与轴线上时均速度的比值）分布（图 2－10）。图中 $\tilde{u}'_r$、$\tilde{u}'_\phi$、$\tilde{u}'_Z$ 是湍流强度分量，$\bar{u}_{Z\max}$ 是轴线上的时均速度。可以看出，在整个管道截面上，轴向湍流强度大于径向湍流强度，尤其是管壁附近两者相差一倍以上。这表明与管径垂直的柔性单长链高分子一定能减小湍流附加切应力，达到减阻的目的。

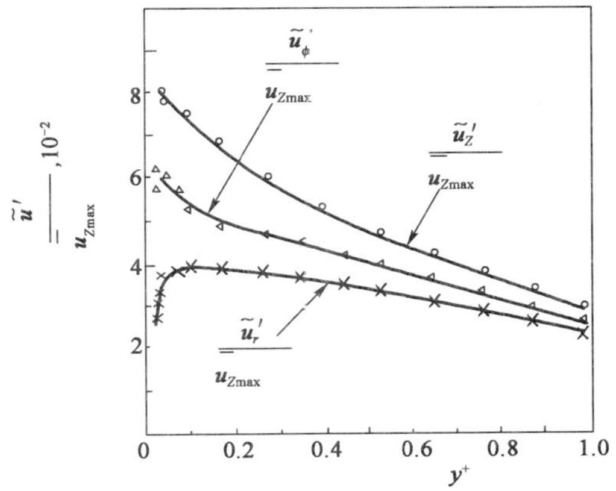

图 2－10　管流中相对湍流强度沿管道截面的分布（$Re = 5 \times 10^5$）

从能量的观点看，减阻就是减少能耗。流体粘滞摩擦力是耗散力，它总是阻碍流体流动，将流体动能转化成热能而耗散掉。弹性力是守恒力或有势力，不会消耗能量，只会通过做功实现动能与势能的相互转变：当力的方向与物体运动方向相反时，将动能转化成势能，反之将势能转化成动能。设某一流体微团的径向脉动速度为 u'_r，在脉动过程中，流体微团克服粘滞摩擦力做功，其脉动能不断地转变成热能而耗散掉，当 $u'_r = 0$ 时，脉动能全部变成热能。若流体微团在沿径向脉动的过程中与柔性单长链高分子相撞，则高分子链发生弯曲形变，产生的弹性力像粘滞摩擦力一样阻碍流体脉动，但是，不是把脉动能转化成热能，而是转变成分子链的弹性势能储存起来。然后，在分子链恢复形变的过程中，弹性力做功又把弹性势能转变成流体动能。也就是说，流体中加入柔性单长链高分子后，流体微团的径向脉动能只有一部分被耗散，即能耗减少了。

从流动形态看，减阻就是减少流体对轴向流动的干扰。横穿马路会影响车辆行驶，流体径向脉动会阻碍流体轴向输送。u'_r减小使流体径向位移减小，对流体轴向流动的影响也随之减小。

七、减阻机理与减阻规律

目前所发现的减阻规律或减阻现象，可以从“近壁层径向脉动抑制说”中得到合理解释。

高聚物分子必须具有单长链，相对分子质量相同时，减阻率随主链长度的增加（或侧链长度的减小）而增加。如果无长链或是多长链，那么其外形不是长条形，在近壁流体层中不会受到轴向摩擦剪切力矩的定向作用，高分子的影响是各向同性的，不会明显减小径向脉动速度。

高聚物相对分子质量足够大，通常达到10^6以上，而且越大越好。流体脉动的最小单元不是单个分子，而是由许多分子组成的大小不同的“流体微团”。当径向脉动流体微团与高分子长链垂直相撞时，若高分子链长度和相对分子质量接近或小于流体微团，则高分子只会平动，随流体微团径向脉动，而不会形变。因此，只有当高分子链长度和相对分子质量远大于流体微团时，高分子才会发生局部弹性形变，才能减小径向脉动速度。显然，高分子链越长，能够受其影响的流体微团的尺寸越大、数量越多。因此相对分子质量较大的高分子抑制径向脉动的能力较强，减阻效果较明显。

减阻率随高聚物浓度的增大而增加但增加的幅度逐渐减小。侯晖昌依据大量的实验数据，总结出如下规律：当浓度小于4000mg/kg时，减阻率随高聚物浓度的对数成比例增加。这是显而易见的，因为高聚物浓度越大，能够与管轴平行的单长链高分子越多，对径向脉动的抑制能力越强。为什么随着高聚物浓度的增加减阻率的增加幅度越来越小呢？可以这样解释：假定加入一定量高分子可使径向脉动速度降低一半，那么第一次加入后，脉动速度u'_r降低$\frac{u'_r}{2}$；高分子浓度再增大一倍后，脉动速度只能降低$\frac{u'_r}{4}$；浓度再增大一倍后，脉动速度只能再降低$\frac{u'_r}{8}$。可见，随着高聚物浓度的增加，径向脉动速度降低的幅度越来越小。

高聚物对层流管道无任何减阻作用。高聚物减阻的基础是减小近壁流体层中流体的径向脉动速度u'_r，但是层流状态不存在脉动。

高聚物不改变粘性底层和对数率层的速度分布，但会使“粘性底层增厚”或形成“弹性缓冲层”，并使管道中心区流体速度明显增大。侯晖昌在其《减阻力学》中总结了不同条件下的实验结果，如图2-11所示。图中曲线（1）描述粘性底层（$y^+ \leq 5$）中的时均速度分布，高聚物加入前后的时均速度分布是相同的，表明高聚物不会增加这个区域的时均速度梯度。曲线（2）是条直线，表示未加入高聚物时对数率层（$y^+ \geq 30$）和湍流核心区的时均速度分布。在曲线（1）和直线（2）之间的虚线（$5 < y^+ < 30$）是过渡层，通过在这个区域的圆滑过渡，将时均速度分布由抛物线分布逐渐变成对数率分布。曲线族（3）是一组直线，描绘的是加入不同种类、不同浓度的高聚物后对数率层和湍流核心区的时均速度分布。从图形上看，这族直线是相对于直线（2）上移一段距离的平行线；从物理意义上看，表示加入高聚物后时均速度分布的形状没变化，但速度数值普遍增加了$\Delta\bar{u} = u_* \Delta u^+$。$\Delta\bar{u}$的大小

由高聚物种类、浓度和雷诺数决定。也就是说，高聚物不会改变对数率层和湍流核心区的时均速度梯度，此区域流速的普遍增大是过渡层时均速度梯度增加的结果。直线（4）是各种实验条件下的过渡层速度分布曲线的拟合线。加入高聚物后会产生两个明显的现象，即对数率层、湍流核心区的流速普遍增大和过渡层［曲线（1）与直线族（3）之间的虚线］厚度增加（图2－12）。这些问题至今得不到合理的解答。若利用上述近壁层径向脉动抑制假说进行解释，则可以迎刃而解（图2－5和图2－12）：

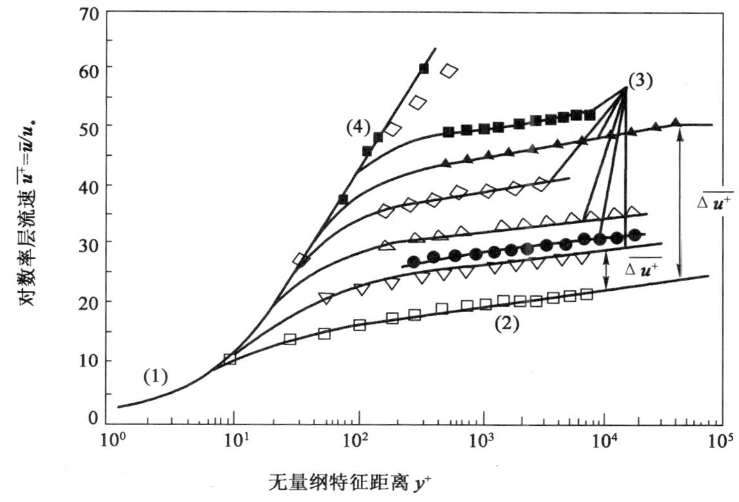

图2－11　高聚物对时均速度分布的影响

（1）在粘性底层［曲线（1）］，时均速度梯度或轴向摩擦切应力很大，使高分子长链都被定向在管轴方向，具有很强的径向脉动抑制能力。但是，粘性底层基本是层流（曾称“粘性底层”为“层流底层”），不存在径向脉动，高分子长链起不到抑制流体径向脉动的作用，因此粘性底层内时均速度分布基本不变。

（2）在过渡层及相邻的部分对数率层中（虚线部分），不仅时均速度梯度或轴向摩擦切应力较大，而且流体径向脉动也较强，因此高分子长链起到明显的抑制径向脉动的作用，使湍流附加切应力减小和时均速度梯度增大，导致该区域内每一点的时均速度都增加和时均速度分布曲线变陡。一方面时均速度分布曲线陡度接近粘性底层时均速度分布曲线的陡度，另一方面使湍流核心区的时均速度显著提高，好像是“粘性底层增厚”了，或是生成了“弹性缓冲层”。

（3）在湍流核心区及相邻的部分对数率层中［直线族（3）］，因时均速度梯度或轴向摩擦切应力太小而不能定向高分子长链，因此，虽然该区域中径向脉动很强但不会被抑制，时均速度分布不变，只是各点的时均速度普遍得到同样幅度的提高。

刚进入湍流（$Re=2300$）时，高聚物无减阻作用。从某一雷诺数开始，增输率或减阻率随雷诺数的增大而增加，在最佳雷诺数时达到最大，然后又下降。最佳雷诺数随管径增大而增加。由于增输量等于增输率与输量的乘积，因此对于某一输量而言，增输率的变化规律与增输量是相同的。由图2－11和图2－12可以看出，管道中加入高聚物后的增输量ΔQ近似等于对数率层、湍流核心区的截面积S与其时均速度增量$\Delta\overline{u}$的乘积，即$\Delta Q=S\cdot\Delta\overline{u}$。

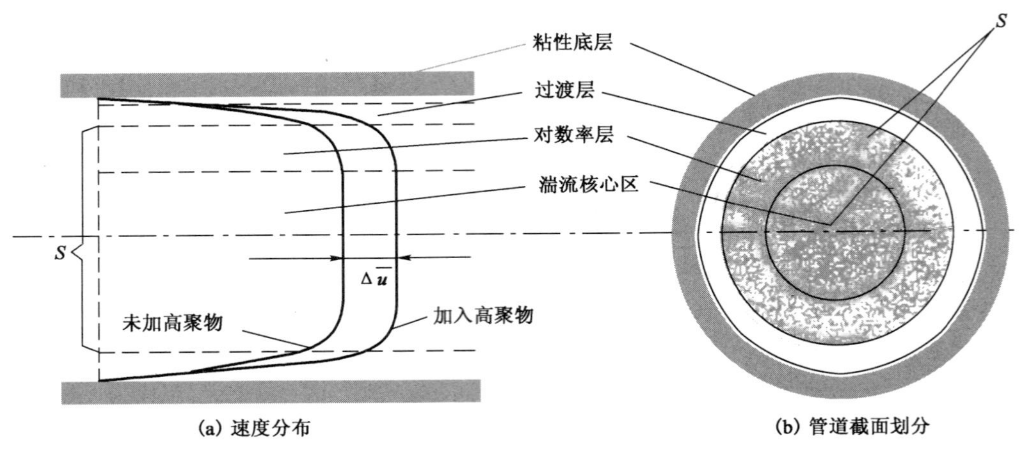

图 2-12　管道湍流中加入高聚物前后的时均速度分布

湍流核心区的截面是圆截面，其半径等于管道半径与粘性底层、过渡层总厚度（$y^+=30$）的差。由湍流附加切应力的间接计算可知，有量纲距离 y 与特征无量纲距离 y^+ 的关系是 $y=\dfrac{40r_o}{Re}y^+$，因此，$S=\left(1-\dfrac{1200}{Re}\right)^2\pi r_o^2$，$S$ 是 Re 的单调上升函数，当 $Re\to\infty$ 时等于管道截面积 πr_o^2。实际上当 $Re>80000$ 时，$S>0.97\pi r_o^2$，以后 Re 再增大，S 变化很小。如图 2-13 所示。

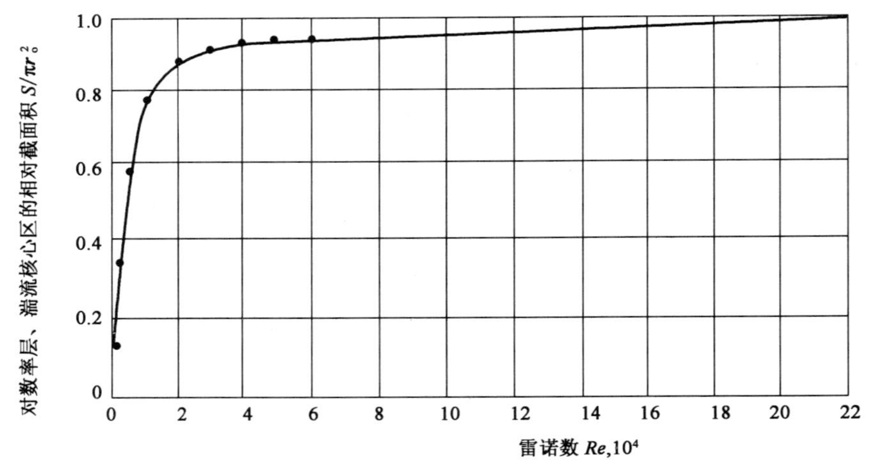

图 2-13　对数率层和湍流核心区截面积与雷诺数的关系

由式（2-9）和式（2-10）可知，轴向摩擦切应力 τ_1 与壁面切应力 τ_o 成比例，由于 $u_*^{\ 2}=\dfrac{\tau_o}{\rho}$ 和 $\bar{v}=20u_*$，因此 $\tau_o=\dfrac{\rho v^2Re^2}{1600r_o^{\ 2}}$，即轴向摩擦切应力 τ_1 同样是 Re 的单调上升函数（与 Re^2 成比例），随 Re 的增大而急剧增加，导致对单长链高分子的定向能力明显增加。结果高分子又使湍流附加切应力减小和时均速度增量 $\Delta\bar{u}$ 增加。

由于 $\Delta Q=S\cdot\Delta\bar{u}$，因此　ΔQ 也是 Re 的单调上升函数。当流体刚进入湍流（$Re\approx$

2300）时，S 和 $\Delta\bar{u}$ 都很小，因此 ΔQ 很小，高聚物显示不出增输效果。随着 Re 的增加，S 和 $\Delta\bar{u}$ 都增大，ΔQ 也增大，当 Re 增加到某一值时，ΔQ 比较大，开始显示出高聚物的减阻效果。若不存在其他因素的影响，则 ΔQ 会一直随着 Re 的增大而增加。

实际上，当时均速度梯度或轴向摩擦切应力 τ_1 足够大时，产生的剪切力矩可以"剪断"某些高分子长链，使长链高分子变成短链高分子，减弱甚至失去减阻作用。因此，从某一 Re 开始，轴向摩擦切应力 τ_1 具有相反的两种作用：一种作用是对单长链高分子的"定向"作用，随着雷诺数 Re 的增加，使高聚物的减阻能力增强；另一种作用是对单长链高分子的"剪断"作用，使高聚物的减阻能力减弱。由此可见，在"剪断"作用发生之前，高聚物减阻效果随雷诺数的增大而快速增加；当"剪断"现象出现后，高聚物减阻率增加开始变缓，直到雷诺数等于最佳雷诺数时，减阻率达到最大。之后，"剪断"作用超过"定向"作用，减阻率随雷诺数的增加而减小，直至消失。

对于某种减阻剂而言，其抗剪切能力是确定的，即能够"剪断"其长链的壁面切应力 τ_o 或轴向摩擦切应力 τ_1 是不变的。由于 $\tau_o = \rho\nu^2 Re^2/1600r_o^2$，因此当油品粘度 ν 和密度 ρ 不变时，对于确定的 τ_o，Re 与 r_o 成比例，即最佳雷诺数也是与 r_o 成比例的——管径越大，最佳雷诺数越大。

高聚物对非直湍流管道几乎无减阻作用。只有与管径垂直的单长链高分子才能最有效地减弱径向脉动，否则高分子减阻能力减小甚至无效。在流体管道的近壁流体层中，流体时均速度方向和摩擦切应力方向都与壁面平行，因此由摩擦切应力定向的高分子长链的方向也与壁面平行。在直管段，壁面与管径垂直，因此高分子长链也与管径垂直，高分子可以发挥最大的抑制径向脉动的作用，减阻效果最大。但是在非直管段，例如变径管、阀门、弯头和三通等局部区域，由于两个原因使高分子的减阻作用不明显：一个是非直管段壁面不与管径垂直，即高分子长链不与管径垂直；另一个是局部摩阻远大于同样长度的直管道摩阻。

粗糙度对流体管道阻力系数的影响可分为三个区，对含有一定量单长链高聚物的流体管道阻力系数的影响也可分为三个区，只是区域的范围不一样。令有量纲（绝对）粗糙度为 δ，则特征无量纲粗糙度为 $\delta^+ = \frac{u_*}{\nu}\delta$。两种情况下的实验结果见表 2－2。

表 2－2 粗糙度对加剂前后流体管道阻力系数的影响

一般流体管道	含高聚物管道	备 注
$\delta^+ \leqslant 5$	$\delta^+ \leqslant 15$	在水力光滑区，粗糙度对阻力系数的影响可忽略
$5 \leqslant \delta^+ \leqslant 70$	$15 \leqslant \delta^+ \leqslant 100$	在混合摩擦区，阻力系数由粗糙度和雷诺数共同决定
$\delta^+ \geqslant 70$	$\delta^+ \geqslant 100$	在粗糙区，阻力系数完全由粗糙度决定

δ^+ 的定义类似于距壁面无量纲特征距离 $y^+ = \frac{u_*}{\nu}y$，当 $\delta^+ = y^+$ 时，表示某点距壁面的距离等于绝对粗糙度（$y = \delta$）。

所谓"水力光滑区"，是指具有粗糙突起的管壁对流体流动的阻碍作用如同光滑管壁一样，即粗糙突起产生的流体脉动和摩擦阻力可以忽略。当 $\delta^+ > 5$ 后，粗糙度产生的脉动增强增多，其影响不能忽略，进入混合摩擦区。当 $\delta^+ > 70$ 后，粗糙突起端部进入管流高速区，产生的脉动急剧增加，远远大于因雷诺数（流动不稳定性）产生的脉动，管道阻力系数完全由粗糙度决定，管道进入粗糙区。

加入减阻剂后，近壁流体层内流体径向脉动明显被抑制。当 $5<\delta^+<15$ 时，粗糙度产生的脉动较弱，几乎全部被抑制；流动不稳定性产生的脉动也被抑制。流体主要呈现层流状态，即加剂使粘性底层从 $y^+<5$ 增厚到 $y^+<15$。

由式（2-9）和图2-5可以看出，当 $y^+>100$ 时，轴向摩擦切应力 $\tau_1<0.025\tau_o$，定向减阻剂分子长链的能力明显减弱。因此，在 $70<\delta^+<100$ 的范围内，粗糙度产生的脉动部分被抑制，使管道处于混合摩擦区，但当 $\delta^+>100$ 后，粗糙度产生的脉动基本不能被抑制，使管道进入粗糙区。

第三节　油品减阻剂的研制

由于减阻剂技术对管道输运行业非常重要，因此世界各国都十分重视该项技术研究，目前仅有两家国外公司生产商业化油品减阻剂。20 世纪 80 年代初美国 Conoco 公司首先用“溶液聚合法”生产减阻剂，但产品自身粘度大，聚合物含量低，不便于运输和使用。90 年代中期该公司又用“改进的溶液聚合法”生产水基乳胶型减阻剂，但该减阻剂主要用于原油输运。美国 Baker Hughes 公司通过进一步改进，生产非水基悬浮型减阻剂，不仅可用于原油输送还可用于成品油输送。上述方法的特点为：聚合反应体系以小液滴的形式分散通过易传热的大容量连续相溶剂，从而避免了由聚合单体直接进行聚合反应极易产生“爆聚”的难题。但该方法又有明显的缺点：产量极低，使减阻剂价格非常昂贵。直到 90 年代后期，才发展了“本体聚合法”，从而大大提高了单体转化率和减阻剂性能。

国内减阻剂技术研究起始于 30 年前，但减阻剂生产中的聚合原料净化、聚合反应热不能及时排出易引起爆聚、减阻聚合物分散等关键技术问题，一直未能得到解决。2002 年，中国石油管道公司管道科技中心研究成功“本体聚合”工艺技术，解决了聚合反应“爆聚”的技术难题，生产出性能与国外产品相当但价格低廉的 EP 系列油品减阻剂（聚 α-烯烃）。该生产工艺共分为三部分：聚合单体原料提纯与净化、α-烯烃聚合物的合成及聚合物的分散后处理。

减阻剂生产工艺流程如图 2-14 所示。

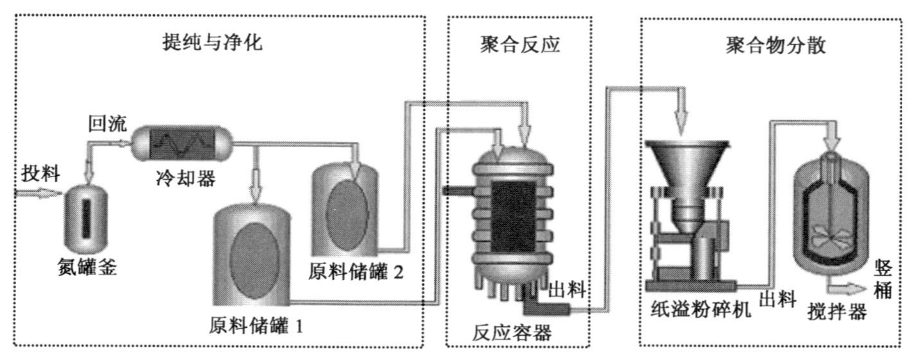

图 2-14　减阻剂生产工艺流程

一、聚合单体原料提纯与净化

生产高效减阻剂的主要原料为特定碳数的α-烯烃混合物。目前国内外生产α-烯烃的方法主要有三种：乙烯齐聚法、醇脱水法、蜡裂解法。以这三种方法生产的产品各有特点：产物精制后得到$C_6 \sim C_{24}$的混合α-烯烃纯度高，但碳数范围大；双键常常移位而生成内烯烃，而内烯烃的分离是很困难的；产物中长直链α-烯烃含量较低并混有多种有害物质，很难制备超高相对分子质量聚合物。减阻剂聚合生产工艺对聚合原料有如下要求：特定碳数的α-烯烃混合物；α-烯烃混合物中有害杂质浓度低于一定值；α-烯烃混合物应全部为长直链无侧链。上述三种生产α-烯烃的方法以乙烯齐聚法最优。

在减阻剂工业生产中，原料单体的精制与提纯的关键问题是有效去除α-烯烃单体中的杂质，使其含量低于1g/t。提纯净化一般分为物理方法和化学方法，以目前的提纯净化理论与工艺而言，采用物理方法是不可能的，而采用化学方法重复提纯使杂质浓度控制在几g/t水平，从工业规模生产角度上讲也是不现实的。

根据不同原料，可以采用两套聚合原料单体提纯与净化工艺流程：一套为一次性提纯净化处理工艺，适用于高纯度α-烯烃混合物；另一套为二次性提纯净化处理工艺，适用于低纯度α-烯烃混合物。

聚合原料不同，提纯与净化的工艺也不同。

1. 聚合原料为高纯度α-烯烃混合物或以高纯度α-烯烃为主的三元共聚物（国外进口原料）的提纯净化工艺

（1）采用杂质转化反应分离方法，使单体原料中有害于催化聚合的物质（主要是水分和过氧化物），以化学反应的方式转化为对催化聚合反应无影响并能通过传统的液液分离方法分离的物质。

反应机理为：

（水＋过氧化物）＋碱金属类反应物→氢氧化物＋羧酸类化合物

氢氧化物和羧酸类化合物为高沸点物质，可用液液分离方法除去。

（2）参加反应的碱金属类反应物不溶于所处理的聚合原料并为表面控制反应。采用加热相变并导入惰性气体搅拌的方法，使特殊反应物的表面不断更新，以提高单位体积反应强度。惰性气体还同时具有防氧化作用和搅拌作用。

采用上述技术，聚合原料中的有害杂质含量可控制到：$H_2O<1g/t$，过氧化物$<1g/t$，$S<1\ g/t$。

2. 聚合原料为低纯度α-烯烃混合物或以低纯度α-烯烃为主的三元共聚物（国产原料）的提纯净化工艺

（1）首先处理原料水分。将原料罐中的α-烯烃以一定流速通过分子筛填料的吸附柱进行吸附处理，处理后的原料进入专门的储罐。采用多个吸附柱串联或并联的方式，调节氮气给压来确定流速的大小，应用安装在吸附柱出口的在线微量水分测定仪来监控吸附处理效果，整个处理流程与空气隔绝，以避免空气中水分进入系统。另外，装置配有分子筛再生处理流程，即当在线微量水分测定仪测试结果显示水分超标或达到一定原料吸附处理量时，将吸附柱内液体用常温氮气直接给压排出，然后通入高温氮气（200～300℃），直到吸附柱出口氮气温度达到120℃并保持2～3h，停通热氮气，自然冷却即可重新使用。

（2）处理原料中过氧化物。采用高纯碱金属类强还原物质处理原料中的过氧化物，根据原料中杂质过氧化物的含量，装置可以采用多级串联蒸馏反应釜，利用高纯强还原物质的还原性还原原料中的过氧化物，具有反应平稳、反应危险小、生产成本低的特点。

采用上述技术，聚合原料中的有害杂质含量可控制到：$H_2O<1g/t$，过氧化物 $<1g/t$；$S<1\ g/t$。

二、α-烯烃聚合物的合成

Ziegler-Natta 催化剂引发 α-烯烃聚合的历程是配位阴离子聚合。其反应机理是单体分子首先在活性种的空位上配位，形成某种形式的配合物，随后单体分子相继插入过渡金属—烷基键（Mt-R）中进行增长，链增长反应可用下式表示：

$$\begin{array}{l}[Mt]\cdots CH_2-\underset{\displaystyle R}{\underset{|}{CH}}-Pn \\ \vdots \\ \boxed{CH_2=CH}\end{array} \longrightarrow \begin{array}{l}[Mt]-CH_2-\underset{\displaystyle R}{\underset{|}{CH}}-Pn \\ \vdots \qquad\quad \vdots \\ CH\cdots\underset{\displaystyle R}{\underset{|}{CH}}\end{array} \longrightarrow$$

$$\longrightarrow \begin{array}{l}[Mt]-CH_2-\underset{\displaystyle R}{\underset{|}{CH}}-CH_2-\underset{\displaystyle R}{\underset{|}{CH}}- \\ \vdots \\ \boxed{\quad}\end{array}$$

式中，[Mt] 为过渡金属；—[ ] 为空位；Pn 为增长链；CH_2 ═CH—为 α-烯烃。

实现上述聚合反应需要解决的技术难点为：

（1）α-烯烃聚合反应是“爆聚反应”，即反应瞬间完成，所产生的大量热能无法迅速转移，极易产生爆炸。

（2）α-烯烃减阻聚合物是由几种“碳数”不同的 α-烯烃聚合反应而成，它们的比例直接影响减阻剂减阻效果。同时由于碳链越长则反应热越高，又直接影响聚合反应的热量传递问题，需要两方面综合考虑。

烯烃聚合目前所使用的主催化剂基本同类，关键技术在于副催化剂的研制或选择。利用副催化剂，一方面来调整聚合物相对分子质量大小、相对分子质量分布和转化率等特性，另一方面来控制反应过程。对 α-烯烃聚合而言就是控制反应时间，而反应时间直接关系到热量传递强度。

若不采取特殊的散热措施，则该聚合反应易发生爆聚，瞬间产生大量的反应热，导致聚合物相对分子质量极低，同时可能使整个装置报废，甚至危及人身安全。因而，避免爆聚的发生是整个技术能否实施的关键。

α-烯烃聚合反应工艺的关键技术为以下三种。

1. 多级串联聚合反应装置

多级串联聚合反应装置如图 2-15 所示，该装置将除热过程体现于薄膜中，可宏观控制聚合反应速度，避免爆聚的发生。

整个装置用氮气密封保护。冷却介质通过转筒内径，冷却介质温度与流速可调。聚合原料与主、助催化剂经聚合前置均匀化釜式混合装置均匀化后，以薄膜形式在转筒表面进行聚合反应。反应时间可由薄膜通过转筒的级数来控制，反应温度可由冷却介质的温度与流速控制。利用装置转筒直径大小和转筒长度控制总产量。由于薄膜层比较薄，单位薄膜容量小，因此易迅速迁移聚合反应热量，可有效避免“爆聚”。同时薄膜内温度分布范围窄，反应温

度比较均匀，可有效控制聚合物产品相对分子质量分布。

针对不同减阻剂产品对聚合反应的反应温度、反应时间等工艺参数要求不一的特点，通过调整多级串联吸热装置中各级吸热介质的流速、温度及薄膜层历经的转筒级数，来调整聚合反应温度和时间，从而使聚合反应控制在最佳反应温度和反应时间内。

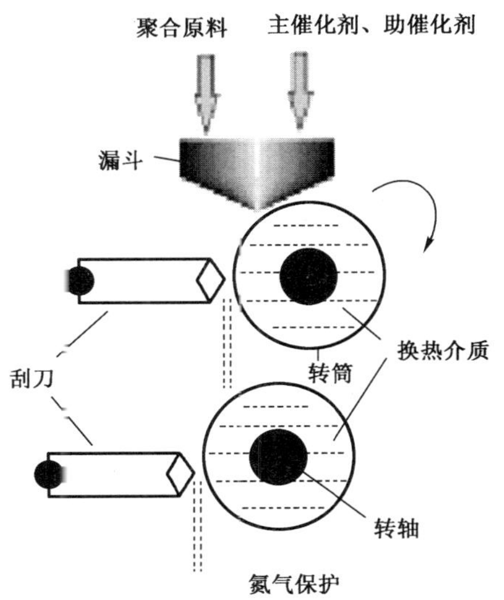

图 2－15　多级串联聚合反应装置

2. 新型复配烷基锂铝助催化剂的研制

用密度泛函理论在 B3LYP//6－31G 水平上对反应物、产物以及各种可能的中间体和过渡态进行了全参数优化（未加对称性限制），在同一理论水平上对势能面上的全部驻点进行了振动频率分析，并从过渡态分别向反应物和产物方向进行了内禀反应坐标（IRC）计算。全部计算使用 Gaussian 03 程序包，在 shenteng 服务器上完成。

α－烯烃的聚合机理可归结为链增长机理。对烯烃类聚合反应而言，作为引发聚合反应的主催化剂，目前国际上主要采用 Ziegler-Natta 类，包括以其为基础发展的几代催化剂。而助催化剂直接影响链的增长方式、增长构型及增长长度等。针对 α－烯烃聚合反应的助催化剂（相关资料各国严格保密），可在三甲基铝（TMA）、一氯二甲基铝（DMAC）、一氯二乙基铝（DEAC）、一氯二异丁基铝（DIBAC）等范围内进行复配研究开发。通过对各种复配方案进行分子力学构型计算，经理论计算和大量实际试验可最后确定 α－烯烃聚合反应助催化剂，简称新型复配 Al（Et_2）Cl 助催化剂。图 2－16 给出了包含增长链的催化剂活性中心构型。

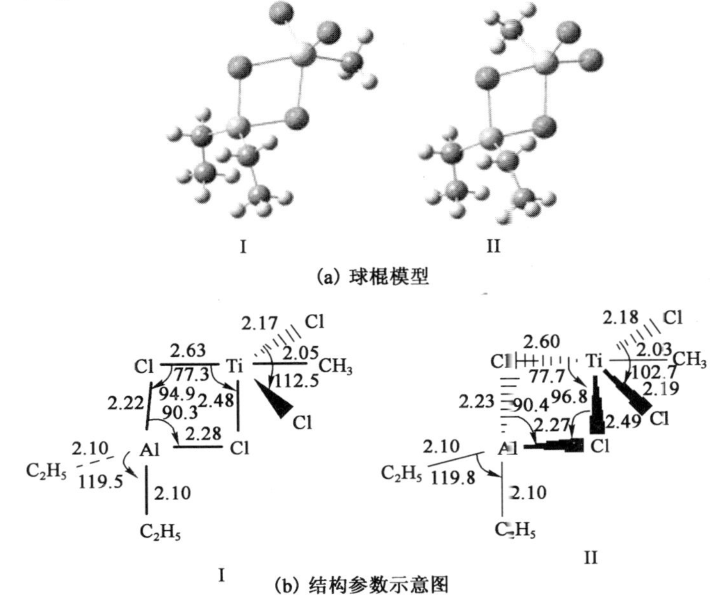

图 2－16　$TiCl_3$ 主催化剂·新型复配 Al（Et_2）Cl 助催化剂的构型

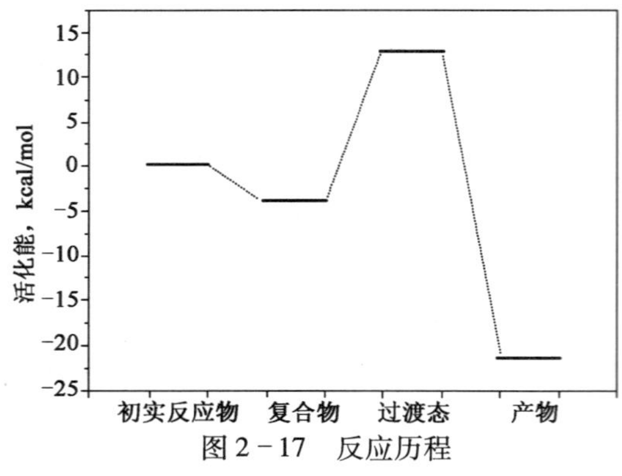

图 2-17　反应历程

在此基础上，通过理论计算模拟 α-烯烃聚合反应过程。α-烯烃聚合反应经历络合配位、反应过渡态、链的增长三个过程，图 2-17给出了反应历程。

图 2-18 为络合配位构型；

图 2-19 为过渡态的构型；

图 2-20 为链增长的构型。

同时用量子化学方法计算聚合反应活化能与 α-烯烃碳原子数的关系，如图 2-21 所示。

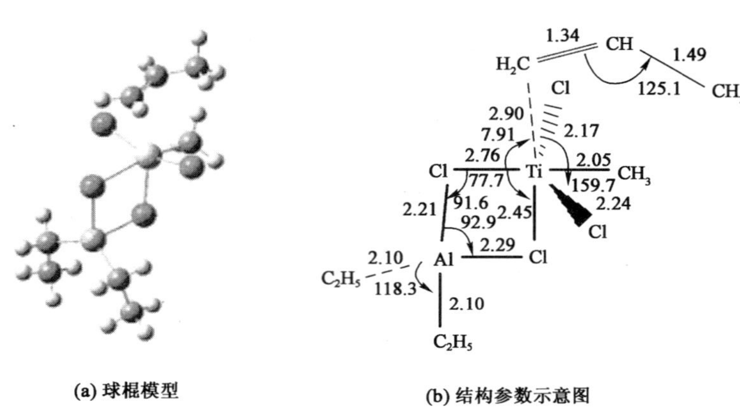

(a) 球棍模型　　(b) 结构参数示意图

图 2-18　络合配位构型

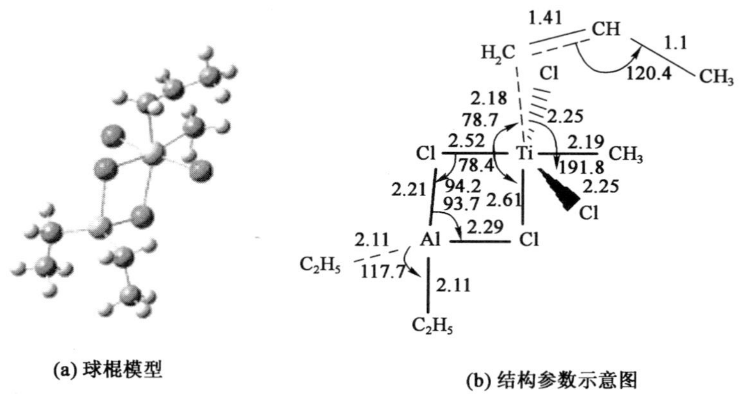

(a) 球棍模型　　(b) 结构参数示意图

图 2-19　过渡态构型

由图 2-21 可见，随着 α-烯烃碳原子数的变化，反应活化能先升高后降低，然后再升高，碳原子数在 6～10 之间时活化能最低。碳数为 2 的 α-烯烃聚合后类似于聚乙烯，无法

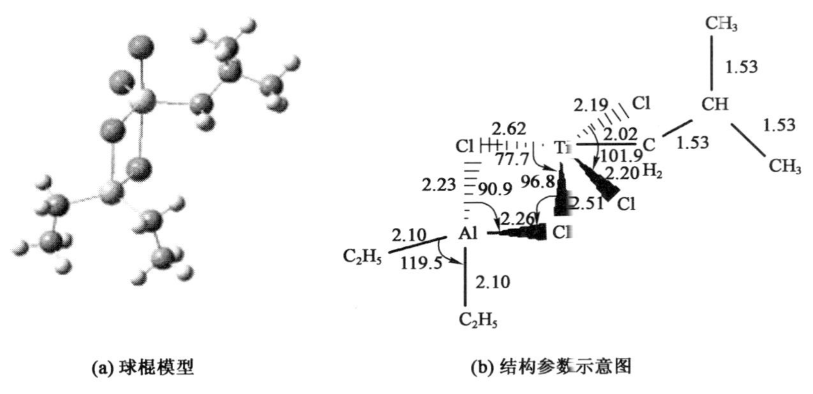

(a) 球棍模型　　(b) 结构参数示意图

图 2－20　链增长的构型

溶解于油品中起到减阻效果；而碳数为16 的 α－烯烃价格昂贵，就其成本而言，工业上无法实现商品化，因此碳数在4～14的 α－烯烃最容易实现链增长。

根据上述理论研究结果，在特定主催化剂和新型复配烷基锂铝助催化剂条件下，可最终确定 α－烯烃聚合单体配比，并经工业生产表明达到了减阻剂设计的要求。

图 2－22 给出在 $TiCl_3$、新型复配 Al $(Et_2)_2Cl$ 和 α－烯烃聚合单体配比为 C_{10}：C_8：C_6＝3：1：1 条件下，α－烯烃减阻聚合物的分子设计模型。

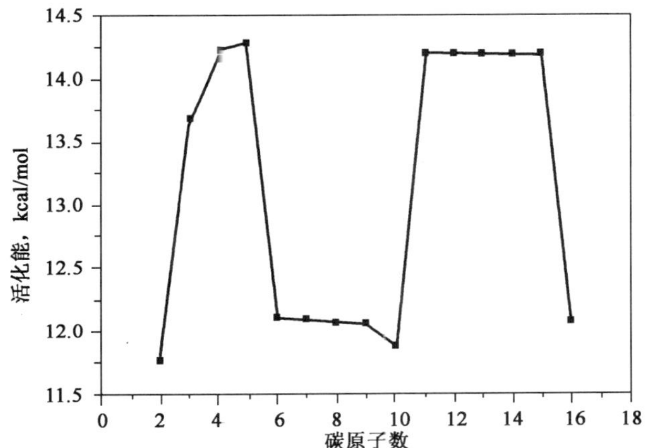

图 2－21　聚合反应活化能与 α－烯烃碳原子数的关系

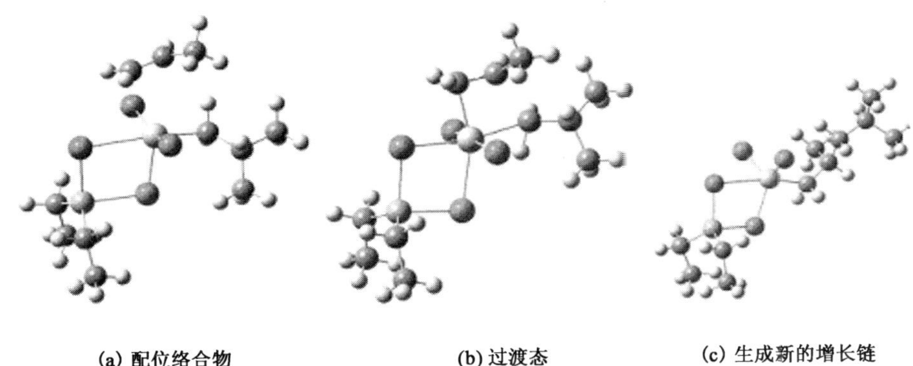

(a) 配位络合物　　(b) 过渡态　　(c) 生成新的增长链

图 2－22　α－烯烃减阻聚合物的分子设计模型

图 2－23 给出了采用最优化的分子力学模型和组分配比，并在主、助催化剂确定条件下，聚合反应链增长过程的势能剖面计算结果。理论计算结果表明，该 α－烯烃聚合反应过

程基本上达到了优化的效果，从而说明最终确定的聚合反应体系是合理的。它是聚合物相对分子质量由较低向较高，单体转化率向 90% ~95% 提高的关键所在。

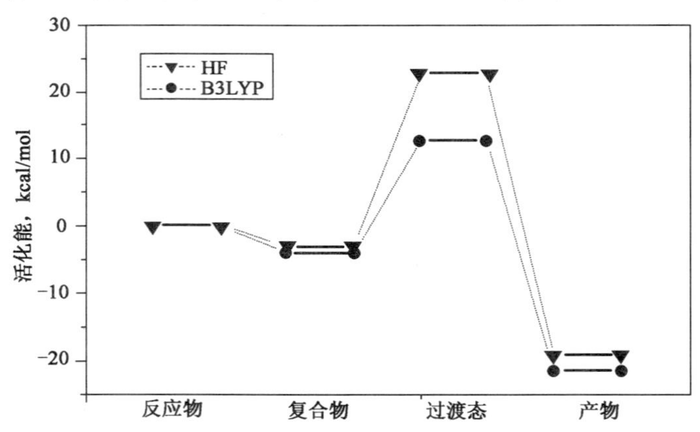

图 2－23　聚合反应链增长过程的势能剖面计算结果

HF—最优化的分子力学模型的计算结果；

B3LYP—组分配比、助催化剂确定条件下的计算结果

3. 烯烃本体聚合前置液固均匀化釜式混合装置

由于减阻聚合物的合成为液固反应，反应中催化剂为固体且用量少，参与聚合反应的单体为液体，因此液固体系的浓度分布是影响聚合过程的重要指标。由于聚合物体系的这一特殊性，特别是对杂质浓度的苛刻要求，采用传统的催化剂载体方式来解决上述浓度分布不均匀的问题是不适宜的。因此应用烯烃本体聚合前置液固均匀化釜式混合装置，并置于新型本体聚合反应器前，作为前置混合。通过该装置的作用，较好地解决了液固催化反应浓度均匀性问题。

烯烃本体聚合前置液固均匀化釜式混合装置如图 2－24 所示。

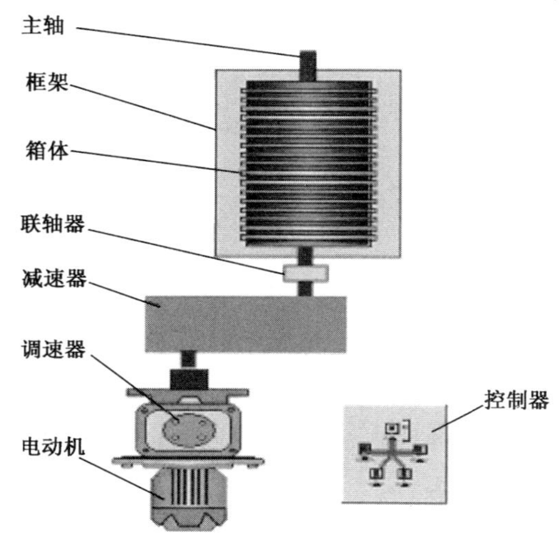

图 2－24　烯烃本体聚合前置液固均匀化釜式混合装置

采用上述技术，可以解决 α－烯烃聚合物反应“爆聚”问题，聚合物相对分子质量达 900 万，单体转化率达到 90% ~95%。

三、聚合物的分散后处理

减阻聚合物属超高相对分子质量聚合物，具有易粘结聚集、呈凝胶状的特点。只有经过适当的后处理分散才可成为具有实用价值的减阻剂。聚合物后处理分散工艺直接决定了产品的使用条件和对注入设备的具体要求。

不同的油品种类、不同的输送区域要求油品减阻剂具有不同的使用条件和注入工艺。具体体现就是减阻剂的耐温范围和分散处理后的最终悬浮体形态及稳定储存期。

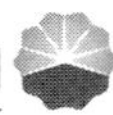

国外采用的聚合物后处理分散技术主要有下列四种方法：

直接使用法——“溶液聚合”得到的聚合物不经任何处理直接使用。其特点为粘度大，接近凝胶状态，现场需要使用特殊的加压、加热设备，而且聚合物在油品中溶解较慢。

沉淀分离法——“溶液聚合”得到的混合物经沉淀分离后，再经物理过程得到粉末产品，但很难获得完全干燥的不粘结的粉末状工业产品。

沉淀湿磨法——先将“溶液聚合”得到的聚合物沉淀分离，再抽取部分沉淀物进行低温研磨。由于极性沉淀剂的存在，使减阻剂糊的制备相对容易，但会降低产品的减阻性能。

涂敷分散法——向“本体聚合”得到的聚合物中加入少量涂敷剂，深冷研磨后再放入稳定剂、表面活性剂、消泡剂、杀菌剂、水或醇水混合物等，形成减阻剂糊或浆料。其特点为聚合物浓度较高，但合适的稳定剂、活性剂、消泡剂、杀菌剂的正确选取是项复杂而技术难度很大的工作。

目前先进的聚合物分散后处理工艺流程如图 2－25 表示。

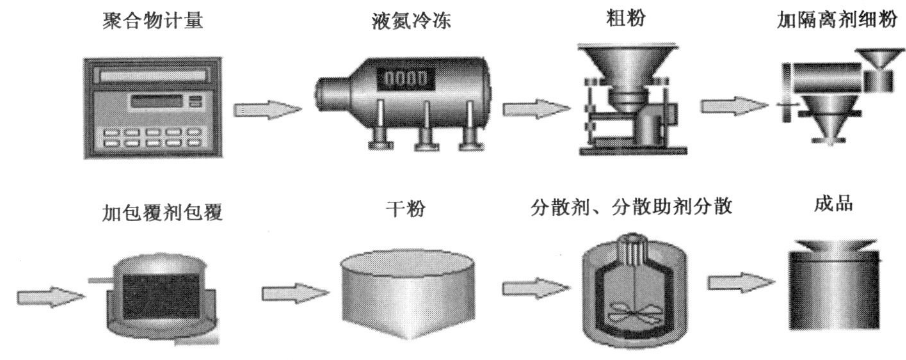

图 2－25　聚合物分散后处理工艺流程

1. 减阻聚合物低温粉碎过程控制

1）冷冻深度的控制

将聚合物冷冻到玻璃化温度以下即可进行破碎，但减阻聚合物的玻璃化温度为－60℃，与液氮温度－160℃还有较大温差。由于冷冻深度不同，最终聚合物粒子的大小、形状，特别是表面形态不同，因此冷冻深度的控制对于微囊包覆能否成功起到至关重要的作用。

将 100kg、8cm×8cm×8cm 的块状减阻聚合物置于冷冻桶中，充入液氮使聚合物刚被淹没，让液氮自然蒸发，蒸发尽干后，再充一次液氮，当液氮蒸发掉一半时，将聚合物捞出，转入粗碎机进行粗碎，粗碎料温度可以维持在－120～－130℃。

2）细碎过程粒度的控制

首先将细碎机通液氮制冷 20min，然后加入粗碎料及隔离剂进行细碎，选用 80 目的筛网既可保障质量要求又可满足生产要求，确保聚合物颗粒粒度均匀、大小合适。出粉温度约为－100℃。

2. 微胶囊包覆剂及包覆工艺

1）包覆剂选择

从聚合物的结构可以看出，聚合物颗粒之间容易粘结的主要原因是存在范德瓦尔斯力，因此，将聚合物颗粒表面进行改性，降低范德瓦尔斯力是防止颗粒粘结的理论基础。

包覆剂种类很多，效果各不相同，如硅酸钙、硅酸镁、滑石粉、碳酸钙等无机物可以起到防粘作用，但这些无机物往往都是晶态结构，不能起到包覆作用而只能起到隔离作用，因此用量很大，并且由于这些无机物与聚合物颗粒表面的作用力小，附着力很差，在现场应用配制成悬浮液时很快沉积，失去隔离作用。十二烷基磺酸盐、十二烷基硫酸盐、十二烷基苯磺酸盐等阴离子表面活性剂，可以起到很好的包覆效果，但是不符合使用要求。硬脂酸钙、硬脂酸镁、硬脂酸锌等金属皂类都具有表面活性剂的性质，当用量为20%时，可以使包覆后的固体减阻剂在常温下放置3个月而不发生粘结现象。但该类固体减阻剂的包覆效果仍然不很理想，特别是由于皂类的亲水性差，在现场应用时不能制成水基和醇基悬浮分散系统（粘度太大）。相对分子质量不是很大并且带有极性基团的聚氧乙烯醚嵌段共聚物可作为微胶囊包覆剂。聚氧乙烯醚嵌段共聚物呈现非晶结构，颗粒细小、疏松，在外力作用下，极易分散，其聚合物长链通过范德瓦尔斯力或相互缠绕与聚合物颗粒表面结合，起到对聚合物颗粒表面的包覆改性作用。由于嵌段聚醚中的氧原子相互排斥，因而包覆后的减阻聚合物颗粒互不粘结，特别是嵌段聚醚的亲水亲醇特性，在现场应用配制成悬浮液时，系统非常稳定，能够满足不同注入设备对悬浮体系的要求。

2）包覆工艺

包覆剂种类和用量确定以后，包覆工艺也很重要。若在细碎过程中进行包覆，效果很不理想，其原因可能是细碎过程中温度太低，聚合物处于结晶或半结晶状态，颗粒表面光滑，包覆剂与聚合物颗粒表面难以发生缠绕作用。如果升高细碎温度，又不能保证颗粒的大小和形状。因此，采用的包覆工艺为：在细碎过程中加入少量隔离剂以提高粉碎效率，得到的粉状聚合物置于搅拌桶中，在不断搅拌下使其逐渐回温，达到－70℃时加入聚合物质量5%～10%的包覆剂，继续搅拌20min即可出料，搅拌速度控制在不出现飞粉为宜。

3. 固体减阻剂分散技术

微胶囊包覆后的固体减阻剂并不能直接注入输油管道中，而必须在注入之前选用分散剂对其进行悬浮分散处理，以防止分层，提高储存稳定性，确保减阻剂的注入性能。

1）水基悬浮分散系统

根据需要的减阻聚合物浓度，将计量的水、微胶囊包覆后的固体减阻剂及其他助剂等加入搅拌桶中，搅拌悬浮均匀后即得水基悬浮型减阻剂。由于在制粉过程中控制了隔离剂活性碳酸钙的用量，提高了粉末聚合物的密度，加之分散助剂中含有增稠剂，使水基悬浮型减阻剂可以稳定储存两年以上。

2）醇基悬浮分散系统

选用C_2～C_{10}的直链醇和溶纤剂作主分散剂，选用溶性高的醇取代羧丙基纤维素为增稠剂，按前述工艺分散均匀即得醇基悬浮型减阻剂。该种减阻剂可在－40～40℃范围内使用，并可以稳定存放两年以上。

3）油基悬浮分散系统

选用植物油作主分散剂，通过调整减阻聚合物粉末的密度及选用油基稳定剂、消泡剂、杀菌剂等助剂制备了油基悬浮型减阻剂。该减阻剂可以耐受60℃的高温，满足了高温地区

对减阻剂的使用要求。

由于分散剂价格不同，因此水基悬浮型减阻剂最便宜，但它只能应用于原油管道，而醇基悬浮型减阻剂和油基悬浮型减阻剂既可用于原油管道也可用于成品油管道；减阻剂耐温范围为－40～60℃，覆盖了不同输送区域耐温使用要求，满足了不同使用条件的注入工艺要求，并可稳定存储两年以上。另外，当使用环境对闪点要求比较高时，可选用油基悬浮型减阻剂。

利用上述油品减阻剂生产工艺生产的减阻剂，其性能与目前国际上具有代表性的领先产品美国 Conoco 公司的北极级 LP 减阻剂相当，并且生产成本大大降低。

减阻剂的质量评价主要以减阻率为准，而减阻率又与管道运行参数有关，一般采用对比试验进行评价。表 2－3 为不同减阻剂在成品油环道中的试验结果，表 2－4 为青海油田原油管道花—格线中灶火—拖拉海段的应用试验结果。

表 2－3　不同减阻剂室内环道试验结果

样品 / 减阻率，% / 环道压力，kPa	中国 管道研究中心 EP－W203	中国 管道研究中心 EP－S103	芬兰 Neste 公司 “NE”	美国 Conoco 公司 LP
20	54.42	59.66	51.22	53.67
50	47.83	50.21	45.28	47.16
100	35.17	43.51	37.07	40.25
135	26.28	34.42	29.69	30.11

注：评价条件：0 号柴油，温度 25℃，加剂量 5g/t。

表 2－4　不同减阻剂现场试验对照

样品 / 减阻效果	中国管道研究中心 EP－W203	美国 Conoco 公司 LP
减阻率，%	57.05	57.40
增输率，%	59.98	60.71

注：评价条件：流量约为 5000t/d，加剂量 20g/t。

第四节　油品减阻剂的应用技术

油品减阻剂具有明显的减阻增输作用，但是若应用条件、方法及测试技术不当，则很难达到预期效果。

一、减阻剂用途

减阻剂的各种用途都是基于减阻功能，即在不增加管道设备、动力消耗和不改变管道运行条件的情况下，仅仅注入微量减阻剂即可显著降低管道中油品的流动摩擦阻力。针对管道的自身状况及其上下游油品市场的瞬息变化，应用减阻剂作出及时准确的应对，可以获取巨大的经济效益和社会效益。

1. 提高管道输量

任何流体管道都存在最高设计输量的限制，若使输量超过最高设计输量，则不仅动力需求达不到，而且还会出现安全事故。任何油田的原油产量都存在增产—盛产—减产的生产周期，若盛产时原油产量大于管道的最高输量，则必然造成原油不能及时运出、储罐爆满、油田限产的后果。此时如果不值得或来不及再建一条原油管道，那么由于车运成本太高、运量太小，因此应用减阻剂增输是最佳选择。油田外输管道应用减阻剂大多属于这种情况。例如在印度尼西亚的 Kaji - Semoga（KS）油田，PT Exspan Nasantara（PTEN）公司为适应油田产量的不断增长，2004 年提出三套方案：（1）在外输管线 Kaji - KM3 上采用减阻剂技术；（2）与 Kaji - KM3 管线并行修建复线或环形管线，投资 2200 万美元，耗时一年半；（3）两年内投资 6000 万美元，建设一条新管线。由于及时应用了减阻剂，增输率达到 90%，因此不仅省去建设管线所需的大量投资，而且一年半内获利 2200 万美元。

2. 保障安全运行

管道沿线各点油品的运行压力必须明显低于该点管壁或设备的耐压，管道运行才是安全的。长期运行管道的安全隐患主要是指管道耐压降低或运行压力升高。由于土壤和油品中腐蚀性物质的影响，管壁内、外表面受到不同程度的腐蚀，出现坑陷、管壁变薄，耐压能力降低等情况；或者由于管道内壁附着一层石蜡、胶质、沥青质等沉积物，使管道当量管径变小，正常输量时油品运行压力升高。采用减阻剂后，可在输量相同的条件下，降低管道沿程摩阻压降，从而使管道沿线各点的压力明显低于该点管线耐压，实现管道安全运行。此外，一座输油站常常是多台输油泵同时运行，应用减阻剂可以减少运行泵数量，增加备用泵数量，避免或减少因泵故障而停输的危险。

3. 降低固定投资

由于减阻剂技术可在满足输量要求的条件下明显降低管线压力，因此在设计新管线时，与常规设计相比，采用减阻剂后要么可以降低耐压要求，即降低输油泵规模、减小管径或壁厚；要么可以减少泵站或增大站间距。例如美国阿拉斯加原油管道采用减阻剂后，取消了再建三座泵站的计划。

4. 消除“瓶颈”段

多泵站长输管道的输油量取决于可行输量最低的站段——“瓶颈”段，提高“瓶颈”段的最大可行输量，就是提高整条管道的可行输量。若由于自然灾害或人为因素使某站段的摩阻显著上升，则该站段的可行输量会严重降低，将导致输油任务难以完成。解决问题的最好办法就是应用减阻剂迅速提高该站段的可行输量。

例如 2005 年 8 月，铁大复线在辽宁清河遭遇特大洪水冲击，一根管线被冲断，另一根受到严重破坏，让一根“受伤”的管线完成两条管道的输油任务显然是不可能的。修复管道需约 3 个月时间，眼看上游油田储罐爆满，有限产停产的危险；下游炼厂“缺粮”，市场油品供应紧张。由于在该站段及时采用了 EP 减阻剂，因此使“受伤”管道超负荷安全运行，完成两条管线的输油任务，保证了大庆原油及时外输。在印度、墨西哥湾等地都曾应用减阻剂消除“瓶颈”段。

5. 实现越站运行

如果减阻剂对某条管道的减阻降压效果比较好，那么注入减阻剂后，下一输油站的进站

压力较高。在下一站段地势起伏较小和含剂油品不会受到高速剪切的情况下，有可能实现越站输送，第二输油站不需要再开泵加压。

6. 增加经济效益和社会效益

随着经济发展、季节变化或者发生了某种严重事件，可能会导致某一地区在某段时间内对成品油的需求量急剧增加，原有管道输量不能满足要求。采用减阻剂技术可以随时随地增大管道输油量，不仅满足了市场需求，支援经济建设，而且也提高了管输效益。在2008年春季南方抗击雨雪冰冻灾害和四川汶川大地震的抢险救灾中，通过往成品油管道中注入EP减阻剂，每天向灾区多运送成品油数千吨，有效支援了灾区重建工作。2001年8月，在长1510km的苏丹外输原油管道上应用EP－W203型减阻剂，加剂量30g/t，全线二点注入，总加剂量60g/t，使输油量由$3.4\times10^4m^3/d$增加到$3.8\times10^4m^3/d$，增输率为11.7%。当年增输原油$13.9\times10^4m^3$，实现经济效益2亿美元。

7. 避免或减少在自然条件恶劣地区建泵站

长输管道一般长数百公里甚至数千公里，途中难免会经过沙漠、沼泽、高山、严寒等自然条件很差的地区。从交通、生产、安全和生活等方面考虑，人们希望在这些地区尽量不建或少建输油站。使用减阻剂可以明显降低沿程摩阻，因而在输量和出站压力不变的情况下能够延长站间距，再结合管线参数的合理调整，有可能达到在某一区域不建或少建泵站的目的。

二、减阻效果室内评价

为了简便、快速、经济地评价某一种减阻剂的减阻效果或几种减阻剂的优劣，需要在室内建立一座小型、简单的试验环道。

1. 室内环道结构及其水力学特性

室内环道结构参见附录1，其水力学特性要求如下：

（1）测试管段内不存在局部摩阻。试验中测定的管道压降是测试管段的沿程摩阻压降，不包括局部摩阻压降，因此测试管段内不能存在阀门、弯头、变径管及接缝等会产生局部摩阻压降的部件或管件。一方面减阻剂经过某些部件后可能会降解，减弱或失去减阻作用，另一方面减阻剂也不会降低局部摩阻。此外，在长输工业管道中，局部摩阻相对沿程摩阻可以忽略；但在试验环道中，局部摩阻影响相对较大。

（2）环道试验最低雷诺数为3500～5000。由于减阻剂对层流无减阻作用，只有对湍流管道才有减阻作用，而且刚进入湍流时减阻效果很小，尔后随着雷诺数的增加而增大，因此利用试验环道评价减阻剂减阻效果时，雷诺数必须大于某一最小雷诺数，依据管径不同，一般确定为3500～5000。

（3）环道试验的最高雷诺数是最佳雷诺数$Re_{佳}$。壁面切应力τ_o与壁面切应力速度u_*间的关系为$\tau_o=\rho u_*^2$，湍流管道流体的平均速度$\bar{v}$与u_*的近似关系为$\bar{v}\approx20u_*$，因此τ_o与雷诺数Re的关系为$\tau_o\approx\frac{\mu\nu}{400}\cdot\frac{Re^2}{d^2}$，式中$d$为管径，$\mu$和$\nu$分别是油品的动力粘度和运动粘度。可以看出，壁面切应力随雷诺数的增加而急剧增大，随管径减小也会迅速增大。

任何高分子减阻剂都存在剪切降解问题，即当剪切应力大于某一临界剪切应力时高分子长链被剪断而失去减阻作用，因此当壁面切应力大于临界剪切应力时，壁面附近高分子开始降解，壁面切应力越大，降解的减阻剂分子越多。减阻剂分子结构和链长不同，能够使其长链断裂降解的临界剪切应力也不同。结合公式 $\tau_{o} = \frac{\mu\nu}{400} \cdot \frac{Re^2}{d^2}$ 可以得出结论，当试验环道和试验油品确定后，必然存在一个与临界剪切应力相应的临界雷诺数，而且管径越大，临界雷诺数也越大。随着雷诺数 Re 增加，壁面切应力 τ_{o} 和减阻率 DR 急速增大。但当 Re 大于临界雷诺数后，部分减阻剂分子降解，使 DR 上升开始变缓。当 $Re = Re_{佳}$ 时，更多的减阻剂分子降解，使 DR 不再随 Re 的增加而增大，DR 达到最大，Re佳叫最佳雷诺数。因此应用室内环道评价减阻剂的减阻效果时，雷诺数应处于一定的范围内，即 $3500 \sim 5000 < Re < Re_{佳}$。值得注意的问题是：环道管径不能太小，否则会使试验雷诺数范围太窄，甚至无法进行试验。

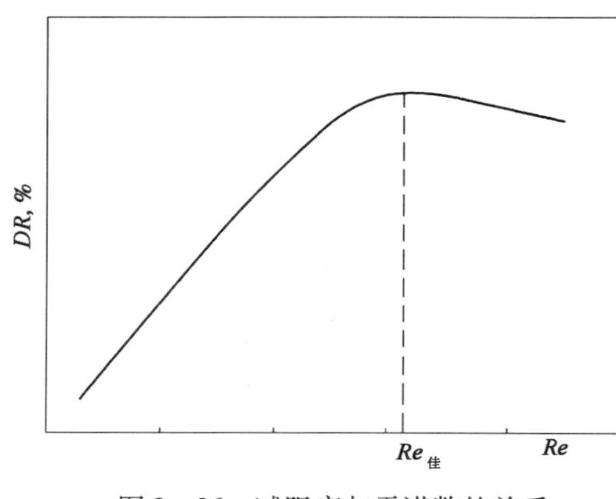

图 2-26　减阻率与雷诺数的关系

可以通过作出减阻率 DR 与雷诺数 Re 的关系曲线来大体确定 $Re_{佳}$，如图 2-26 所示。

2. 评价减阻剂作用效果的依据

在现场应用前，需在室内评价出减阻效果良好的减阻剂。衡量减阻效果的物理量是减阻率和增输率。

$$DR = \frac{\Delta p_0 - \Delta p_x}{\Delta p_0} \times 100\% \tag{2-19}$$

$$TI = \frac{Q_x - Q_0}{Q_0} \times 100\% \tag{2-20}$$

式中　DR——减阻率，当管道输量不变时加剂后沿程摩阻压降的相对降低比,%；

Δp_0——加剂前管道沿程摩阻压降，Pa；

Δp_x——加剂后管道沿程摩阻压降，Pa；

TI——增输率，当沿程摩阻压降不变时加剂后管道输量的相对增加比,%；

Q_0——加剂前管道输量，m^3/s；

Q_x——加剂后管道输量，m^3/s。

三、减阻剂应用现场试验

减阻剂的减阻增输效果，不仅取决于减阻高聚物本身的分子结构、相对分子质量及其在流体管道中的含量，而且也与管道液体的物性和流动状态有关。由于工业管道所输油品的物性可能与室内评价用油的物性不同，特别是工业管道和室内环道中油品的流动状态差异巨大，因此目前室内环道的评价结果是相对的、近似的，只能给出某种减阻剂是否有减阻作用和几种减阻剂相对优劣的结论，而测定的减阻率或增输率常常与实际应用结果相差较大，只

有通过现场试验后才能确定减阻剂在这条管道上的真实减阻增输效果。

现场试验前先确定合适的减阻剂。

（1）选用的减阻剂不能影响所输油品的品质。原油是非常复杂的各种烃类的混合物，加入少量减阻剂对其组成和物性无明显影响，故而可以采用任何类型的减阻剂。但成品油管道只能采用低粘度胶状减阻剂或非水基悬浮减阻剂，例如 EP－A 成品油减阻剂。

（2）依据工业管道的降压或增输要求，结合室内环道试验结果确定减阻剂和加剂量范围。

1. 减阻剂注入系统

对于油品管道运营企业而言，应用减阻剂简单、方便，只需在管道首端合适地方开口即可。

不管是原油管道或是成品油管道，减阻剂注入系统基本上是相似的。图 2－27 是中国石油管道公司科技中心研制的减阻剂注入系统的工艺流程图。利用倒料泵 2 将减阻剂从包装容器 1 送进搅拌储罐 3 中，通过搅拌使其保持流动性和均匀性。打开出料阀 5 使减阻剂进入喂料泵 7，为注入主泵 10 提供足够的吸入压力。利用流量计 13 可记录和确定减阻剂的实际注入速度和累计注入量。

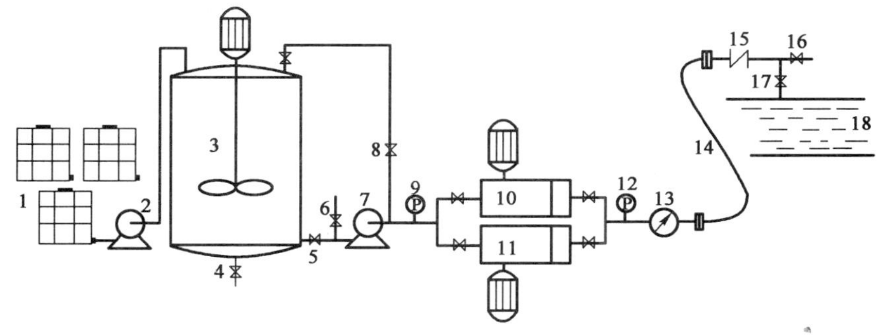

图 2－27　减阻剂注入工艺流程图

1—减阻剂包装容器；2—倒料泵；3—搅拌储罐；4—排污口；5—出料口；6—冲洗液进口；7—喂料泵；8—回流控制阀；9—主泵进口压力表；10—注入主泵；11—注入主泵备用泵；12—主泵出口压力表；13—流量计；14—高压软管；15—止回阀；16—冲洗液出口；17—管线控制阀；18—输油主干线

2. 防止减阻剂断裂降解

减阻机理指出，减阻剂分子长链必须远大于脉动流体微团的尺寸才有减阻作用；实验数据表明，减阻剂分子摩尔质量大于 10^6 才有减阻效果，且摩尔质量越大，减阻率越高。因此，保证减阻剂在应用过程中不降解是保持减阻效果的关键问题，高速剪切是减阻剂分子降解的主要原因。宋高杰、管民的研究表明，加剂油品每高速剪切一次，减阻率会降低一半左右。加剂量越大或减阻剂相对分子质量越高，减阻率下降越慢。由于近壁流体层（固体表面附近）是剪切速度最大的区域，因此在输油管道系统中，最严重的剪切发生在离心泵的叶片表面和过滤器的栅网附近，其次是管壁发生局部形变的地方，例如阀门、弯头、变径管等，再次是直管段的壁面附近。

表2－5示出兰成渝成品油管道输送柴油时注入减阻剂后不同站段的减阻率平均值，减阻剂从广元站注入。从实测数据可看出，减阻效果可分三种情况：

（1）广元—江油段减阻效果最好。

（2）江油—绵阳、绵阳—德阳、德阳—彭州、彭州—成都四个站段的减阻率基本接近，但明显低于广元—江油段的减阻率。四个站段的减阻率虽然有一定差别，但呈现出无规律变化，因此差别应是压力或输量的波动所造成的。

（3）成都—简阳段已没有减阻效果。

表2－5　兰成渝成品油管道注入减阻剂后各个站段的减阻率

油品名称	加剂浓度 mg/kg	减阻率，%					
		广元128km	江油44km	绵阳57km	德阳37km	彭州27km	成都76km 简阳
柴油	5	26.3	16.3	14.9	14.0	18.3	
	10	32.8	16.6	15.6	14.2	21.2	
	15	46.1	34.2	30.2	37.8	33.2	－6.2

各站段减阻率出现如此大的差别，其原因就是高速剪切使减阻剂分子出现部分或全部降解，使其减阻能力下降或全部消失。江油站是清管、变径和分输站，站前管径508mm，站后管径457mm，站内管路较复杂，存在弯头、阀件和变径管，对减阻剂具有一定的高速剪切作用，故而油品经过江油站后减阻率明显下降。绵阳、德阳和彭州三站都只是分输站，管路简单，对减阻剂的剪切作用与直管段差不多，故而四管段的减阻率没明显、规律性的变化。同时也说明，长距离直管段的管流剪切影响可以忽略。成都站不仅是大型分输站、清管站和变径站（管径由457mm减小为324mm），而且还是增压站，离心泵和过滤器的严重剪切使减阻剂完全失去作用。虽然减阻剂降解后摩尔质量低于10^6，但仍远远高于油品的摩尔质量，因此不仅没有减阻作用，反而会有一定的增阻作用。依据上述分析可得出结论，在需要减阻增输的管段内，含剂油品不能遭受输油泵和过滤器的强烈剪切，应尽量避免弯头、阀门、变径管等管道构件和连接件的较强剪切。

3. 如何精确测量减阻率

由于减阻率是油品管道注入减阻剂后沿程摩阻压降的相对减小比值，因此是否能够精确测定减阻率，关键是能否准确测定沿程摩阻压降。

现场试验中测定的管道压降就是管道首末两端的压力差，当然测压仪表和压力传感器的精确显示是准确测量沿程摩阻压降的先决条件。

测定的管道压降中包括三部分：沿程摩阻压降、局部摩阻压降和管道两端静压差。如果用测定的管道压降代入式（2－19）计算减阻率，显然会产生误差。由于局部摩阻压降总是使管道总压降增加，因此由式（2－19）可知，局部摩阻压降总是使测定的减阻率偏小。一般情况下，长输油品管道的沿程摩阻压降远大于局部摩阻压降，故而其影响通常可以忽略。但是由管道两端高程差引起的影响通常不能忽略，当管道末端高程高于首端时，使测定的减阻率减小；反之使测定的减阻率增大。因此在计算减阻率时，一定要除去静压的影响。

油品管道加剂后的沿程摩阻压降，是加剂油品完全充满管道后的沿程摩阻压降。有人认为，当注剂油品的累积输油量等于管容时，表明加剂油品已充满管道，因此当加剂油头到达

管道末端后，即可测量加剂油品管道的沿程摩阻压降。实际上，当加剂油头抵达管道末端时，的确是整条管道基本上充满了加剂油品，但是由于壁面附近油品的时均速度很小，因此当加剂油头到达管道末端时，管道后段还存在一层很薄的由未加剂油品形成的“近壁流体层”，其厚度越靠近管道末端越厚。正是因为这层未加剂油品的影响，使此时的沿程摩阻压降远高于加剂油品完全充满管道时的沿程摩阻压降。在现场试验中可以观察到，当加剂油头到达管道末端后，随着加剂时间的延长，加剂管道的沿程摩阻压降继续降低（减阻率继续增大）。与加剂油头到达管道末端时减阻率相比，通常减阻率还可以增大10%以上。因此，在测量加剂管道的沿程摩阻压降时，应该在沿程摩阻压降不再降低且基本稳定时再测量。

可以把“近壁流体层”分成两部分：靠近壁面的一部分是粘性底层，油品时均速度很小，基本上是层流，脉动很少，因此层中的减阻剂分子没有明显减阻作用，是否存在减阻剂无所谓；靠近管道中心的一部分是过渡层和部分对数率层，层中大部分流体的时均速度接近管道平均速度，脉动较强，其中的减阻剂分子具有明显减阻作用。严格地讲，只有当两部分交界面处的油品到达管道末端时，才可以认为管道中“充满”了加剂油品，交界处油品的时均速度为 $\bar{u} = 5u_* \approx 0.25\bar{v}$，因此到达管道末端的时间约为加剂油头通过管道时间的4倍，这时加剂管道的减阻率才真正达到最大。由于交界面处油品时均速度沿管道径向变化很快，因此可以认为，当注剂持续时间大约为油头通过管道时间的两倍时，减阻率达到最大并基本稳定不变。

2004年在秦京线首站（秦皇岛站、高程60.4m）与第二站（昌黎站、高程11.9m）间进行了添加EP减阻剂减阻现场试验。秦京线输送大庆原油，输油温度下油品平均密度为861.8kg/m^3。试验管段两端高程差为11.9－60.4＝－48.5m，即－0.41MPa。由于不是越站运行，因此试验管段内局部摩阻压降很小，可以忽略。式（2－19）中的沿程摩阻压降Δp_0、Δp_x比实测管道压降高0.41MPa。加剂前输油量稳定在$Q_0 = 1068\text{m}^3/\text{h}$时，沿程摩阻压降$\Delta p_0 = 3.21\text{MPa}$。加入40g/t的EP减阻剂，维持输油量基本不变，每隔1h测量一次管道压降。测试结果如图2－28和表2－6所示。

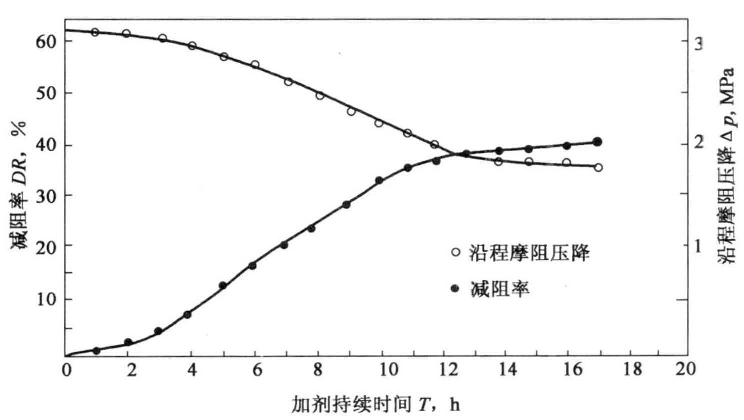

图2－28　减阻率随加剂持续时间的变化

表 2-6　减阻率与加剂持续时间的关系

加剂持续时间 T h	秦皇岛站出站压力 MPa	昌黎站进站压力 MPa	沿程摩阻压降 Δp MPa	减阻率 DR %
0	3.55	0.75	3.21	0
1	3.56	0.79	3.18	0.9
2	3.55	0.83	3.13	2.5
3	3.53	0.89	3.05	5.0
4	3.51	0.97	2.95	8.1
5	3.40	1.05	2.76	14.0
6	3.36	1.05	2.72	15.3
7	3.18	1.02	2.57	19.9
8	3.04	1.01	2.44	24.0
9	2.73	0.86	2.28	29.0
10	2.32	0.61	2.12	34.0
11	2.29	0.64	2.06	35.8
12	2.31	0.66	2.06	35.8
13	2.26	0.71	1.96	38.9
14	2.25	0.71	1.95	39.3
15	2.24	0.69	1.96	38.9
16	2.24	0.72	1.93	39.9
17	2.23	0.74	1.90	40.8

依据输油量和管容计算，含剂油头抵达昌黎站大约需要 11h。显然在加剂持续时间 $T \leqslant$ 11h 的范围内，随着 T 的增加，含剂油流的长度是成正比的增加，而沿程摩阻压降 Δp_x 是成反比的下降（或减阻率成正比的增加）。这一点与图 2-28 中曲线的变化趋势是一致的，但有两点需要说明：

（1）当 $T > 11$h 后，虽然含剂油头已经到达昌黎站，即含剂油品已基本充满管道，但是 Δp_x（或 DR）仍然在缓慢下降（或上升），从 $T = 11$h 时的 2.06MPa 下降到 $T = 17$h 时的 1.90MPa（或从 35.8% 上升到 40.8%）。此时加剂持续时间已是油头通过管道时间的 1.55 倍，而且还在缓慢下降，这是因为还有一段管道的近壁流体层未被含剂油充满的缘故。如果管道中所有减阻剂分子都具有减阻作用，那么这一段很薄的未含剂油品层对减阻效果的影响不可能这么大。这一试验也证明了“近壁层径向脉动抑制说”的合理性：只有近壁流体层中减阻剂分子才有减阻增输作用。

（2）在 $0 < T < 3$h 的范围内，Δp_*（或 DR）未达到正常的下降（或上升）速度，而是在缓慢下降（或上升）。这是因为减阻剂注入管道后不能马上正常发挥作用。当减阻剂刚注入管道时，减阻剂以分子团状集中在管道首端某一点，以后依靠油品的溶解作用，减阻剂分子团逐渐被溶胀并分离成单个分子；依靠油品的湍动作用，将减阻剂从一点逐步扩散并均匀分布在整个管道截面上。对于 EP 减阻剂而言，溶解分散时间约 3h。

四、增输率的计算

与减阻率的测量方法相似，保持加剂前后沿程摩阻压降不变，可在现场试验中测定增输率，但是每一条油品管道都存在最高压力和最大输量的限制，显然在管道上进行减阻降压试验比进行增输试验安全。此外，若在正常运行管道上进行增输试验，在管道首、末两端需备有足够的油品储存设施和充足的油源，否则不能在正常运行压力下进行增输试验。因此，一般情况下是通过现场试验测定减阻率，然后利用增输率与减阻率的关系计算出增输率。

1. 增输率与减阻率相关性

长输管道的局部摩阻压降一般可以忽略，此时管道压降与流量的关系为：

$$\Delta p = \lambda \frac{8L\rho}{\pi^2 d^5}Q^2 + \Delta h\rho g \qquad (2-21)$$

式中　g——重力加速度，m/s^2；

Δh——管道末端与首端的高程（地势）差，m。

由式（2-21）可以看出，当流态、管道（管长、管径和高程差）和油品性质（密度、粘度）确定后，管道压降只是输量的函数，两者的关系称为管道工作特性曲线。$\Delta h\rho g$ 是与输量无关的常数，因此为了简化运算，假定管道不存在高程差，即 $\Delta h=0$，那么管道工作特性曲线就是管道沿程摩阻压降与输量的关系曲线，如图 2-29 中曲线 Ⅰ 所示。管道中加入减阻剂后，在同样沿程摩阻压降下输油量会增加。如果减阻剂及其注入浓度不变，那么沿程摩阻压降也只是输量的函数，也可以作出一条管道工作特性曲线，如曲线 Ⅱ 所示。在层流区，不存在加剂减阻效果，两条曲线重合；随着输油量或雷诺数的增加，加剂减阻效果增加，两条曲线间距离增大。

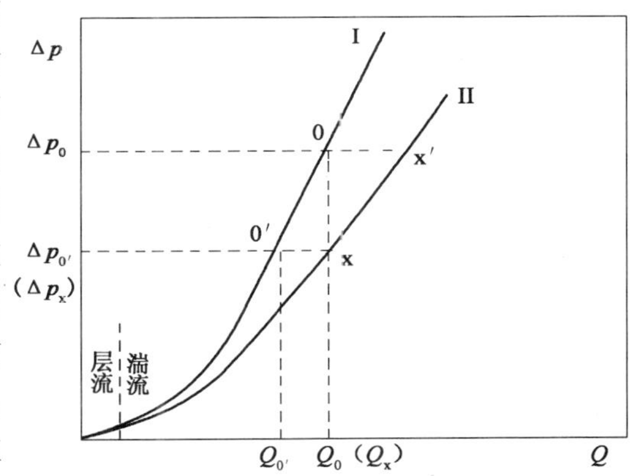

图 2-29　加剂前后管道工作特性曲线及工作点

设曲线 Ⅰ 上 0 点为管道正常运行工作点，管道压降（沿程摩阻压降）为 Δp_0，输量为 Q_0。减阻试验（要求输量 Q_0 不变）时，随着加剂持续时间的延长，管道工作点沿 0x（与纵轴平行）线下行。当管道中充满加剂油品时，管道工作点是曲线 Ⅱ 上 x 点，其沿程摩阻压降为 Δp_x，输量为 Q_x，且 $Q_x = Q_0$。加剂管道运行状态处于 x 点时的减阻率按式（2-19）计算。如果加剂后输量发生变化，即 $Q_x \neq Q_0$，那么式（2-19）的计算结果就不准确。此时应将 Q_x 代入式（2-21）并令 $\Delta h\rho h=0$，求出未加剂管道在输量为 Q_x 时的沿程摩阻压降，取代式（2-19）中的 Δp_0 即可准确求出减阻率。

高聚物减阻增输机理表明，除减阻剂本身之外，减阻剂的减阻作用还取决于两个因素：一个是管道近壁流体层中存在足够大且合适的轴向摩擦切应力，使减阻剂分子长链能够沿管道轴向拉长且具有弹性，但不能将其拉断；另一个是近壁流体层中存在径向脉动。由于微观上减阻剂分子长链抑制了流体质点的径向脉动，因此宏观上才体现出减阻作用。试验和应用中也发现，减阻剂对无脉动的层流管道无减阻作用，而对湍流管道的减阻效果随输量或雷诺数的增大而增加，达到某一极值后减弱甚至消失。上述理论和试验都证明，加剂管道流动状态不同时，减阻剂的减阻增输效果是不同的。也就是说某一流动状态下的减阻率只能与同一状态下的增输率相关，而与另一流动状态下的增输率是不相关的。如果能够求出加剂管道处于 x 点时的增输率，那么就可以导出减阻率与增输率的依赖关系。

在图2－29中通过 x 点作横轴平行线与曲线 I 相交于0′点，其摩阻压降为 $\Delta p_{0'}$，输量为 $Q_{0'}$。由于增输率是保持摩阻压降不变时加剂前后管道输量的相对增加比，考虑 $\Delta p_{0'} = \Delta p_{x}$，因此加剂管道在 x 点时的增输率就是 x 点和0′点输量的相对增加比，即：

$$TI = \frac{Q_x - Q_{0'}}{Q_{0'}} \times 100\% \tag{2-22}$$

2. 油品管道流态对计算结果的影响

若流体管道处于水力光滑湍流区且雷诺数 $Re = 5000 \sim 100000$，则水力摩阻系数可由勃拉休斯公式表示：

$$\lambda = \frac{0.3164}{Re^{0.25}} \tag{2-23}$$

油品管道大多处于水力光滑区，若高程差 $\Delta h = 0$，则由式（2－21）、式（2－23）可得沿程摩阻压降与输量的关系为：

$$\Delta p = 0.2415\frac{L\rho\nu^{0.25}}{d^{4.75}}Q^{1.75} = KQ^{1.75} \tag{2-24}$$

式中　K——当管道油品物性和流态不变时为常数，$K = \frac{0.2415L\rho\nu^{0.25}}{d^{4.75}}$；

　　ν——油品运动粘度，m^2/s。

由图2－29和式（2－24）可以看出，$\Delta p_0 = KQ_0^{1.75} = KQ_x^{1.75}, \Delta p_x = \Delta p_{0'} = KQ_{0'}^{1.75}$，将 Q_x、$Q_{0'}$ 代入式（2－22）得：

$$TI = \left[\left(1 - \frac{DR}{100}\right)^{-0.571} - 1\right] \times 100\% \tag{2-25}$$

如果油品管道处于混合摩擦区，那么 $\Delta p = K'Q^{1.877}$，K'是与油品物性、管道相对粗糙度及流态有关的常数，同理可得：

$$TI = \left[\left(1 - \frac{DR}{100}\right)^{-0.533} - 1\right] \times 100\% \tag{2-26}$$

对于大口径成品油管道，其雷诺数常常超过 10^5，或者处于水力光滑区与混合摩擦区的过渡区域内，其沿程摩阻压降既不与 $Q^{1.75}$ 成比例，也不与 $Q^{1.877}$ 成比例。若令摩阻压降与 $Q^{1.8}$ 成比例，则：

$$TI = \left[\left(1 - \frac{DR}{100}\right)^{-0.556} - 1\right] \times 100\% \tag{2-27}$$

式（2－27）就是国外文献推荐的利用减阻率计算增输率的经验公式。

由上述公式计算的增输率，是保持0′点摩阻压降 $\Delta p_{0'}$ 不变时加剂产生的输量增加比，即加剂管道运行状态处于 x 点时的增输率。

显然，若加剂管道工作点不是 x 点，则测定的增输率就不是由上述公式计算的增输率。当加剂管道实际工作点 x′比 x 点高时，由于输量或雷诺数增加，因此减阻效果增加，增输率

增大，实测的增输率大于计算的增输率。例如，图2－29中x′点是保持未加剂管道正常运行压力不变时加剂管道的工作点，此时测定的增输率大于式（2－25）～式（2－27）的计算值。反之，当x′比x点低时，测定的增输率将小于计算值。

3. 增输率计算方法

利用测定的减阻率计算增输率时，应注意两个问题：

（1）依据加剂前油品管道的流态选用公式。若其雷诺数远小于第一临界雷诺数 Re_1，则管道油品处于水力光滑区，应用式（2－25）计算增输率；若雷诺数远大于 Re_1，则应用式（2－26）计算增输率；若雷诺数接近 Re_1，则应用式（2－27）计算增输率。Re_1 由下式计算：

$$Re_1 = 59.5\left(\frac{d}{2\delta}\right)^{\frac{8}{7}} \tag{2-28}$$

（2）设 Δp_x 是现场试验测定减阻率时加剂后油品管道的沿程摩阻压降，则式（2－25）～式（2－27）计算的增输率就是保持沿程摩阻压降不变且等于 Δp_x 时测定的增输率。若沿程摩阻压降大于或小于 Δp_x，则测定值大于或小于计算值。

为了满足塔里木油田增加原油外输的需要，于2005年6～7月，在库鄯原油管道（长476km、管径610mm）上进行了添加EP减阻剂减阻增输现场试验。试验管段为库尔勒首站至管道高点，长268.6km。高点与其后低点间的落差为1660m，中间建有减压站，通过调节减压站的进站压力，可使高点压力稳定在0.05MPa左右。试验期间原油管道雷诺数在12800～36300之间，远低于第一临界雷诺数 Re_1，处于水力光滑区。加入减阻剂后，随着加剂持续时间的延长，输油量（或首站出站压力）不断增加（或下降），待加剂油头超过高点4h且运行比较稳定时记录试验数据。在加剂前管道正常稳定运行时，首站出站压力 p_0 = 7.82 ± 0.02MPa，平均输油量 Q_0 = 692m^3/h。减阻试验的数据列在表2－7中。

表2－7　加剂60g/t时减阻试验结果

加剂浓度 g/t	输油量 m^3/h	首站出站压力 MPa	沿程摩阻压降 MPa	减阻率 %	增输率计算值 %
0	692	7.820	2.849		
60	692	6.993	2.022	28.4	21.0

增输试验时，保持首站出站压力不变，加剂量分别为15g/t、35g/t和60g/t，试验结果如表2－8所示。

表2－8　加剂15g/t、35g/t和60g/t时增输试验结果

加剂浓度 g/t	首站出站压力 MPa	输油量 m^3/h	增输率 %
0	7.82	692	
15	7.82	752	8.7
35	7.82	798	15.3
60	7.82	852	23.1

由表2－7和表2－8可以看出，在加剂量为60g/t的条件下，保持正常输油量（692m^3/h）不变，首站出站压力由7.82MPa下降到6.993MPa，测定的减阻率为28.4%，应用式（2－25）计算的增输率为21%；保持正常运行压力（7.82MPa）不变，输油量由692m^3/h上升到852m^3/h，测量的增输率为23.1%。测定的增输率比计算的增输率大2.1%，相对增加约为9%。若保持首站出站压力为6.993MPa，则测定的增输率与计算值会比较接近。

五、注剂越站运行的可行性

如果输油管道沿线地形起伏较小，那么由于注入减阻剂会明显降低全线沿程摩阻压降，因此有可能实现越站输送。管道未采用减阻剂技术时，首站和中间站的输油泵都运行，其水力坡降线如图2－3中实线所示。从首站注入减阻剂，当减阻剂充满整条管道后，沿程阻力下降，水力坡降线变平缓。调节加剂量可以调整水力坡降线的陡度，有可能在输量和首站压力不变的条件下，使中间站剩余压力较高，足以将油品输送到末站，实现越站输送，此时水力坡降线如图2－30中虚线所示。当然油品越站时经过的管路应非常简单，油品受到的剪切应与直管段差不多，否则管道后半段的水力坡降线变陡，越站需要的中间站剩余压力较高，使越站输送变得困难。

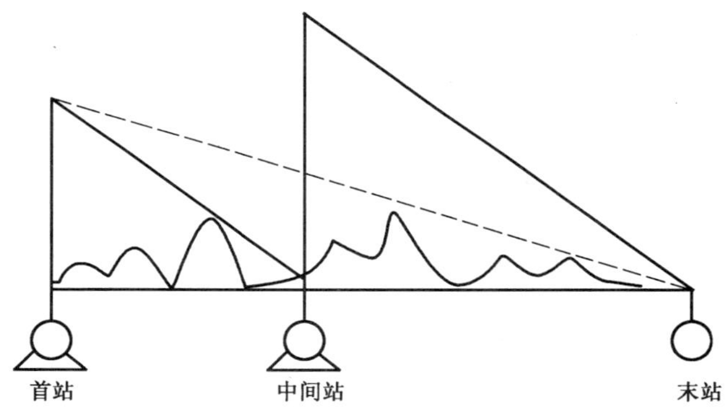

图2－30　应用减阻剂实现水力越站

在中间站和末站之间存在较高山峰的情况下，当采用减阻剂实现水力越站时，这些高点有可能形成翻越点，如图2－31中A点。在首站压力、输量和加剂量不变的条件下不能实现越站输送。若要实现越站运行，则需改变其中的某一个参量。

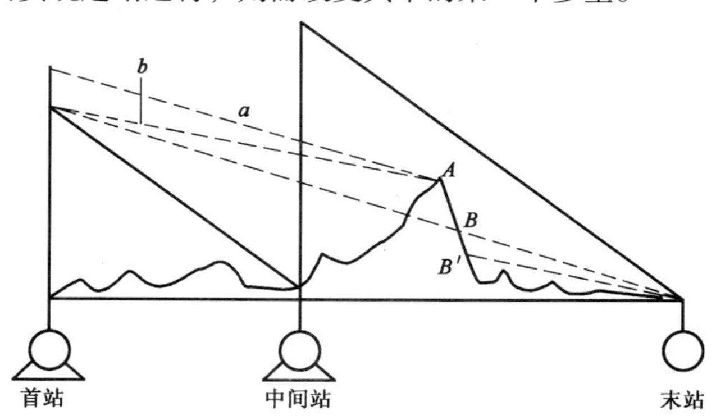

图2－31　管道后半段高点对越站的影响

（1）如果首站可以升压，那么升压后可使水力坡降线向上平移抬高，如虚线 a，在输量与加剂量不变时实现水力越站，但 A 点与 B 点间形成不满管输送。

（2）增加注剂量，使水力坡降线变平缓，如虚线 b。翻越点 A 后的不满管流从 B 点延长至 B'点。

（3）降低输量也可以使水力坡降线平缓，与增加加剂量效果相似。

六、工业管道增输率的模拟预测

由于减阻剂的减阻增输效果不仅取决于减阻高聚物本身的分子结构、摩尔质量及液体中高聚物的含量，而且也与管道液体的物性和流动状态有关，因此工业管道应用减阻剂是否有增输效果，尤其是增输率的大小，至今尚无法预先准确知道，往往需要通过现场工业试验或直接应用后才能确定。显然，这样做既耗费时间、精力，又浪费财力、物力，影响减阻剂的性能改进和推广应用。

目前一般是利用室内小型环道试验来评判减阻剂的优劣，但在室内环道上测定的增输率与工业管道的实际应用效果常常相差甚大，其原因是人们对影响增输效果的各种因素及其影响权重理解不够，模拟试验的模拟准则不够准确甚至有错误。因此需要以减阻剂减阻机理为基础，分析减阻增输过程，找出影响增输效果的因素以及增输率相同时的模拟试验条件。

1. 增输率取决于近壁流体层厚度及层中时均速度梯度增量

在管道中任一点 y，流体的时均速度 $\bar{u}_y$ 与时均速度梯度的关系为：

$$\bar{u}_y = \int_0^y \left(\frac{\mathrm{d}\bar{u}}{\mathrm{d}y}\right)\mathrm{d}y$$

设 b 是近壁流体层与管道核心区界面相对壁面的有量纲距离，也是近壁流体层的厚度。依据“近壁流体层径向脉动抑制说”，由于流体径向脉动受抑制，使近壁流体层中的湍流附加切应力减小，因此由式（2－4）可知，在沿程摩阻压降梯度不变的情况下，会导致层中每一点流体的时均速度梯度都增大。设加入减阻剂后时均速度梯度为$\left(\frac{\mathrm{d}\bar{u}}{\mathrm{d}y}\right)_{剂}$，则整个管道截面上时均速度梯度的变化为：

$$\left(\frac{\mathrm{d}\bar{u}}{\mathrm{d}y}\right)_{剂} \geqslant \frac{\mathrm{d}\bar{u}}{\mathrm{d}y} \qquad y \leqslant b$$

$$\left(\frac{\mathrm{d}\bar{u}}{\mathrm{d}y}\right)_{剂} = \frac{\mathrm{d}\bar{u}}{\mathrm{d}y} \qquad y > b$$

利用上述关系式可以求出管道截面上任一点的时均速度增量 $\Delta\bar{u}_y$。在近壁流体层内的时均速度增量为：

$$\Delta\bar{u}_y = \bar{u}_{y剂} - \bar{u}_y = \int_0^y \left[\left(\frac{\mathrm{d}\bar{u}}{\mathrm{d}y}\right)_{剂} - \frac{\mathrm{d}\bar{u}}{\mathrm{d}y}\right]\mathrm{d}y \geqslant 0 \qquad (2-29)$$

若 $y_1 > y_2$，则 $\Delta\bar{u}_{y_1} > \Delta\bar{u}_{y_2}$。此外，在 $y \to 0$ 时，$\Delta\bar{u}_y = 0$。

$y = b$ 时的时均速度增量等于近壁流体层与管道核心区交界面处的时均速度增量，而且是最大的时均速度增量。

$$\Delta\bar{u}_b = \bar{u}_{b剂} - \bar{u}_b = \int_0^b\left[\left(\frac{\mathrm{d}\bar{u}}{\mathrm{d}y}\right)_{剂} - \frac{\mathrm{d}\bar{u}}{\mathrm{d}y}\right]\mathrm{d}y \geqslant \Delta\bar{u}_y \tag{2-30}$$

管道核心区内任一点 y 处（$y>b$）加剂后的时均速度增量为：

$$\Delta\bar{u}_y = \int_0^b\left[\left(\frac{\mathrm{d}\bar{u}}{\mathrm{d}y}\right)_{剂} - \frac{\mathrm{d}\bar{u}}{\mathrm{d}y}\right]\mathrm{d}y + \int_b^y\left[\left(\frac{\mathrm{d}\bar{u}}{\mathrm{d}y}\right)_{剂} - \frac{\mathrm{d}\bar{u}}{\mathrm{d}y}\right]\mathrm{d}y = \Delta\bar{u}_b \tag{2-31}$$

式（2－29）~式（2－31）表明，近壁流体层内流体时均速度增量 $\Delta\bar{u}_y$ 随 y 的增大而增加，在近壁层边缘处（$y=b$）达到最大 $\Delta\bar{u}_b$，但在近壁层外时均速度增量 $\Delta\bar{u}_y$ 与 y 无关，各点的 $\Delta\bar{u}_y$ 相同并等于 $\Delta\bar{u}_b$。依据式（2－8）、式（2－29）~式（2－31）可得加剂前后时均速度和时均速度增量，如图 2－32 所示。

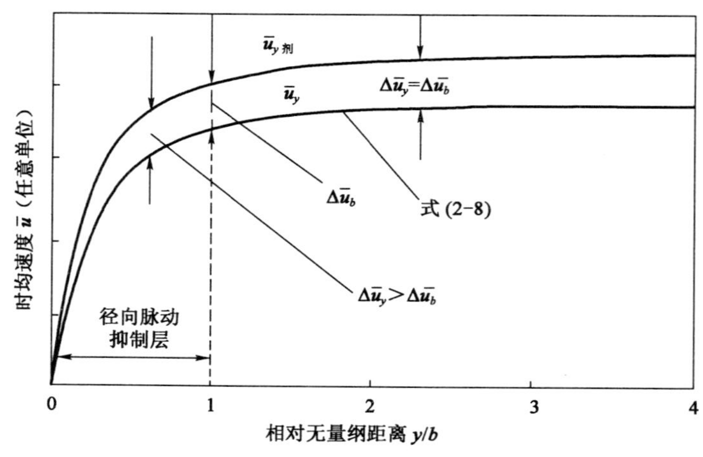

图 2－32　加剂前后壁面附近流体时均速度分布

由于时均速度 $\bar{u}_y$ 是有量纲距离 y 的单调上升函数，而近壁层一边（壁面）流体是静止的，另一边（边缘 $y=b$）的时均速度最大（$\bar{u}_y=\bar{u}_b$），再考虑近壁层非常薄，因此可以认为近壁层内流体的平均速度约为 $\bar{u}_b/2$，即近壁层内流体的流量与 $\bar{u}_b$ 成比例。近壁层外流体的时均速度梯度很小或为零（核心区），时均速度 $\bar{u}_y$ 略大于 $\bar{u}_b$，可以认为近壁层外流体的平均速度近似为 $\bar{u}_b$，即流量与 $\bar{u}_b$ 成比例。显然，总的流量也与 $\bar{u}_b$ 成比例。同理，注入减阻剂后总的流量与 $\bar{u}_{b剂}$ 成比例。因此增输率可表示为：

$$\frac{\Delta Q}{Q} = \frac{\Delta\bar{u}_b}{\bar{u}_b} = \int_0^b\left[\left(\frac{\mathrm{d}\bar{u}}{\mathrm{d}y}\right)_{剂} \Big/ \frac{\mathrm{d}\bar{u}}{\mathrm{d}y} - 1\right]\mathrm{d}y \tag{2-32}$$

式中　Q——管道输量，m^3/s；

ΔQ——注入减阻剂后的增输量，m^3/s。

2. 影响增输率的因素

从数学上看，当式（2－32）中被积函数是正值时，若被积函数越大和积分范围越宽，则积分值越大。从物理概念来理解，由于近壁层内 $\left(\frac{\mathrm{d}\bar{u}}{\mathrm{d}y}\right)_{剂} > \frac{\mathrm{d}\bar{u}}{\mathrm{d}y}$ 和近壁层外 $\left(\frac{\mathrm{d}\bar{u}}{\mathrm{d}y}\right)_{剂} = \frac{\mathrm{d}\bar{u}}{\mathrm{d}y}$，因此若加剂后时均速度梯度 $\left(\frac{\mathrm{d}\bar{u}}{\mathrm{d}y}\right)_{剂}$ 越大和近壁层厚度 b 越大，则增输率 $\frac{\Delta Q}{Q}$ 越大。也就是说，若要使两条管道注入减阻剂后增输率相同，则必须使影响流体时均速度梯度和近壁层厚度的

因素相同。依据“近壁层径向脉动抑制说”可知，这些因素有：

（1）减阻剂相对分子质量和分子结构。减阻剂是带有短侧链的单长链高聚物，依靠单长链的弹性形变抑制流体的径向脉动，实现减小湍流附加切应力和增加时均速度梯度的目的。湍流管道中存在各种尺寸的脉动或漩涡（最大尺寸接近管径），减阻剂相对分子质量越大（短侧链越多和单长链越长），则可抑制的脉动或漩涡的尺寸越大、数量越多，增大$\frac{d\bar{u}}{dy}$的效果越好。

（2）管道流体中减阻剂浓度。流体中减阻剂浓度越大，表明近壁层中减阻剂分子数量越多，能够抑制的流体脉动数目或漩涡数越多，导致$\frac{d\bar{u}}{dy}$越大。

（3）轴向摩擦切应力。轴向摩擦切应力对减阻剂分子长链具有定向、拉长及伸直作用，并使之具备“弹性”。显然，轴向摩擦切应力的大小应在一定的范围内，若太小则不足以能够将减阻剂分子长链定向在管轴方向，若太大则可能会将减阻剂分子剪断使之降解。

（4）近壁层厚度。由于轴向摩擦切应力可以定向近壁层内的减阻剂分子长链，而对层外的减阻剂分子无定向作用，因此近壁层越厚，能够抑制流体径向脉动的减阻剂分子越多，减阻效果越好。

（5）流体脉动强度。流体脉动越剧烈，近壁层中减阻剂分子抑制流体径向脉动的效果越显著，湍流附加切应力下降越明显。

此外，若管道中减阻剂分子不是均匀分布，则加剂增输效果还与管径有关。只有近壁流体层中的减阻剂分子才有减阻增输作用。

3. 近壁流体层厚度相等的条件

由上述分析可知，如果两条管道中存在浓度相同、分布均匀的同一种减阻剂，那么只要保证近壁层厚度相等、层内相应点处轴向摩擦切应力和湍流脉动强度（或湍流附加切应力）相同，就可以使两条管道的加剂增输率相等，而与流体和管道的其他参量无关。

实际上，对于管径不同的两条管道而言，上述三项条件是难以同时达到的，只能满足关键性条件而忽略次要因素。由图 2－5 可以看出，随着 y^+ 增加，轴向摩擦切应力 τ_1 急剧下降，因此既然近壁层边缘处的轴向摩擦切应力可以定向减阻剂分子，那么不管近壁层内相应点处轴向摩擦切应力是否相同，只要近壁流体层的厚度相同，它们定向减阻剂分子的能力是基本相同的。由于近壁流体层边缘处在对数率层内，因此只要保证对数率层内相应点处轴向摩擦切应力相等，那么即使不知道近壁流体层厚度有多大，也可以保证近壁流体层厚度相等。这是因为近壁流体层的厚度是这样定义的：近壁层边缘处的临界轴向摩擦切应力是能够定向减阻剂分子的最小轴向摩擦切应力。

综合式（2－9）、式（2－10）可给出湍流管道轴向摩擦切应力通用表达式：

$$\tau_1 = \begin{cases} \tau_o & y^+ < 5 \quad \text{粘性底层} \\ \left(\dfrac{5.5}{y^+} - 0.1\right)\tau_o & 5 \leqslant y^+ \leqslant 30 \quad \text{过渡层} \\ \dfrac{2.5}{y^+}\tau_o & y^+ > 30 \quad \text{对数率层} \end{cases}$$

上式表明，湍流管道的轴向摩擦切应力 τ_1 只与壁面切应力 τ_o 和相对于壁面的无量纲特征距离 y^+ 有关，而与管径、油品物性及湍流区域（光滑区、过渡区或完全粗糙区）无关。由于 $y^+=\frac{u_*}{\nu}y$，$u_*=\sqrt{\tau_o/\rho}$，因此上式变为：

$$\tau_1=\begin{cases}\tau_o & y^+<\frac{5\nu}{u_*} \quad \text{粘性底层}\\ \frac{5.5}{y}\sqrt{\tau_o\mu\nu}-0.1\tau_o & \frac{5\nu}{u_*}\leqslant y\leqslant\frac{30\nu}{u_*} \quad \text{过渡层}\\ \frac{2.5}{y}\sqrt{\tau_o\mu\nu} & y>\frac{30\nu}{u_*} \quad \text{对数率层}\end{cases} \tag{2-33}$$

由式（2-33）可得出结论，当下述等式成立时，两条管道的对数率层中相应点处的轴向摩擦切应力相等，近壁流体层的厚度也相等。

$$\tau_{o工}\mu_{o工}\nu_{o工}=\tau_{o环}\mu_{o环}\nu_{o环} \tag{2-34}$$

式中 $\tau_{o工}$，$\tau_{o环}$——工业管道、室内环道的壁面切应力，Pa；

$\mu_{工}$，$\mu_{环}$——工业管道、室内环道油品的动力粘度，Pa·s；

$\nu_{工}$，$\nu_{环}$——工业管道、室内环道油品的运动粘度，m^2/s。

利用式（2-2），式（2-34）可变成比较实用的公式：

$$\mu_{工}\nu_{工}r_{o工}\left(\frac{\Delta p}{\Delta Z}\right)_1=\mu_{环}\nu_{环}r_{o环}\left(\frac{\Delta p}{\Delta Z}\right)_{环} \tag{2-35}$$

式中 $r_{o工}$，$r_{o环}$——工业管道、室内环道的内半径，m；

$\left(\frac{\Delta p}{\Delta Z}\right)_{工}$，$\left(\frac{\Delta p}{\Delta Z}\right)_{环}$——工业管道、室内环道的沿程摩阻压降梯度，Pa/m。

满足式（2-34）或式（2-35）后，两条管道的对数率层中相应点的轴向摩擦切应力处处相等，近壁流体层厚度也相等，但粘性底层和过渡层并不相等，不过并不影响对减阻剂分子长链的定向能力。

4. 提高室内环道近壁层中油品脉动强度的方法

式（2-3）是流体管道中轴向切应力分布函数，即 $\tau=\frac{r}{r_o}\tau_o=\frac{r_o-y}{r_o}\tau_o$。在管轴上，$r=0$，$\tau=0$；在壁面上 $r=r_o$、$\tau=\tau_o$，如图2-33所示。在层流管道中，轴向切应力处处等于轴向摩擦切应力；在湍流管道中，轴向切应力等于轴向摩擦切应力与湍流附加切应力之和。

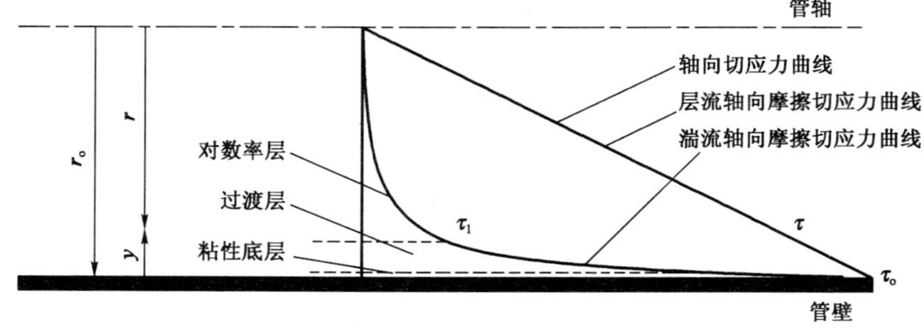

图2-33 轴向切应力曲线与轴向摩擦切应力曲线

粘性底层基本上处于层流状态，几乎不存在流体脉动或漩涡，湍流附加切应力 $\tau_2 \approx 0$；过渡层较薄，尤其是成品油管道中过渡层更薄，因此只研究对数率层中湍流附加切应力或流体脉动强度的大小和分布情况。由于 $\tau = \tau_1 + \tau_2$，$\tau_2 = \rho\left|\overline{u'_r u'_Z}\right|$，$\tau = \left(1 - \frac{y}{r_o}\right)\tau_o$，因此结合式（2-33）得对数率层中湍流附加切应力分布函数为：

$$\rho\left|\overline{u'_r u'_Z}\right| = \left(1 - \frac{y}{r_o}\right)\tau_o - \frac{2.5}{y}\sqrt{\tau_o \mu\nu} \tag{2-36}$$

式（2-36）描述了对数率层中湍流附加切应力（或流体脉动强度）随 y 的变化情况。当式（2-34）或式（2-35）满足后，可使室内环道与工业管道的近壁流体层厚度相等，但是由式（2-36）可知，此时工业管道与室内环道的对数率层中湍流附加切应力的差值为：

$$\Delta\left(\rho\left|\overline{u'_r u'_Z}\right|\right) = \left(1 - \frac{y}{r_{o工}}\right)\tau_{o环} - \left(1 - \frac{y}{r_{o环}}\right)\tau_{o环} \tag{2-37}$$

当工业管道和室内环道中油品物性相同时，满足近壁流体层厚度相等的条件［式（2-34）］可以简化为 $\tau_{o工} = \tau_{o环}$。此时，由于室内环道半径远小于工业管道半径，因此由式（2-37）可以看出，室内环道的对数率层内任一点的湍流附加切应力（脉动强度）都小于工业管道，即室内环道的减阻效果（增输率或减阻率）总比工业管道差。

如果室内环道采用较稀的油品，即 $\mu_{环}\nu_{环} < \mu_{工}\nu_{工}$，那么在保持近壁流体层厚度相等的条件［式（2-34）］下，可使 $\tau_{o环} > \tau_{o工}$。从而增加室内环道近壁流体层中的脉动强度，提高减阻效果。

将式（2-34）代入式（2-37）得：

$$\Delta\left(\rho\left|\overline{u'_r u'_Z}\right|\right) = \left(1 - \frac{y}{r_{o工}}\right)\frac{\mu_{环}\nu_{环}}{\mu_{工}\nu_{工}}\tau_{o环} - \left(1 - \frac{y}{r_{o环}}\right)\tau_{o环} \tag{2-38}$$

由式（2-38）可以看出，如果工业管道的半径 $r_{o工}$不是太大但油品粘度 $\mu_{工}$、$\nu_{工}$较大，那么减小 $\mu_{环}\nu_{环}$有可能使两条管道的近壁流体层中某一相应点 y 处的湍流附加切应力或脉动强度相等，从而使两条管道的近壁流体层中总的脉动强度接近，最终导致两条管道的增输率基本相等。

5. 模拟预测工业管道增输率的可能性

如果两条管道中注入相同浓度的同一种减阻剂，而且管道壁面切应力 τ_0与管输油品粘度 μ、ν 满足式（2-34），那么两条管道减阻效果的差别完全是近壁流体层中总的脉动强度不同造成的。

由式（2-38）可知，增加工业管道半径或减小管输油品的粘度，都可使工业管道与室内环道的近壁流体层内湍流附加切应力差别增大或脉动强度差别增大，致使两条管道的增输率或减阻率的差别增大。由于管径增加或流体粘度减小都会使雷诺数增加，因此可以近似认为，在满足式（2-34）的情况下，两条管道减阻率或增输率的差别只与雷诺数有关，即管道减阻率或增输率只随雷诺数发生变化。环道试验时注意油品粘度不能太小，否则会因壁面切应力 τ_o太大可能会引起减阻剂降解。

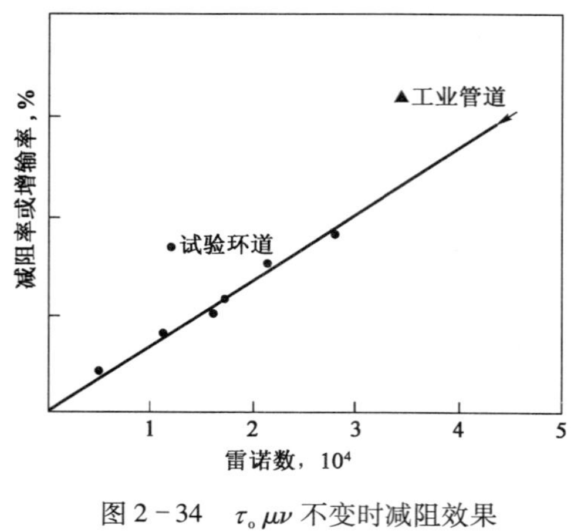

图 2－34　$\tau_o\mu\nu$ 不变时减阻效果与雷诺数的关系

模拟预测工业管道增输率的方法如下：

（1）确定工业管道的运行状态及油品物性。管径、摩阻压降梯度及油品粘度、密度。

（2）将室内环道和工业管道的管径、油品粘度及工业管道的摩阻压降梯度代入式(2－35)，求出室内环道的摩阻压降梯度，测定室内环道的增输率或减阻率。

（3）在保持式（2－34）或式（2－35）成立的条件下，改变试验环道的油品粘度或管径，测定增输率或减阻率随雷诺数变化的曲线，如图 2－34所示。

（4）曲线上与工业管道雷诺数相应的增输率或减阻率即为所求。

第五节　油品减阻剂的未来发展趋势

（1）α－烯烃减阻聚合物分子中只含碳、氢两种元素，在分子降解以后即为多碳烷烃，与油品成分一致，综合考虑其减阻性能，可以预计在未来相当长的时间内，减阻剂还将以 α－烯烃减阻聚合物为减阻主体成分，重新开发新型分子结构聚合物减阻剂的可能性不大。

（2）α－烯烃减阻聚合物合成采用的引发剂体系已经不仅仅局限于传统的齐格勒－纳塔体系催化剂，近年在国际上得到迅速发展的茂金属催化剂和后过渡金属催化剂已开始应用于烯烃聚合工业。

（3）本体聚合和溶液聚合已不是生产具有超高相对分子质量 α－烯烃减阻聚合物的仅有选择，随着高效催化剂体系的发展，将可能采用悬浮聚合、乳化聚合或淤浆聚合反应方式来直接获得性能优越的减阻剂最终产品，从而大大简化生产过程。

（4）目前，在采用成熟的溶液聚合和本体聚合反应来获得 α－烯烃减阻聚合物的同时，世界各国为提高减阻剂的整体应用性能开展了大量工作，将可能获得更好的聚合物后处理工艺和化学配方。

（5）微囊减阻剂具有便于储存和运输、使用灵活、后处理工序简单等优点，也是减阻剂的一个新的发展方向。

（6）继续开展工业管道减阻效果的模拟预测研究工作。

（7）由于国际范围内很多国家都在开展减阻剂的研制和应用研究工作，因此，未来可能有更多国家参与到减阻剂的市场竞争中。

参 考 文 献

[1] 李国平．油气减阻剂若干关键问题的理论研究与应用开发技术．山东：山东大学，2006.

[2] Motier J F, Prilutski D J. Case histories of pelymer drag reduction in crude oil lines. Pipe Line Industry, 1985, 7：33 ~ 37.

[3] Peiffer D G. Drag reduction with norel hydrocarbon soluble polyampholytes：US, 4640954. 1987.

[4] Kowalik. Drag reduction agents for hydrocarbong solutions：US, 4625745. 1986.

[5] 李国平，刘天佑．高聚物减阻增输机理研究．油气储运，2006，25（7）：29 ~ 38.

[6] 尹国栋，高淮民．聚合物减阻机理研究．油气储运，2002，21（7）：1 ~ 2，12.

[7] 江宏俊．流体力学．北京：高等教育出版社，1985.

[8] 黄永念．湍流．严大椿，译．北京：科学出版社，1987.

[9] Laufer J. The structure of turbulence in fully developed pipe flow. NACA, TR, No. 1174, 1954.

[10] Pinho F T, Whitelaw J H. Flow of non-Newtonian fluids in a pipe. J. non – Newtonian fluids Mech, 1990, 34：129 ~ 144.

[11] 侯晖昌．减阻力学．北京：科学出版社，1987.

[12] 尹国栋，关中原．聚合物减阻率与分子量关系的研究．油气储运，2001，20（10）：36 ~ 38.

[13] Jukka Koskinen. Measurements and CFD modeling of drag – reduction effects. August 2004 SPE Production & Facilities.

[14] 关中原，税碧垣．EP-W203 减阻剂的研制、生产和应用．管道科学技术论文选集（1999 ~ 2003）．北京：石油工业出版社，2004.

[15] 李国平，杨睿．国内外减阻剂研制及生产新进展．油气储运，2000，19（1）：3 ~ 7.

[16] 税碧垣，刘兵．减阻剂的模拟环道评价．油气储运，2001，20（3）：45 ~ 50.

[17] 邵禹铭，管民．管输油品减阻剂性能评价的研究．油气储运，2005，24（5）：27 ~ 30.

[18] 罗祺荣，曹旦夫．临濮输油管道添加减阻剂运行现场试验．油气储运，2005，24（6）：31 ~ 34.

[19] 尹国栋，关中原．均匀设计在减阻剂合成研究中的应用．油气储运，2001，20（6）：36 ~ 37.

[20] 李春漫，关中原．α-烯烃聚合用催化剂的研究进展．管道科学技术论文选集（1999 ~ 2003），北京：石油工业出版社，2004.

[21] 关中原，尹国栋．正交试验在减阻高聚物合成研究中的应用．油气储运，2001，20（11）：21 ~ 24.

[22] 关中原，税碧垣．新型成品油减阻剂的研制及现场应用试验．油气储运，2006，25（9）：40 ~ 44.

[23] 戴福俊，鲍旭晨．成品油管道应用减阻剂研究．油气储运，2009，28（1）：19 ~ 23.

[24] 刘天佑，鲍旭晨．关于石油管道注剂增输率的预测原理．油气储运，2008，27（12）：19 ~ 23.

[25] 宋高杰，管民．本体聚合油溶减阻剂的抗剪切性能．油气储运，2009，28（3）：38 ~ 40.

[26] 关中原，税碧垣．兰成渝管道减阻剂工业应用试验研究．油气储运，2008，27（2）：31 ~ 36.

第三章　天然气管道减阻剂

由于全球油气资源分布的极端不均衡，需求量因地区差异较大，使得油气资源从产地到用户之间需要一个庞大的储运系统来连接，一旦这个储运系统的运输受阻，不仅对油气消费区的经济发展产生不利影响，而且还会给油气生产区的经济造成巨大损失。天然气是污染最小、最清洁的能源，因此在一次能源中的比重迅速提高，天然气管网快速发展。国内外各个地区，甚至不同季节都对天然气的需求有较大的变化，这就要求输气管网具有一定的调节能力，尤其是在保障安全的条件下迅速增加输量。因此，急需研制出类似油品减阻剂那样的天然气减阻剂，使天然气管道减阻技术得到突破性进展。天然气减阻增输技术的发展，可以为西气东输等天然气管网的节能、高效、安全运行提供有效的技术支持。

第一节　天然气管道减阻剂的发展概况

一、国内外天然气管道发展状况

作为燃料，天然气广泛应用于发电、集中供热、加工制造业、商业服务业、居民家庭等。采用天然气作为汽车燃料是近年来的一种发展趋势，可以大大减少汽车尾气中的污染物含量。此外，天然气还是一种重要的化工原料。作为一种高效清洁的能源，天然气已成为世界各国改善环境和促进经济可持续发展的最佳选择，也是我国改善能源结构、寻找煤炭替代资源的主要途径。从现在起到2020年，世界天然气需求量将以每年2.6%的幅度递增，届时在初级能源消费中所占的比重将由目前的20%上升到约30%，未来15年我国天然气需求将呈爆炸式增长，平均增速将达11%~13%。2010年，天然气在我国能源需求总量中所占比重将从1998年的2.1%增加到6%，到2020年将进一步增至10%，届时天然气需求量估计将分别达到$9.38\times10^{10}m^3$和$2.037\times10^{11}m^3$，这表明21世纪天然气将在能源结构中扮演越来越重要的角色。2007年世界计划完工的管道总长将超过10000km，其中天然气管道为7200km，约占71%。到2030年世界能源需求将在2003年的基础上增长71%，这就必然要求建设管道工程为之服务。

1. 国外天然气管道发展状况

国外长输天然气管道发展比较早，从20世纪50年代，前苏联就开始长输天然气管道的建设，20世纪70年代以来，世界天然气长输管道得到了迅速发展，天然气长输技术得到了很大提高。

目前，天然气的主要运输方式为管道输送。现代意义上的输气管道已有近120年的发展历史。在北美、前苏联和欧洲，天然气管道已连成地区性、全国性乃至跨国性大型供气系统，全球输气管道总长度超过140×10^4km，其中直径1m以上的管道超过12×10^4km。20世纪七八十年代是全球输气管道建设高峰期，世界上几条最著名的输气管道几乎都是这一时期建成的，如横穿地中海的阿尔及利亚至意大利输气管道、西西伯利亚至苏联中央地区的输气走廊（包括6条管径为1420mm的管道，总长度约2×10^4km，总输气能力达到$2000 \times 10^8 m^3/a$）、美国和加拿大合建的阿拉斯加公路输气系统一期工程等。20世纪末建成的最著名的输气管道是加拿大至美国的联盟管道，全长2988km，在沿线不同管段上分别采用914mm和1067mm两种管径，设计压力为12MPa，目前的年输气能力约为$130 \times 10^8 m^3$。这条管道的突出特点是可以输送富气，即乙烷、丙烷等重烃组分含量较高的天然气。20世纪90年代以来，全球范围内的输气管道建设速度虽有所放慢，但世界天然气管道仍以平均1.4×10^4km的速度增长。20世纪后期，世界科学技术突飞猛进，电子计算机的迅速发展和推广使用，新材料、新设备、新工艺的开发与更新换代，把世界油气管道工业推进到了人们喻之为“新的技术革命”的时代。由于天然气产地越来越远离主要消费中心，为了获得最佳输气效益，天然气长输管道呈现出了以下几种主要的发展趋势。

（1）长运距、大管径和高压力管道是当今世界天然气管道发展的主流。自20世纪70年代以来，世界上新开发的大型气田多远离消费中心，同时，不同国家和地区的天然气资源分布结构差异较大，造成国际天然气贸易量不断增加。而采用超长运距、大口径、高压力的管线输送天然气已被认为是最经济的方法。1990年，前苏联的天然气管道的平均运距达到2698km。从20世纪至今，世界大型输气管道的直径大都在1000mm以上。到1993年，俄罗斯直径1000mm以上的管道约占63%，其中最大直径为1420mm的管道占34.7%。西欧国家管道最大直径为1219mm，如著名的阿—意管道等。干线输气管道的压力等级20世纪70年代为6～8MPa；80年代为8～10MPa；90年代为10～12MPa。2000年建成的Alliance管道压力为12MPa、管径为914mm和1067mm、长度为2988km，采用富气输送工艺，是一条公认的代表当代水平的输气管道。

（2）高度自动化遥控。当代输气管道的自动化管理和遥控水平相当高，并不断朝着更高的层次发展。现代输气管道自动化管理多采用SCADA系统。该系统已成为管道系统管理和控制的标准化设施，压气站、计量站、调压站、清管站、阴极保护站等均由SCADA系统实行遥控。其主要发展趋势有：采用容量更大、存取速度更高的外存储器取代现有的磁盘和磁带；采用更逼真的三维彩色图形显示器；开发功能更强大的系统和应用软件；采用人工智能和专家系统技术使系统智能化。

（3）输气系统网络化。单条输气管道具有很大的局限性，而将若干单条输气管道相互连通，形成管网，则具有许多优越性，如：多气源供气，可提高供气的可靠性；有利于拓展天然气市场；有利于提高输气调度的灵活性。目前世界上形成了洲际的、多国的、全国性的和许多地区性的大型输气管网。这些系统通常由若干条输气干线、多个集气管网、配气管网和地下储气库构成，可将多个气田和成千上万的用户连接起来。这样的大型供气系统具有多气源、多通道供气的特点，保证供气的可靠性和灵活性。目前欧洲的输气管网已从北海延伸到地中海，从东欧边境的中转站延伸到大西洋，阿—意输气管道的建成实际上已将欧洲的管网和北非连接起来。阿尔及利亚—西班牙的输气管道最终将延伸到葡萄牙、法国和德国，并与欧洲输气管网连成一体。众所周知，北美洲是世界上天然气资源最丰富、天然气消费量最大的地区之一。据不完全统计，至90年代中期，北美洲天然气剩余探明可采储量近9.4万亿立方米，年消费量在7000亿立方米左右。丰富的天然气资源和巨大的消费市场，使北美成为当今世界上天然气管道最发达、管道长度最大的地区。到90年代初，北美洲共有天然气干线管道 5.35×10^5km，为全球140多万千米输气干线的38%，其中美国为 4.58×10^5km、加拿大 6.4×10^4km、墨西哥 1.3×10^4km；全球554座地下储气库中，北美就有424座，占76%。北美三国的输气管道不仅形成了本国的输气管网，且三国管网互相连通，构成了庞大的北美输气网络，美国与加拿大两管网的连接自不待言，美国与墨西哥在边界上就有5个转运点。北美输气管网将主要采气区（如加拿大西部、墨西哥湾的海上部分、陆地上的得克萨斯、路易斯安那、俄克拉荷马州）与美国、加拿大和墨西哥的约8500万个天然气用户连接起来。

（4）广泛采用内涂层减阻技术，提高输送能力。国外输气管道采用内涂层后一般能提高输气量6%～10%，同时还可有效地减少设备的磨损和清管次数，延长管线的使用寿命。

（5）提高管材韧性，增大壁厚，制管技术发展较快。国外输气管道普遍采用X70级管材，X80级管材也已用于管道建设中。德国RuhrgasAG公司在其Hessen至Werne输气管道上（ϕ1219mm）首次采用了X80级管材。据有关文献介绍，用X80级管材可比X65级管材节省建设费用7%。目前，加拿大、法国等国家的输气管道已采用X80级管材，此外，日本和欧洲的钢管制造商正在研制X100级管材。

2. 国内天然气管道发展状况

我国大部分输气管道建于20世纪六七十年代，1961年，我国建成第一条输气管道——巴渝管道。直到20世纪80年代中期，我国的输气管道还主要分布在川渝地区。90年代以后，我国天然气管道的发展步伐显著加快，相继建成了陕京输气管道、南海崖13－1气田至香港输气管道、涩宁兰输气管道、东海平湖气田至上海输气管道。目前，我国的输气管道建设已进入一个快速发展期，多条长距离、大口径输气管道（包括从俄罗斯引进天然气的跨国管道）已经或即将开工建设。截至2006年底，全国油气管道里程已达48226km。目前我国已建成的天然气区域网有川渝区管网、环渤海区网、长三角区网、中南区网和珠江三角洲等。

西气东输管道工程于2002年7月4日开工，2003年10月1日靖边到上海段投产试运行，10月16日向郑州供气，2004年1月1日正式向下游用户供应长庆油田天然气，2005年初全线贯通，开始向下游用户输送新疆塔里木天然气。该工程横贯我国东西，起点是新疆塔里木的轮南市，终点是上海市西郊的白鹤镇。管道干线自西向东途经新疆、甘肃、宁夏、陕西、山西、河南、安徽、江苏和上海市等9个省、区、直辖市，干线管道全长约3900km，支线总长近2000km，向我国东部4省1市供气。西气东输管道的大型用户共有35家，涉及工业、民用和发电。干线管道的设计输量 $120\times10^8m^3/a$，（根据输量增长情况可以提高到 $200\times10^8m^3/a$），设计压力为10MPa，管径1016mm，壁厚14.6～26.2mm，材质为X70钢。干线管道穿跨越长江1次，黄河3次，淮河1次，其他大型河流8次，共需建设陆上隧道15条，修建伴行公路近1000km，管道干线共设工艺站场35座，线路截断阀室138座，地下储气库3座，容量20亿立方米。该管道的预算投资为435亿元人民币，如果加上与之配套的

气田及城市输配气系统，则整个西气东输工程的投资预算高达1200亿元。西气东输管道工程是中国目前距离最长、管径最大、输气量最大、压力最高、施工条件最复杂、投资最高的天然气管道。工程以其宏大的建设规模而举世瞩目。根据《天然气管网布局及"十一五"发展规划》，2006～2010年，我国将基本形成覆盖全国的天然气基干管网。整个管道发展趋势和国外基本一致。

2008年2月22日，西二线工程正式开工。计划于2011年底全线贯通。西二线是继西气东输一线工程后又一具有战略意义的天然气长输管道。西二线与在建的中亚天然气管道相连，工程建成投运后，可将我国新疆地区生产以及从中亚地区进口的天然气输往沿线中西部地区和长三角、珠三角地区等用气市场，对于优化我国能源消费结构、缓解天然气供应紧张局面、提高天然气管网运营水平、推动物资装备工业自主创新具有十分重大而深远的意义。西气东输二线工程西起新疆的霍尔果斯口岸，总体走向为由西向东，由北向南，途经新疆、甘肃、宁夏、陕西、河南、湖北、湖南、江西、广东、广西、浙江、江苏、上海、安徽等14个省（区、市），包括1条主干线和8条支干线，总长度9102km，项目总投资1422亿元。主干线全长4843km，设计输气能力$300\times10^8m^3/a$。X80钢级，直径1219mm，壁厚22～30.4mm。

总之，近几十年来长距离输气管道的发展趋势主要体现在以下几个方面：

（1）平均输距增大。以前世界上最长的单根输气管道是俄罗斯的亚马尔管道，全长4451km；现在西二线主干线全长达4843km。

（2）输气管道的口径增大。目前，天然气管道的最大口径已达1420mm。

（3）输气压力增高。目前，陆上输气管道的最高设计压力已达12MPa；海底输气管道为21MPa。

（4）自动化遥控。目前普遍采用SCADA系统对输气管道或管网实施集散控制。

（5）形成大型供气系统并向极地和海洋延伸。

目前，我国的天然气管道基本形成覆盖全国的天然气管网。具有代表性的管道有：西气东输管道、涩宁兰管道、陕京线、忠武线、陕京二线等，表明我国的天然气管道建设已开始向长距离、大口径、高压力和高度自动化管理的方向发展。

二、管道减阻技术现状

1. 管道减阻方法

流体在圆形直管内流动时，由直管阻力所引起的能量损失可以用范宁（Fanning）公式来计算，即$h_f=\lambda\frac{l}{d}\frac{u^2}{2}$，式中$h_f$为能量损失，$\lambda$为摩擦系数。在管长一定的情况下，降低能量损失只能通过降低流速和降低摩阻系数来进行。通常采用的方法是增加压气站来增大运行压力，以降低管道流速。

降低摩阻系数，即减阻的方法包括改善流体运动的内部结构和改善流体运动的边界条件，前者主要是通过往流体中加入减阻剂的方式达到减阻目的，如向原油输送管道中加入超高相对分子质量聚α-烯烃，减阻效率可达50%以上。而输气管道则难以改变流体运动的内部结构，其减阻主要通过改善流体运动的边界条件来进行。

当流体处于湍流区时，计算摩阻系数 λ 的公式很多，如柯尔布鲁克（Colebrook）公式，即$\frac{1}{\sqrt{\lambda}}=2\lg\frac{d}{\varepsilon}+1.14-2\lg\left(1+9.35\frac{d/\varepsilon}{Re\sqrt{\lambda}}\right)$，此时摩阻系数 λ 与 Re、粗糙度 ε、相对粗糙度 ε/d 都有关，摩阻系数随着雷诺数增大而减小。而当流体处于完全湍流区时，可用尼库拉则（Nikuradse）公式，即$\frac{1}{\sqrt{\lambda}}=2\lg\frac{d}{\varepsilon}+1.14$ 来计算摩阻系数，此时摩阻系数与 Re 无关，只与相对粗糙度 ε/d 有关，即与粗糙度 ε 成正比，与管径 d 成反比。实际的天然气输送管道中，气体正是处于完全湍流区。因此，降低摩阻系数可以采取增大管径和降低输气管道内表面绝对粗糙度两种方法。在条件允许的情况下，增大管径是一种办法，近些年来，在输气尤其是长距离输气中出现了采用大管径趋势，但由于经济及其他条件的限制，不能无限制地增大管径。这时只能采用降低输气管道绝对粗糙度的方法来降低摩阻系数。

对处于紊流状态的天然气管道输送而言，管壁粗糙度对摩擦系数影响最大，要增加输量就得减小管壁粗糙度。近年来，天然气管道输送减阻研究取得了较大的进展，就目前研究结果而言，减阻方法大致可归纳为：（1）光滑减阻；（2）高分子稀溶液减阻；（3）弹性材料护面（柔顺边界）减阻；（4）形体减阻。减阻技术主要有天然气管道内涂层减阻技术和天然气减阻剂减阻技术。

2. 管道内涂层减阻技术

内涂技术最早主要应用于水管道，以确保获得高纯度的水，或用于气体管道，以期最大限度提高输送能力。后来发现，内覆盖层不仅可以有效地防止管道内腐蚀，而且还是提高输量的有效手段，对于干线输气管道尤为显著。因此，20 世纪 60 年代以来，以减阻为目的的内涂技术有了更快的发展。

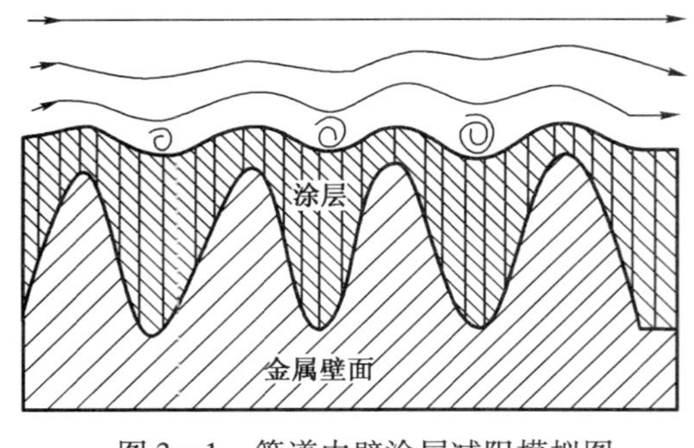

图 3－1　管道内壁涂层减阻模拟图

理论分析表明，对内流（即管内流动）而言，光滑减阻的潜力是最大的。一些文献的实验结果揭示出，光滑减阻率能达到百分之十几甚至几十。由此可见，光滑减阻的效果是惊人的。管道内壁涂层减阻模拟图参见图 3－1。从图中可以看出，应用内涂层技术后，管道内流体的湍流程度明显减弱。对管道而言，要达到内壁面光滑的方法很多，目前从经济、实用的角度而言，内壁减阻涂层是最有效的方法之一。

油气管道最早使用内覆盖层是在 1940 年美国西得克萨斯州使用酚醛树脂对酸性原油油井套管进行内涂作业；1947～1948 年，内涂技术第一次应用于含硫原油管道和含硫天然气管道；1953 年，内涂层首次在美国一条直径为 508mm 的天然气管道上投入使用；1955 年，美国第一次采用胺固化环氧树脂覆盖层材料对长距离输气管道进行内覆盖作业，此后，在世界范围内应用减阻内涂的著名干线输气管道的典型例子不胜枚举。1958 年，美国田纳西气体管道公司首次进行了典型的 Refugio 天然气管道内涂层试验，试验结果表明，管道涂敷内涂层后的输送效率比未涂敷的管道提高了 10%。Transcontinental Gas Pipeline 公司也于 1959 年将内涂覆管线投入实际应用。经过几十年的应用发展，管道内涂层的涂料生产和施工技术

日趋成熟，欧美许多油气管道公司也开始认识到管道内涂层减阻的优越性，并对天然气管道的主干线涂覆内减阻涂层，包括横跨欧洲的马格里布管道，世界上最长的海底管道 Zeepipe 和加拿大到美国的联盟（Alliance Pipeline）管道等。1968 年，美国石油协会制定了 APIRP5L2《输气管道内涂层的推荐准则》，对内涂层的材料、施工和质量都作了严格的规定，之后许多国家也制定了相关的标准，包括英国的 CM1、CM2 等。在管线建设中，内壁涂层的费用只占钢管费用的 2% ~3%，而只要输气量能提高 1%，就能很快回收其投资。表 3 -1列出了最近 15 年国外采用内涂层减阻的长输天然气管道的技术参数情况。

表 3 -1 采用内涂层减阻的长输天然气管道的技术参数

管道名称	施工或投产期	长度，km	管径，mm	压力，MPa
马格里布管道	1994—1996	1392	559/914/1220	7 ~8
Alliance 管道	1998—2000	2988	914/1067	<12
邓比尔—佩恩输气管道	1981—1984	1420	508/660	8.5
西班牙东北输气管网	1982—1990	765	610/660/762	7.2
Zeepipe 海底管道	1991—1993	814	1016	15.7
Statepipe 海底管道	1985	800	711/762/914	13.4

在国内，内涂层技术已开发多年，主要应用于油气田腐蚀性介质的集输管道和注水管道上，用于防腐蚀的目的。在此期间，我国石油工程科研单位和油田进行了许多管道内涂层技术研究，石油工程研究院对适合应用于大口径管道的减阻内涂层进行了专项调研。管道局和工程院的技术专家对内涂层的减阻效果进行了定量的经济性分析。1997 年，石油工程建设施工专业标准化委员会制定了《钢质管道熔结环氧粉末内涂层技术标准》和《液体环氧涂料内防腐涂层钢管技术条件》两个行业标准，使国内的内涂层技术逐步走向规范化。西气东输工程启动之初，项目经理部委托中国石油天然气管道工程有限公司，对天然气管道减阻内涂层技术进行研究，2000 年 11 月项目经理部在廊坊召开了一次天然气管道内涂层技术研讨会，课题组在完成减阻内涂层技术研究的基础上，还为西气东输编制了《非腐蚀性气体输送管道内覆盖层推荐作法》和《西气东输管道内壁减阻覆盖层补充技术条件》两部标准。此项研究通过对管道在进行内涂前后管内壁粗糙度的参数改变而进行的工艺计算比较；对管道采用内覆盖层进行可行性分析；对国内外内覆盖层施工工艺进行研究，从理论上证实了对管道采用减阻内涂层后因管道水力摩阻系数的降低，对提高管输能力，减少投资费用所起到的重要作用，这为设计方案的确定提供了依据，并填补了国内减阻内涂层技术标准的空白。管道内覆盖层减阻技术的研究结果都已经运用到了工程设计之中。在西气东输可行性研究中，针对 1016mm、1067mm 和 1118mm 三种管径，采用有内涂和无内涂 6 个方案进行了比较，比较结果见表 3 -2。

表 3 -2 不同管径有无内涂层的各项参数比较

管径 mm	内涂情况	压气站数量 座	平均站间距 km	总功率消耗 MW	总燃气消耗 $10^8 m^3/a$
1016	有	18	192.4	173.8	5.40
	无	21	165.6	225.7	7.01

续表

管径 mm	内涂情况	压气站数量 座	平均站间距 km	总功率消耗 MW	总燃气消耗 $10^8 m^3/a$
1067	有	12	272.4	126.9	3.94
	无	15	226.5	157.0	4.88
1118	有	9	364.5	97.5	3.24
	无	12	280.1	119.9	3.73

从表中数据可以看出：

（1）使用减阻内涂层后，在同等输量下，站间距可以增大 16.2% ~30%，可以减少压气站数 3 座。

（2）使用减阻内涂层后，在同样数量下，消耗的总功率可以减少 18.7% ~23%，若驱动机为燃气轮机的话，则自耗气可以减少 13.1% ~23%。

（3）ϕ1016mm 管径方案使用减阻内涂层后，输气能力可提高 6%，一年输气量可提高 $12.3\times10^8m^3$。

（4）使用减阻内涂层后还可产生其他经济效益，如减少清管次数、缩短管道干燥时间、减少管壁上物质沉积、确保气体介质纯度和减少污染等。

目前，内涂层技术处于领先地位的国家包括美国、德国、英国和意大利等欧美国家。我国与国外相比，在涂料生产、涂覆工艺、施工机具、施工标准规范和涂层质量检验等方面还存在一定的差距，需要加快相关技术的研究工作，以满足我国长输天然气管道建设的需要。

适合于天然气管道内涂的涂料品种有很多，要从价格比中选出最为经济的内涂涂料。内涂涂料应具有以下特征：有良好的防腐蚀性能；具有耐压性；易于涂装；化学性质稳定；有良好的粘结性及耐弯曲性；有足够的硬度和耐磨性；良好的耐热性；涂层光滑。美国天然气协会（AGA）的管道研究会曾经进行过一个 NB14 的研究项目，对天然气管道内表面的涂料进行研究和筛选，在对 38 种涂料进行研究后，认为环氧树脂型液体涂料，特别是聚酰胺固化的环氧树脂，最适合于天然气管道的内涂。环氧树脂涂料是广泛使用的长效防腐涂料，它由涂料中的环氧树脂分子和固化剂发生交联反应固化而成，利用环氧基的反应活性，可以用各种树脂对环氧树脂进行改性，制得各种具有良好使用性能的涂料。环氧树脂涂料的主要特性是：极好的粘结性、优良的化学稳定性、良好的机械性能、优良的耐磨性和防腐性。目前国外输气管道减阻涂料产品包括英国伊伍德公司的 COPON EP2306HF、荷兰式玛 FLOWCOAT03、德国 Permecor337、丹麦 Hempel 85442 等产品，它们均属于环氧树脂类的双组分常温固化型涂料，具有附着力好、减阻效果好等特点，在世界各地的规定工程中得到大量应用，其中仅英国伊伍德公司的 COPON EP2306HF 使用量就超过 1×10^5km。

我国管道内涂层专用涂料的研究已有 20 多年的历史，取得了一定进展。根据西气东输工程减阻内涂的需要，中国石油天然气集团公司塘沽工程技术研究院开展了减阻内涂涂料的研制，通过对涂料成膜基料及颜填料的筛选研究，并对覆盖层结构及施工技术进行研究，最终完成了 AW－01 天然气管道减阻耐磨涂料。AW－01 天然气管道减阻耐磨涂料是以新型改性树脂为基料的双组分涂料，它具有表面光滑，突出的减阻效果，优良的耐磨、附着力等物理机械性能和良好的化学性能，特别适用于天然气输送管道的内壁涂覆，可以大幅度降低管道输送压力，提高管道输送效率。由 AW－01 型涂料制作的减阻内覆盖层能达到 API RP5L2 标准的要求，已在西气东输工程后期得以应用，这是国产减阻涂料的首次工业化应用。此外，中科院金属研究所国家技术腐蚀控制工程技术研究中心也研制开发出“SLF－21 管道内减阻涂料”。这些涂料在性能上已经达到国外同类产品的水平，通过努力，国内外减阻涂料技术的差距正在逐步缩小。

3. 输气减阻剂发展概况

绝大部分工程管道内流都是湍流流动，流动中动量的迁移不仅通过分子热运动，还存在较强的流体微团之间的扩散，使得湍流流动非常复杂，造成很大的阻力损失。内流阻力通常表现为壁面摩擦及紊流效应，两者是限制流体在管道中流动的主要因素，造成管道输量降低或能量消耗增加，减阻研究主要围绕它们进行。1948 年 Toms 在第一届国际流变学会议上发表了一篇有关减阻的论文，指出以少量聚甲基丙烯酸甲酯（PMMA）溶于氯苯中，输送流体和管道内壁间的摩擦阻力可降低约 50%，因此高聚物减阻又称 Toms 效应。1979 年美国 Conoco 公司生产的减阻剂首次商业化应用于横贯阿拉斯加的原油管道，获得巨大成功。从此减阻剂得到了巨大的发展。目前，全球每年输油管道减阻剂的用量大约为 10×10^4t，世界上已有几百条输油管道陆续使用了减阻剂。

随着天然气开发和应用的快速发展，对天然气管道的输送能力提出了更高的要求，输气减阻技术也受到广泛的关注。同原油减阻剂一样，天然气减阻剂的应用可以显著增加输量，降低压缩机的动力消耗，减少压缩机的安装功率，节约压缩站数，所带来的经济效益是巨大的，有着很好的实际生产需要和市场前景。但天然气减阻剂不同于石油减阻剂。石油减阻剂，例如用在 TransAlaska 原油管道中的减阻剂是典型的长链聚合物，这种聚合物融进液相来减少液体中的涡流，它的相对分子质量是百万数量级，液体减阻剂从管道内表面把层流底层拓展到中心湍流区，它的有效区在层流与湍流的界面处。考虑天然气减阻剂的雾化能力以及它在管壁上“凹谷”的“填充”能力，它的相对分子质量不可能很大；并且天然气减阻剂的作用区不是在层流与湍流的界面处，它是直接作用于管道内表面，减阻剂分子与金属表面牢固地结合在一起形成一光滑、柔性表面来缓和气固界面处的湍动，减少流体与管壁之间的摩擦，从而达到减阻作用，它不改变流体的性质。因此，天然气减阻剂的减阻效果要明显低于石油减阻剂。

天然气管道减阻剂的研究是由管道缓蚀剂发展而来的，由于现代天然气管道输送为处理后的“干气”输送，管道缓蚀剂工作部分转入管道减阻方向。

所谓“减阻”，即降低摩阻系数，具体表现为一种管道中的流体在恒定压降下，在其中加入“减阻剂”（DR 或 DRA）从而导致其体积流率的增加，或者在恒定体积流率下，加入“减阻剂”（DR 或 DRA）使其沿程压降减小。

早期增加气体管道流量的方法，包括把气体液化，见 US. Pat. No. 2958205。为了提高管道的操作效率，也包括其他的一些方法，如在气流管道中注射添加剂如一种含重复季铵化吡啶结构的聚合物，来控制管道内的乳化、水合及腐蚀等问题。1956 年，美国石油协会在“Flow of Natural Gas Through Experimental Pipe Lines and Transmission Lines”中研究报道过在气体管道中使用减阻剂的可能性，据报道，发现在特定的雷诺数区，往输送气体的粗糙管内加入少量的液体可提高管道的流动能力。据推测有粗糙内表面时，液膜中的液滴进入管壁上粗糙部分两凸峰之间的“凹谷”，形成比原来内表面更光滑的表面。然而，报道得出结论：往气体管道中注射液体由于其他原因是不实际的。在20世纪90年代初，在Frank E. Lowther（Atlantic Richfield Company）的发明专利中提出在气体管道中应用减阻剂减阻的方法，其方法适用于具有稳定压降的气体管道的两点之间，如起点站处于增压站或终点站之间。其方法为：在第一个站点通过旁路往气流中注入减阻剂，在第二个站点监测气体流率；调整减阻剂的注入速度直到达到最大气体流率并且保持不变；降低减阻剂的注入速度直到气体的最大流率开始下降；再提高或降低减阻剂的注入速度，直到气流保持最大流率不变；在第二个站点处，当气体流率保持最大稳定后，监测从气流中移除减阻剂的流率；调节第一个站点处减阻剂的注入率，使其与第二个站点处减阻剂的移除率完全等同，从而用最小量的减阻剂获得最大流量。该专利所用的“减阻剂”是指将其加入管道气流中，在恒压降条件下，提高气体体积流率而不明显改变气体化学成分的任何物质，例如乙二醇、醇类、脂肪酸等。并且减阻剂最好是气体或能雾化的液体，其在管道中具有比较低的蒸汽压，在管道中气流的温度和压力条件下，使减阻剂的大部分能在管壁上冷凝，少部分仍保持气相随气流流动。而且该减阻剂应具有足够小直径的分子，能够进入或填充管壁上的“凹谷”。该专利得出结论：在气体管道中，保持相同压降，应用减阻剂可提高气体流量15% ~40%。

20世纪90年代初，Atlantic Richfield Company（Los Angeles，Calif.）就气体管道减阻方法再一次申请了美国专利。该方法也是在管道内注入减阻剂，该减阻剂分子具有极性和非极性基团，极性基团一端粘附在管道内壁上，非极性基团一端处于光滑管壁与流动气体之间的气固界面，减小流体在该界面处的湍动，从而该减阻剂在管道内表面形成一薄化学品膜，使管壁的一些固有粗糙度变平滑，即可减少气流与管壁之间的摩擦。该减阻剂是类似于缓蚀剂、润滑剂之类的物质，例如碳原子数处于18 ~54之间的脂肪酸、烷氧基化的脂肪酸胺和/或酰胺，其长链烃的相对分子质量约从300到900。在该发明中还提出某些天然原油也符合减阻剂的条件，这种天然原油由沥青质、树脂和长链烷烃（C_1 ~ C_{40}）组成，也含有少量的N、S、O、Fe和V，这些杂原子大多集中在大分子部分如沥青质部分，使沥青质带有极性。要使这种天然原油起到减阻剂的作用，那原油中应含有2% ~35%的沥青质，它是大分子并且易于粘结在一起。树脂提供沥青质的大极性中心和与周围非极性烃之间的必要连接，并且稳定沥青质的分散。树脂的芳香部分吸附在沥青质表面，而它的脂肪族部分伸入油中。树脂和油中的非极性链烷烃有好的润滑性质来光滑气固界面从而缓和表面上的湍动。位于Alaska的Prudhoe Bay（Sadlerochit Formation）油田和Kuparuk油田生产的原油具有这种可以用作减阻剂的性质。除了特定的天然原油和商业缓蚀剂以外，该发明中还提到了聚乙氧基化的松香胺溶于10%（质量分数）的煤油中所得到的溶液也满足减阻剂的性质。

Ying-Hsiao Li做了天然气减阻剂的实验室试验和实地试验研究。在实验室试验中，他设计了管道环路，并在该环路上筛选了各类可能的减阻剂，包括防冻剂、润滑剂、缓蚀剂和某些原油。试验证明某些缓蚀剂和某些特定原油的减阻效果相当，并高于润滑剂和防冻剂。在该环道上还用一些易于雾化到气流中的较轻分子如丁胺、二甲基乙酰胺和己胺做了试验，结果表明这些较轻分子并没有提高气体的通过量，因为它们的相对分子质量或蒸汽压太低。同

时也评价了来自 Chemlink 的四种不同相对分子质量的缓蚀剂的减阻效果，试验结果表明，使管道表面成膜的效力随相对分子质量的增加而增加。通过检验这些可能减阻剂的减阻效果，得出结论：由脂肪酸合成的具有多胺和/或酰胺官能团交联在一起的从 C_{18} 到 C_{54} 的高相对分子质量缓蚀剂是最有潜力的减阻剂。并在墨西哥的一条输送干气的近海管道上进行了 Nalco945 抗蚀剂的实地试验，该管道内径为 7.625in、长为 6.25mile。因为该处的天然气生产率超过了管道的可输送能力，希望在不用调整排出压力的条件下，使管道压降约降低 35psi，并且至少保持当前天然气通过量。试验显示减阻剂的最高减阻效果是：在保持大约 840psi 的排出压力下，可使管道压降从 180psi 降至 150psi，并使流率从 50MMscf/D 增至 52MMscf/D。它的效果在一次注射处理后第三周达到最高，接着就逐渐变弱，作用持续两个多月。

在 20 世纪 90 年代末，Huey J chen 在墨西哥一条天然气输送管道上进行了用缓蚀剂作为减阻剂的实地试验并获得成功。该试验所用的管道是 6in（152.4mm）Schedule－80 的海底管道，该管道从墨西哥湾的 Mobile863A 平台到 Mobile864B 平台，总长约 5 英里（8.05km）。这次试验所用的缓蚀剂类型包括脂肪酸、烷氧基化的脂肪酸胺和/或酰胺，其原子数处于 18～54 之间。在这次试验中分批注入减阻剂，并且在管道中分批注入柴油来溶解在井头冷却器和管道中可能聚集出来的金刚烃（diamondoid）。试验期接近 2000h，包括 4 批减阻剂处理。图 3－2和图 3－3 给出了管道在试验期间的相对效果图。

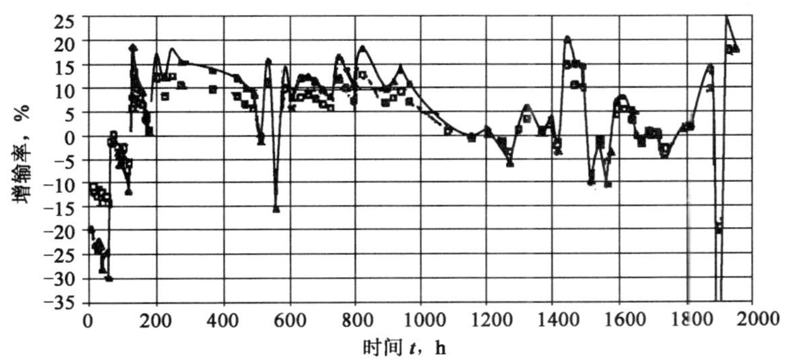

图 3－2　0～2000h 内管道的相对效果

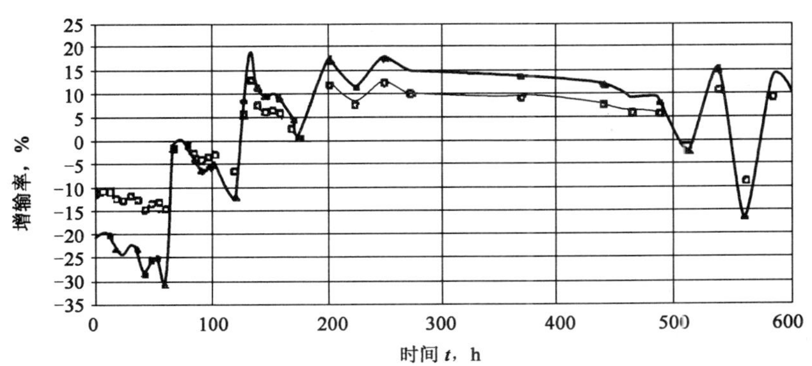

图 3－3　0～600h 内管道的相对效果

从上面两图中可以看出，管路清理和用柴油冲洗好像使管路几乎回到最高性能（500h），但随后的清理和注射柴油并不能进一步提高管路性能（540h）。在这次实地试验中，这些数据表明，当管壁沉积物很少时，减阻剂的效用可持续400h。并且管道性能在清管随后的0～60h、70～120h、130～170h的间隔内出现明显的恶化，作者解释为是管壁上金刚烃的不断沉积造成的。

尽管金刚烃的不断沉积掩盖了减阻剂性能的某些劣化，但从试验可看出管道适合进行减阻剂的分批处理，并且减阻剂的效用最少持续400h，并且还得出结论：应用减阻剂可降低压降15%～20%，提高气体通过量10%～15%。

在20世纪末，挪威科技大学（NTNU）也进行了有关天然气减阻剂方面的研究。Randi Naess指出减阻剂不仅可能用于新管道，而且也可能用于老管道的改造，不管老管道内有没有涂层。他的研究采用了两种完全不同类型的减阻剂：成膜剂和粘弹剂。当成膜剂沉积在粗糙壁上时，它易于减小相对粗糙度；而夹杂在被输送流体中的粘弹剂可限制亚湍流层的湍流漩涡的发展。在实验室小口径流动环道中做了减阻性能测试，并指出当粘性底层可能厚于聚合物的长尾端时，减阻剂不能减少管壁与流体之间产生的紊流漩涡，也不能改善流体的流动状态，并且减阻剂浓度过高也会不利于减阻。并在6mm管径的计算中，Blasius方程式与Colebrook方程式都与试验结果非常吻合。Randi Naess还对气体减阻剂的研究提出了以下建议：

（1）在试验前首先研究缓蚀剂。为了弄懂它们的特性，可以用其他具有减阻潜力的物质多做一些实验。也可用容易得到的便宜溶液与昂贵的减阻剂一同使用。

（2）管道内表面的粗糙度是一个没被测量的未知参数，在用减阻剂处理前后都应测量管壁粗糙度。然而管内壁的图像可使研究者看出吸附层的效果和行为。

（3）装置设置的改进：在管道的前后端可能需要安装直管段以确保管中流体的充分发展；在整个流率范围内校准流量计。

三、开展天然气管道减阻技术研究的意义

目前国内外对天然气的需求迅猛增加，不仅要求天然气管网建设快速发展，而且希望在役管线满负荷甚至超负荷运行，此外，各个地区在不同季节对天然气的需求量有较大的变化，这就要求输气管网具有一定的调节能力，尤其是在保障安全的条件下迅速增加输量。涂覆内涂层是目前天然气管道唯一的减阻增输技术，主要应用于处在阻力平方区湍流的天然气管道。而不满输的干线输气管道和小管径输气管道，大多处于混合摩擦区湍流甚至光滑区湍流，内涂层的减阻效果不明显甚至无效果。若考虑到经济效益，则只有管径较大时内涂层的收支比才为正值。一般认为当管径大于400mm时才考虑是否应用内涂层，目前国内外应用内涂层的管道都是管径大于500mm的大管径输气管道。内涂层技术还有以下几个缺陷：

（1）长距离、大口径干线天然气管道内涂覆施工设备复杂、价格十分昂贵，国内无法引进。一般采用对施工前单管进行涂覆，施工时分段组合的方案。

（2）结合管道外涂防涂层联合施工时，特别是管道组合焊接时，由于内外涂层的耐热性不同，很难保证内涂层的减阻效果，使得结合外涂层进行联合施工作业困难重重。

（3）管道内涂层一次施工之后，随着应用时间的延长，不可避免会存在内涂层磨损和

脱落问题，若进行二次修补，则必须停产、拆装和清理，这在工程和技术上都将造成极大的困难。

直接注入天然气减阻剂技术是针对管道内涂层减阻技术的不足而提出的，其研究思路为：利用特殊的具有表面活性剂类似结构特点的化合物或聚合物，其极性端牢固地粘合在管道金属内表面，并形成一层光滑的膜，而非极性端存于流体表面与管道壁之间形成气固界面，利用聚合物膜所具有的特殊的分子结构，吸收流体与内表面交界处的湍能，从而减少加于内表面的力，吸收的湍能随后又散逸到流体中，从而减少湍动的紊乱程度，达到减阻目的。

天然气减阻剂减阻的优点如下：

（1）克服了管道内涂层减阻技术中施工设备复杂、费用较高，且随时间延长由于内涂层不断脱落减阻效果逐渐降低甚至产生负效应的难题，特别是在内、外涂层联合施工中的耐热、耐久和旧管道的改造中尤为突出。

（2）虽然减阻剂尚未应用于天然气管道中，在高压气体管道中使用减阻剂是否能带来好的效果需要进一步评估，但减阻剂不像新型的涂层那样只考虑应用于新管道，它可应用于新老管线以及有涂层或无涂层的管线。

（3）减阻剂一次性投入低，可根据需要加注，能够有效提高管道的输送弹性，节约投资。

虽然国内外在天然气减阻剂方面的研究很少，没筛选出特定优异的减阻剂，并且减阻剂的减阻效果还不是太稳定，减阻机理等方面都没有深入研究，但是，减阻剂的实地试验已充分显示应用减阻剂所带来的诱人效果。20 世纪 80 年代，美国以及欧洲的几个科研机构开始进行了减阻剂的研究。经过近 20 年的探索，国外的天然气输送减阻剂研究从无到有，取得了很大进展，成功进行了现场应用试验，虽然还没有实现商业化和规模应用，但已显示出巨大的经济价值和应用潜力。

我们在国内率先开展了天然气减阻剂的研究，设计了国内首套天然气减阻效果评价装置，并探索出了一套比较完整的评价方案；合成了数种具有减阻效果的化合物和聚合物；申报了四项有关天然气减阻剂的国家发明专利并获得受理。

第二节　天然气减阻剂的减阻机理

一、减阻机理研究

我们进行的天然气减阻剂研究，填补了国内对该领域的研究空白，国外也处于初步研究阶段。我们利用流体力学，量子力学，结构化学等理论，结合原油减阻剂的开发经验，对天然气减阻剂的减阻机理进行了初步研究。

1. 管道输气的水力摩阻分析

根据流体力学原理，管道中的流态可以分为两大类：层流和湍流。管道中的气流，当雷诺数 $Re<2000$ 时为层流，当雷诺数 $Re>3000$ 时为湍流。湍流又可分为三个区：水力光滑区、混合摩擦区（部分湍流）和阻力平方区（完全湍流）。天然气输送管一般出现两种流态：部分湍流和完全湍流。而天然气输气管道干线因管径大、压力高、流速快，基本上在完全湍流的“阻力平方区”运行。该区域运行管道的水力摩阻系数 λ 符合舍夫林松公式：

$$\lambda = 0.111\left(\frac{K}{D}\right)^{0.25} \tag{3-1}$$

式中 K——粗糙度；

D——管径。

输气管道中沿程阻力（压降）Δp 的统一计算公式为：

$$\Delta p = \lambda \frac{u^2}{2} \frac{\rho l}{D} \tag{3-2}$$

式中 l——管长；

u——流速；

ρ——密度。

将式（3－1）代入式（3－2）可得：

$$\Delta p = m \cdot K^{0.25}$$

$$m = 0.0555D^{0.75}V^2\rho l \tag{3-3}$$

若天然气流量 V 不变，而同一条管道中 ρ，l，D 是常数，则 m 为常数，所以天然气输送过程中的沿程阻力（压降）Δp 与粗糙度 K 成正比。

在对天然气管道进行工艺计算，进行经济效益评价时，通常要涉及一个非常重要的参数，即管道的绝对当量粗糙度。天然气管道工艺设计时所选取的粗糙度，一般是指绝对当量粗糙度，也叫有效粗糙度，它包括管子的内表面粗糙度，焊缝、弯头以及内部沉积物引起的粗糙度，因而绝对当量粗糙度应该是管道运行时的平均粗糙度。绝对当量粗糙度指管内壁凸起高度统计的平均值，由于制管、焊接以及安装过程中的种种原因，管壁凹凸不平，其凸起的程度、形式及分布具有随机性。目前文献发表的粗糙度数值都是用水力方法测得的粗糙度的当量值，系指用等直径的沙砾粘在光滑的管内壁上，制成人工粗糙面，取沙砾的直径作为粗糙度高度，以此为标准将实际的管道与之相比较，水力摩阻系数相同者即具有相同的粗糙度。国外对各种管材、管径的管路摩阻数据进行了整理和研究，结果表明，对于新的、洁净的管壁，其绝对当量粗糙度仅取决于管材和制管方法；而使用后的管道则随流体的性质、腐蚀程度、运行年限、清管方法等的不同会有很大变化，需要进行实际测量。目前，各种文献推荐的钢管内表面绝对当量粗糙度的估计值相差较大。

在水平输气管道中，天然气的流量 Q 为：

$$Q = \frac{F}{\rho}\sqrt{\frac{(p_1^2 - p_2^2)D}{\lambda ZRTl}} \tag{3-4}$$

式中 F——管道流通截面积；

p_1，p_2——分别为管道起点和终点的压力；

Z——真实气体与理想气体定律的偏差系数；

R——理想气体常数；

T——气体的绝对温度。

若其他条件保持不变，仅仅改变管道内壁的粗糙度，则有：

$$\frac{Q_2}{Q_1}=\sqrt{\frac{\lambda_1}{\lambda_2}} \tag{3-5}$$

式中　Q_1，Q_2——管道内壁粗糙度变化前后的流量；

λ_1，λ_2——管道内壁粗糙度变化前后的水力摩阻系数。

将式（3－1）代入式（3－5），可得粗糙度 K 与流量 Q 的关系式：

$$\frac{Q_2}{Q_1}=\left(\frac{K_1}{K_2}\right)^{0.125} \tag{3-6}$$

由式（3－6）可以看出降低管道内壁粗糙度可以大幅提高输气量。

根据上述分析可知，影响天然气输送过程中输送压降和输气量的主要原因是天然气和管道内壁之间的摩擦阻力，它与管道内壁的粗糙度成正比，因此降低管道内壁粗糙度能够明显降低输气的压降和能耗，提高管道的输气量。天然气管道内涂层的作用机理是光滑减阻，即降低的管道的绝对粗糙度。

2. 天然气减阻剂作用机理

天然气管道内的流动几乎全部为湍流流动，流体绕过管道内壁粗糙凸点时发生脱流现象，在凸点的后面形成了涡流区，致使凸点的前后产生较大压差，这个压差就是阻力损失，压差（阻力损失）的大小与涡流区的大小及涡流强度有关，而涡流区的大小又与凸点的高度（即粗糙度）有关。在其他条件不变时，粗糙度越大，涡流区就越大，产生的阻力损失也越大。天然气减阻剂的减阻机理是，利用特殊的具有表面活性剂类似结构特点的大分子化合物或聚合物，其极性端牢固地粘合在管道金属内表面，并形成一层光滑的膜，而非极性端存在于流体与管道内表面之间，形成气固界面，利用膜所具有的特殊的长链分子结构，吸收流体与内表面交界处的湍能，从而减少消耗于内表面的能量，吸收的湍能随后又逸散到流体中，从而减少湍流的紊乱程度，达到减阻目的。

天然气减阻剂的作用机理可以从两方面考虑，一是光滑减阻，即降低管道的绝对粗糙度；二是在管壁上形成弹性膜，减弱由于管壁粗糙而产生的涡流的强度。在此双重作用下，天然气减阻剂通过抑制径向脉动减阻增输是最好的概括，光滑减阻的作用是消除产生脉动的条件，弹性膜的作用是降低已有脉动的强度。

假如能将减阻剂分子长链的一端均匀牢固地“粘贴”在壁面上，则分子长链的其余部分会在剪切应力作用下顺流向悬浮于气流中，形成覆盖在整个壁面上的“吸附层”。这层“吸附层”具有如下特征：

（1）减阻剂分子长链顺流向悬浮于气体中，分子链取向与液体管道中贴壁薄层液体中减阻剂分子长链取向是相同的，即减阻剂分子长链与管径垂直，能够有效抑制气体的径向脉动。

（2）吸附在粗糙凸起上部的减阻剂分子，能够有效抑制粗糙凸起产生的脉动，使减阻剂在粗糙区湍流状态下也有减阻作用。

（3）“吸附层”实际上形成了新的壁面，在管壁粗糙凸起底部吸附堆积的减阻剂分子可以部分填塞管壁表面的凹陷、沟槽，降低原来管壁的粗糙度，部分溶解减阻剂的液体滞留在壁面凹陷、沟槽中，同样起到降低粗糙度的作用。

（4）绝大部分减阻剂分子不随天然气流动，对天然气的气质影响较小。

根据以上减阻剂作用机理的分析，管道输送天然气减阻剂产品必须满足如下基本要求：

（1）对管道内壁有较强的吸附力；

（2）要有一个柔性长链，能够吸收气体的湍流能；

（3）能够形成连续、稳定的膜；

（4）对管道没有腐蚀作用。

由上述天然气减阻剂的减阻机理知，构成天然气减阻剂的关键部分是其极性端，该极性端必须能够与管道金属内表面牢固结合。参照金属缓蚀剂的作用机理，一般认为含氮有机缓蚀剂是通过其分子内的氮原子在金属表面的吸附而起缓蚀作用的，氮原子构成吸附中心。因此首先考察了胺基、酰胺基等若干活性基团与铁的结合能，参见表3－3。

表3－3　不同官能团与铁的结合能

官能团	距离，Å	结合能，eV
醇基	2.18757	0.33
硫醚	3.14025	0.155
胺基	2.18860	0.53
酰胺基	2.09004	0.53

3. 气体减阻剂与液体减阻剂的区别

若将溶解在液体中并在液体管道中应用的减阻剂称为“液体减阻剂”，而将吸附在气体管道壁上的减阻剂称为“气体减阻剂”，则它们之间的区别很明显，见表3－4。

表3－4　气体减阻剂与液体减阻剂的比较结果

减阻剂类型	气体减阻剂	液体减阻剂
分子结构	具有极性端和非极性长链结构分子的聚合物或化合物	具有超高相对分子质量（$>10^6$）的柔性单长链大分子的聚合物
作用机理	（1）部分填充壁面凹陷、沟槽，光滑壁面，降低粗糙度 （2）有效抑制贴壁薄层（厚度等于粗糙度）内气体径向脉动，增大薄层内气体的速度梯度，提高管道内气体的平均速度	有效抑制贴壁薄层（其厚度等于粘性底层、过渡层及少部分对数率层的总厚度）内液体的径向脉动，增加薄层内液体的速度梯度，提高管道内液体的平均速度
应用方法	让溶解了减阻剂的液体沿气体管道流过，使减阻剂分子牢固吸附均匀覆盖在管道内表面上	形成减阻剂悬浮液后直接注入管道液体中
适用管道	流态处于粗糙区湍流、混合摩擦区湍流的气体管道	流态处于光滑区湍流、混合摩擦区湍流的液体管道
对壁面要求	干净的钢制管道	无特殊要求
减阻剂用量及利用率	（1）间断注入、用量少 （2）减阻剂分子全部处于贴壁薄层内，利用率高	（1）连续注入、用量多 （2）处于贴壁薄层内极少部分减阻剂分子具有减阻作用，利用率低

二、减阻理论研究

1. 气体管道能量的损失

可利用能源的枯竭是21世纪人类面临的主要危机之一，节能降耗将成为21世纪的热门课题。节能降耗是节省可利用能源和不可再生能源，与保护环境并重的世界性问题。

现役气体管道节能的主要形式是减小气体流动阻力，降低能量损失。可以从宏观和微观两个角度来考虑。

宏观角度，为气体管道输送提供动力的是机械能（W），包括势能（E_P）和动能（E_K）。如果管道摩阻大，压差就会增加，气体膨胀对外做功就越多，势能降低越快；涡流和气体与管壁的碰撞将降低气体流动速度，动能转化为热能，动能降低。

微观角度，气体本身具有的能量是内能（U），包括分子势能（E_P）和分子动能（E_K）。分子势能曲线如图3－4所示。

当气体压强$p = p_0$时，分子间距$r = r_0$。在实际气体管输过程中，$p > p_0$，$r < r_0$，在此范围内，当压强降低时，气体膨胀，分子间距变大，分子势能随之迅速降低。分子动能方面，如图3－5所示。

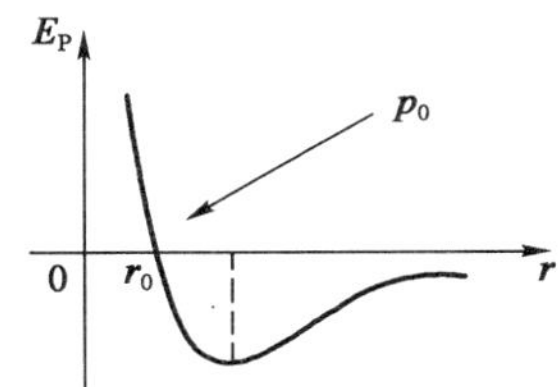

图3－4　以无穷远为分子势能零点时的分子势能曲线

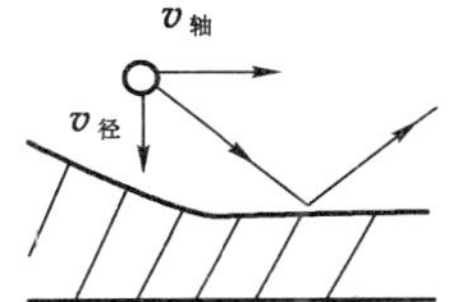

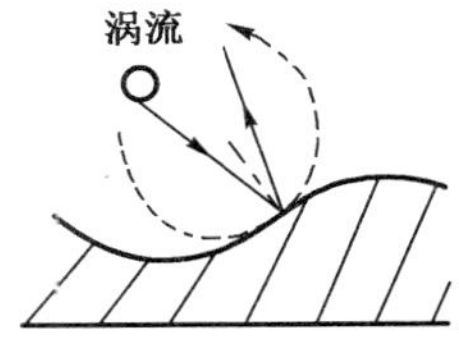

图3－5　气体分子与管壁碰撞时分子动能变化

气体分子与管壁发生碰撞时，在粗糙度小的地方，气体分子轴向速度略有减小，径向速度有明显下降，气体分子的总动能转化为热能，分子动能降低。在粗糙度大的地方，还会产生明显的涡流，分子的动能急速下降。

2. 管壁粗糙度

在管壁粗糙度大的地方，容易产生涡流现象。解决的方法有两种，一种是内涂层，一种是减阻剂，也就是人们常说的填坑原理（图3－6）。

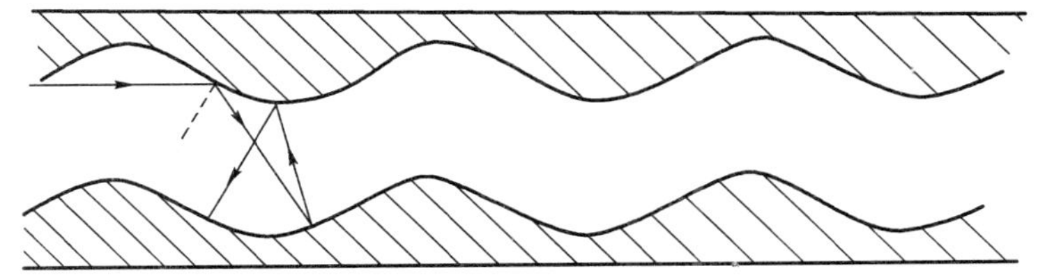

图3－6　气体分子与管壁碰撞示意图

3. 管壁弹性

假设已经解决管壁粗糙度的问题，粗糙度很小，接近于零，是不是就没有能量损失？

当管壁粗糙度接近于零时，理论上，分子在碰撞之后应沿着虚线运动，但实际上是按照实线运动的（图3－7）。这是由于钢铁结构属于密堆积，如果气体分子直接撞击管壁，气体分子与管壁发生非弹性碰撞，轴向速度 $v_{轴}$ 不变，径向速度 $v_{径}$ 损失，气体能量在碰撞时转化为热能通过管壁交换到环境中。

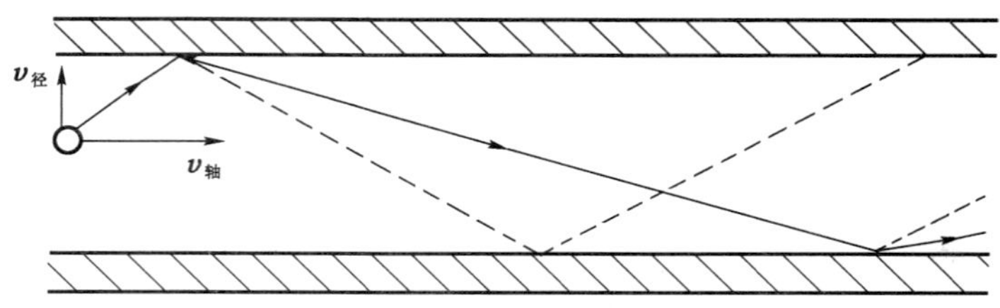

图3－7　气体分子与管壁碰撞速度变化示意图

气体减阻剂可以在管壁附近形成一层弹性膜，由于气体减阻剂分子体积大、结构不对称，不能形成密堆积，所以当气体分子与附有弹性膜的管壁碰撞时，发生弹性碰撞之后应沿着虚线运动，有效地解决了内涂层无法解决的问题（图3－8）。

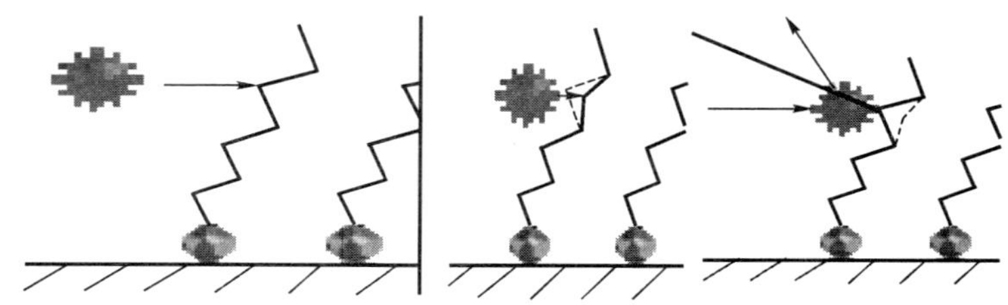

图3－8　气体分子与减阻剂分子碰撞图

第三节　天然气减阻剂的研制

一、溶剂成膜型减阻剂合成

在溶剂成膜型天然气减阻剂的合成方面，继续加强研究力度，共合成了咪唑啉酮类化合物、醇酰胺基类化合物、多酰胺基类表面活性剂、杂环化合物和高聚物等五类减阻化合物。

溶剂成膜型天然气减阻剂具有相同的分子结构特点，含有一个或多个胺基/酰胺基极性基团，并带有柔性长链的大分子聚合物。具体研究方法是以碳数为18～54的脂肪酸为基础，通过烷氧基化或酰化合成既带有极性基团又带有柔性链的大分子化合物或聚合物。大分子的极性端牢固地粘合在管道金属内表面，并形成一层光滑膜，同时其非极性端伸展于壁面附近流体之中，形成气固界面，利用其特殊的分子结构，减少气体流动的径向脉动，吸收流体与内表面交界处的湍能，吸收的湍能随后又散逸到流体中，从而减小湍动的紊乱程度，降低能耗，达到减阻目的。

溶剂成膜型的天然气减阻剂属于溶剂成膜型减阻剂，多采用长链羧酸与多乙烯多胺反应，在有关文献的基础上探索了合成的具体条件，并分析了各反应条件对合成反应的影响，为以后的工业化生产奠定了基础。减阻效果评价时所用溶剂为乙醇、丁醇、煤油或柴油，溶剂易得且无毒。

1. 咪唑啉酮类物质的合成

咪唑啉酮类物质的合成反应式如下：

$$NH_2CH_2CH_2NH_2 + NH_2-\overset{\overset{O}{\|}}{C}-NH_2 \xrightarrow[(CH_2OH)_2\ Reflux]{NaOH\quad H_2O} \text{HN} \quad \text{NH (环，C=O)}$$

$$2RCOOH + \text{HN} \quad \text{NH (环，C=O)} \xrightarrow[Reflux]{H^+} R-\overset{\overset{O}{\|}}{C}-N \quad N-\overset{\overset{O}{\|}}{C}-R \text{ (环，C=O)}$$

其中，R—为长链烷基，试验中为 $C_{17}H_{33}$—或$_{17}H_{35}$—或 $C_{11}H_{23}$—。该种物质具有两个酰胺基官能团，并有两个长链烷基分别与其相连，从理论上满足天然气减阻剂的要求。

或用二元酸和咪唑啉酮反应：

$$\text{NH} \quad \text{NH (环，C=O)} + HOOC(CH_2)_nCOOH \xrightarrow{Reflux} \text{NH} \quad N-CO(CH_2)_nCO-N \quad \text{NH (环，C=O)}$$

所用二元酸为癸二酸，得到的物质具有更强的吸附力。

2. 长链烷基酰胺基咪唑啉的合成

长链烷基酰胺基咪唑啉的合成反应式如下：

$$2RCOOH + NH_2CH_2CH_2NHCH_2CH_2NH_2 \longrightarrow R-C\begin{matrix} =N \\ -N \end{matrix}\text{(环)}\,(N-CH_2CH_2NH\overset{\overset{O}{\|}}{C}R) + 3H_2O$$

其中，R—为 $C_{18}\sim C_{54}$ 长链烃基。

在四口烧瓶上，分别安装分水器、回流冷凝器、温度计、搅拌器。将一定量的长链酸（FA）加入反应器后，加热溶化，加入适量 DETA，通氮气保护。采用程序升温法（即分不同的温度段升温，而不是持续升温）和真空法（反应进行到一定程度时抽真空继续反应）相结合的方法合成该产品，产物为棕黄色固体，用乙醇提纯后的产品为淡黄色。

3. 松香咪唑啉的合成

松香咪唑啉的合成反应式如下：

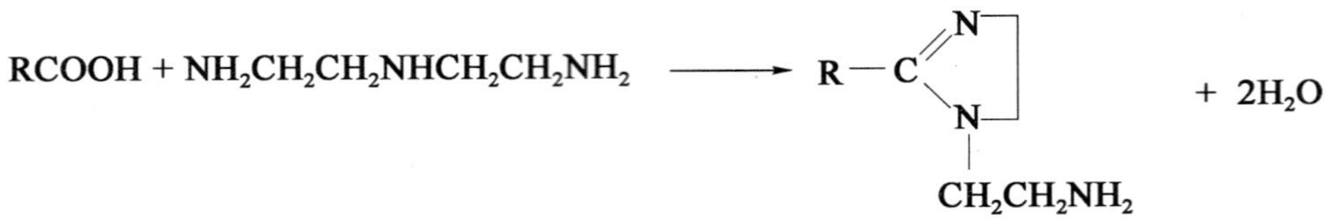

$$RCOOH + NH_2CH_2CH_2NHCH_2CH_2NH_2 \longrightarrow R-C\begin{smallmatrix}N\\N-CH_2CH_2NH_2\end{smallmatrix} + 2H_2O$$

其中 RCOOH 为：

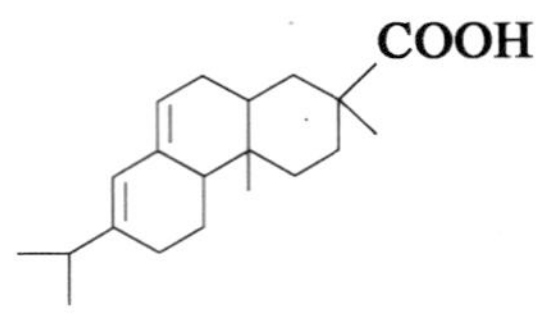

将粗精制后的市售松香和二乙烯三胺（AR）反应，采用程序升温、通过抽真空和添加携水剂（二甲苯）（利用共沸原理，除去反应中生成的水）合成松香咪唑啉。

4. 醇酰胺基化合物的合成

醇酰胺基化合物的合成反应式如下：

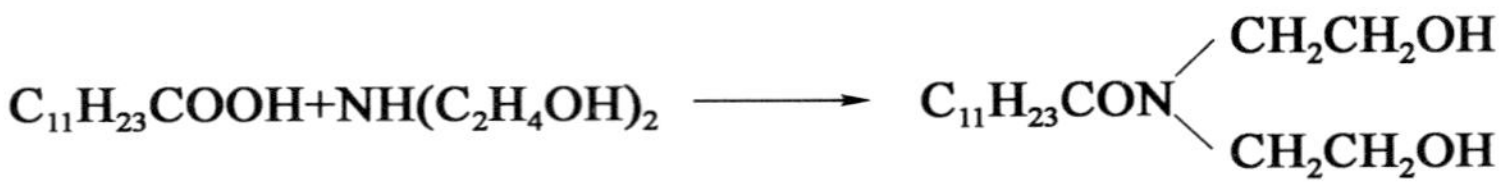

$$C_{11}H_{23}COOH+NH(C_2H_4OH)_2 \longrightarrow C_{11}H_{23}CON\begin{matrix}CH_2CH_2OH\\CH_2CH_2OH\end{matrix}$$

此种物质具有酰胺基和羟基两个极性基团，且羟基的存在可很好地改善物质的溶解性，溶剂选择的范围比较宽。

以硬脂酸代替月桂酸，进行上述试验，所得产物的溶解性不同，其原因是产物的直碳链长度不同。此外，产物的成膜效果较好。

5. 多酰胺基表面活性剂的合成

该物质具有多个吸附基团，且在分子两端具有两个长链烷基，很好地满足了天然气减阻剂分子设计思想的要求。其结构式如下：

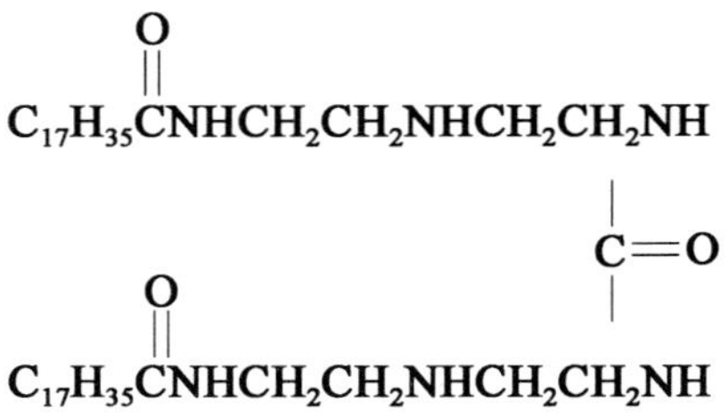

$$\begin{array}{l}C_{17}H_{35}\overset{O}{\overset{\|}{C}}NHCH_2CH_2NHCH_2CH_2NH\\ \qquad\qquad\qquad\qquad\qquad\qquad\quad |\\ \qquad\qquad\qquad\qquad\qquad\qquad\quad C=O\\ \qquad\qquad\qquad\qquad\qquad\qquad\quad |\\ C_{17}H_{35}\overset{O}{\overset{\|}{C}}NHCH_2CH_2NHCH_2CH_2NH\end{array}$$

6. 杂环化合物的合成

气相缓蚀剂的品种很多，主要有低相对分子质量的胺类等含某一缓蚀基团的单功能气相缓蚀剂，含多个缓蚀基团的多功能气相缓蚀剂，低毒高效型气相缓蚀剂，低聚型或缩聚型气相缓蚀剂，杂环型气相缓蚀剂等。其中，杂环类化合物的种类较多，一般常见报道的有噻唑类衍生物，苯骈三氮唑类衍生物，吗啉类衍生物等。吗啉及其衍生物作为气液两相系统的腐蚀抑制剂的应用已经有很长的历史，并具有较低的毒性，但吗啉作为单一的吸附型缓蚀剂，保护效果并不理想，它们在腐蚀金属表面的覆盖度较低。近几年来多开发含吗啉单元的低聚型气相缓蚀剂。

在本书中，用吗啉、有机羧酸丁二酸、仲胺等合成了有杂环机羧酸盐化合型聚合物。此化合型聚合物有多个与金属铁结合能力强的极性端，易于雾化，可用作天然气减阻剂。本书在有关文献的基础上探索了合成的具体条件，并分析了各反应条件对合成反应的影响，为以后的工业化生产奠定了基础。

1）杂环化合物Ⅰ的合成

在四口烧瓶上，分别安装搅拌器、温度计、滴液漏斗；将吗啉、仲胺加入四口烧瓶，冰水浴下搅拌混合均匀；撤掉冰水浴，通过滴液漏斗滴加乙醛，溶液颜色逐渐变黄。随着乙醛的加入，温度上升很快，因此要控制滴加速度，缓慢滴加。滴加完毕后，在恒温下反应；向上述反应溶液中加入丁二酸，同时加去离子水，室温下搅拌反应。随着反应的进行，温度逐渐升高，溶液的颜色逐渐变红；反应结束后，放置一段时间，抽滤，得到红色粗产品；用丙酮重结晶，即得到产品。

第一步：仲胺、吗啉与乙醛发生胺甲基化反应，生成 Mannich 碱：

$$CH_3CHO + HN\begin{matrix} \diagup R_1 \\ \diagdown R_2 \end{matrix} \longrightarrow CH_2{=}\ CH{-}N\begin{matrix} \diagup R_1 \\ \diagdown R_2 \end{matrix} + H_2O$$

$$CH_3CHO + O\langle\quad\rangle NH \longrightarrow CH_2 = CH{-}N\langle\quad\rangle O + H_2O$$

第二步：丁二酸与第一步产物反生酸碱固化反应：

$$\begin{matrix} CH_2{-}COOH \\ | \\ CH_2{-}COOH \end{matrix} + CH_2{=}CH{-}N\langle\quad\rangle O + CH_2{=}CH{-}N\begin{matrix} \diagup R_1 \\ \diagdown R_2 \end{matrix} \longrightarrow \begin{matrix} O \\ \| \\ C{-}OHN(R_1)(R_2){-}CH{=}CH_2 \\ | \\ CH_2 \\ | \\ CH_2 \\ | \\ C{=}OHN\langle\quad\rangle O \\ \| \quad | \\ O \quad CH{=}CH_2 \end{matrix}$$

其中 R_1，R_2 为 C_3 以上的烃基。

对试片（钢片）进行除油、除锈、金相纸打磨处理。将一定量的产品溶于适量的乙醇中，通过喷雾器雾化，使产品吸附到处理好的试片表面。在 JEDL JSM－6700F 扫描电子显微镜上进行显微分析，涂有该杂环化合物的钢片表面粗糙度有了明显的改善，表面上的“凹谷”被化合物“填充”，并且“填充”比较均匀。可以很明显地看到化合物在钢片的表面形成了一层保护膜，这说明合成的杂环化合物具有天然气减阻剂所需要的性质，其成膜性充分显示了它作为天然气管道减阻剂的潜在应用价值。

2）杂环化合物Ⅱ的合成

通过苯甲酸的亚甲基化，将吗啉和仲胺连接起来，生成 Mannish 碱；而后加入有机酸苯甲酸进行酸碱固化反应，得到具有多个吸附中心的杂环化合物。

第一步：吗啉、苯甲醛、仲胺反应，即胺甲基化反应：

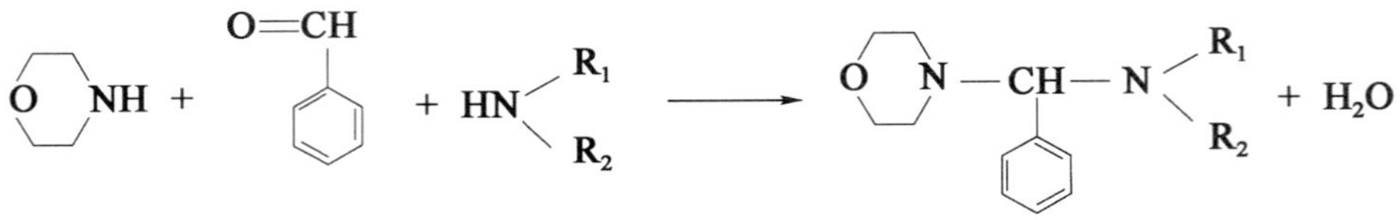

第二步：酸碱固化反应：

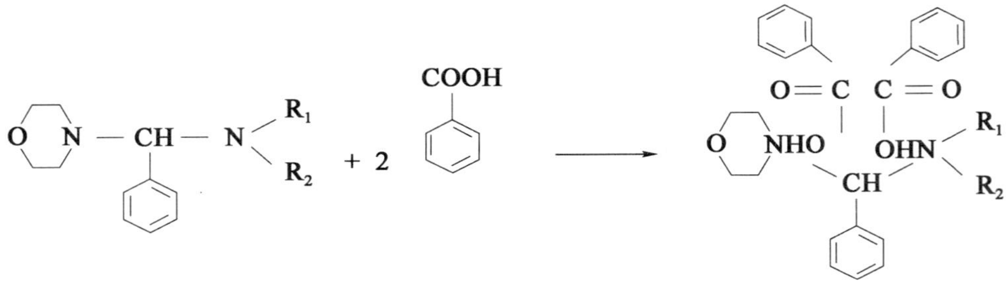

其中 R_1，R_2 为 C_3 以上的烃基。

对试片（钢片）进行除油、除锈、金相纸打磨处理。将一定量的杂环化合物Ⅱ溶于适量的乙醇中，通过喷雾器雾化，使杂环化合物Ⅱ吸附到处理好的试片表面。在 JEDL JSM－6700F 扫描电子显微镜上进行显微分析，该化合物的成膜性能较好，明显改善了钢片表面的粗糙度，具有作为天然气减阻剂的潜能。

3）杂环化合物Ⅲ的合成

目前，常用的气相缓蚀剂大多数为胺的有机酸盐或无机酸盐，有机羧酸根对金属有钝化作用，如 C_6H_5COO—对钢、铜、锌有缓蚀作用。M Kharshan 等研制了一种可以用于油气管线的缓蚀剂配方，主要组分有咪唑啉、有机酸、不同的表面活性剂和气相缓蚀剂的复配物。张大全等人通过分子内亚甲基链把吗啉和二环己胺分子连接起来，并通过与苯甲酸复配，取得了较好的效果。

本书通过苯甲酸的亚甲基化，将吗啉和仲胺连接起来，生成 Mannish 碱；而后加入有机酸苯甲酸进行酸碱固化反应，得到具有多个吸附中心的杂环化合物。合成原理与前两节中杂环化合物的合成相同，都分两步进行，先由醛与仲胺进行胺甲基化反应，生成 Mannich 碱，而后与有机酸反应，生成有机羧酸盐类化合物。反应如下：

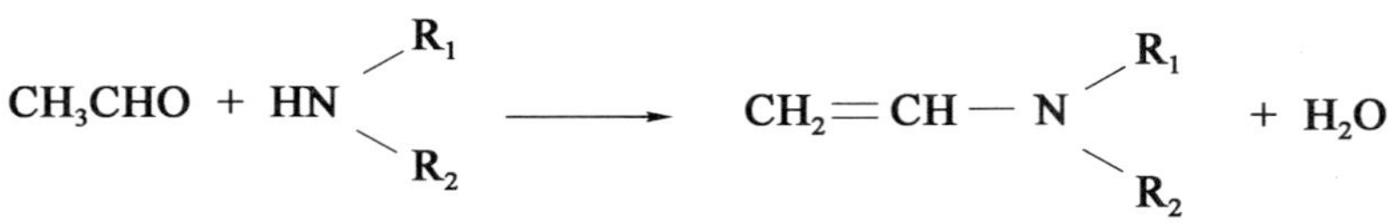

$$CH_3CHO + HN\begin{matrix} R_1 \\ R_2 \end{matrix} \longrightarrow CH_2{=}CH{-}N\begin{matrix} R_1 \\ R_2 \end{matrix} + H_2O$$

$$CH_2{=}CH{-}NR_1R_2 + C_6H_5COOH \longrightarrow C_6H_5C(=O){-}OHN(R_1)(R_2){-}CH{=}CH_2$$

$$CH_2{=}CH{-}NR_1R_2 + H_3C{-}C_6H_3(OH){-}COOH \longrightarrow H_3C{-}C_6H_3(OH){-}C(=O){-}OHN(R_1)(R_2){-}CH{=}CH_2$$

成膜工艺与前述工艺相同。对试片（钢片）进行除油、除锈、金相纸打磨处理。将一定量的杂环化合物Ⅲ溶于适量的乙醇中，通过喷雾器雾化，使杂环化合物Ⅲ吸附到处理好的试片表面。在 JEDL JSM－6700F 扫描电子显微镜上进行显微分析，钢片表面的粗糙度得到了明显改善，成膜性也比较好，预计该化合物具有减阻性能。

7. 多单元天然气减阻剂的合成

1）多单元天然气减阻剂I的合成

多单元天然气减阻剂I的合成分为两步。

第一步：

$$C_4H_9NO + (CH_3)_2CHNHCH(CH_3)_2 + CH_3CHO \longrightarrow \text{(morpholino)}{-}CH(CH_3){-}N[CH(CH_3)_2]_2 + H_2O$$

第二步：

$$\text{(morpholino)}{-}CH(CH_3){-}N[CH(CH_3)_2]_2 + C_6H_5C(=O){-}OH \longrightarrow \text{(morpholino)}{-}C(CH_3)(C(=O)C_6H_5){-}N[CH(CH_3)_2]_2 + H_2O$$

2）多单元天然气减阻剂Ⅱ的合成

多单元天然气减阻剂Ⅱ的合成分为两步。

第一步：

$$C_4H_9NO + (CH_3)_2CHNHCH(CH_3)_2 + CH_3CHO \longrightarrow \text{(morpholino)}{-}CH(CH_3){-}N[CH(CH_3)_2]_2 + H_2O$$

第二步：

$$\text{(吗啉基-CH(CH}_3\text{)-N(CH(CH}_3)_2)_2) + \text{2-甲基苯甲酸} \longrightarrow \text{吗啉基-C(CH}_3\text{)(CO-C}_6\text{H}_4\text{-CH}_3\text{)-N(CH(CH}_3)_2)_2 + H_2O$$

3）多单元天然气减阻剂Ⅲ的合成

多单元天然气减阻剂Ⅲ的合成步骤为：

$$2\,R_2NH + 2CH_3CHO + H_2N{-}CO{-}NH_2 \longrightarrow R_2N{-}CH(CH_3){-}NH{-}CO{-}NH{-}CH(CH_3){-}NR_2 + 2H_2O$$

其中 R 为—C_4H_9。

8. 高聚物减阻剂的合成

首先合成带有长链烷基的丙烯酰胺衍生物，反应如下：

$$CH_3(CH_2)_{17}Cl + CH_2{=}CHCONH_2 \xrightarrow[\text{室温}]{AlCl_3} CH_2{=}CHCONH(CH_2)_{17}CH_3$$

再将所得产物聚合，聚合物的每个单元都含有可吸附的极性基团及长链烷基，从理论上满足天然气减阻剂分子设计思想的要求。

二、雾化成膜型减阻剂合成

在上述减阻剂的合成工艺基础上做出了调整，研制出了硫酸酯类减阻剂、膦酸酯类减阻剂等雾化成膜型天然气减阻剂。

这些天然气减阻剂为杂环化合物，在合成过程中有以下特点：(1)合成原料易得；(2)原料自身毒性小；(3)合成方法简单；(4)反应容易控制；(5)分离和提纯容易；(6)没有副产物。

从化学性质分析具有以下优点：(1)应用温度范围宽，可以在 -50 ~ 100℃之间使用；(2)热稳定高，不易燃烧和爆炸；(3)毒性小，有利于环保；(4)具有很强的极性基团，与金属铁结合能力更强。

雾化成膜型天然气减阻剂相对分子质量不高，溶解性好，易溶于油、醇、酮等常见有机溶剂，容易实现雾化，属于雾化成膜型减阻剂。本减阻剂设计是鉴于天然气管道的实际运行情况，可以在保持天然气管道输送正常运行的情况下，经过注入系统雾化注入，同时也能够通过清管器形成减阻剂液体柱塞与管壁接触成膜。

1. 硫酸酯类减阻剂的合成

将杂环化合物和芳香族化合物加入到反应容器中，将反应容器放入盛有冰水混合物的水浴中，通入氮气保护，开动磁力搅拌器，放入温度计，进行测量，在试验中，保证温度为 0 ~ 30℃。将硫酸酯加入加料漏斗中，硫酸酯逐滴滴加到杂环化合物和芳香族化合物的反

应物中去。反应2～4h后，将反应产物放到分液漏斗中，静止1～2h后，将下层有机相混合物分离出来。取出有机相混合物，用1∶1～1∶2比例的有机溶剂对产物进行洗涤，从而洗去多余的原料。重新进行分液操作，获得粗产品。粗产品先用旋转蒸发仪在50～100℃条件下将少量有机溶剂蒸出，然后将其放在真空烘箱里12～24h，使有机溶剂蒸发完全，得到产品。

2. 膦酸酯类减阻剂的合成

将杂环化合物和芳香族化合物加入反应容器中，将反应容器放入盛有冰水混合物的水浴中，通入氮气保护，开动磁力搅拌器，放入温度计，进行测量，在试验中，保证温度为50～80℃。将膦酸酯加入加料漏斗中，膦酸酯逐滴滴加到杂环化合物和芳香族化合物的反应物中去。反应12～16h后，将反应产物放到分液漏斗中，静止12～16h后，将下层有机相混合物分离出来。取出有机相混合物，用1∶2～1∶3比例的有机溶剂对产物进行洗涤，从而洗去多余的原料。重新进行分液操作，获得粗产品。粗产品先用旋转蒸发仪在80～120℃条件下将少量有机溶剂蒸出，然后将其放在真空烘箱里24～30h，使有机溶剂蒸发完全，得到产品。

三、成膜装置的建立

1. 成膜装置热量平衡计算

（1）管道清洗后附着在管壁上水的体积按照长6m、内径12mm管段容积的10%计算：

$$V = \frac{\pi}{4}d^2L \times 10\% = \frac{\pi}{4} \times 0.012^2 \times 6 \times 0.1 = 2.71 \times 10^{-4}\text{m}^3$$

（2）水的温度在升到50℃时需吸收的热量：

$$q_1 = m_1c_1(t_2 - t_1)$$

式中　q_1——水升温吸收的热量，kJ；

m_1——水的质量，kg；

c_1——水的比热，kJ/(kg·℃)；

$t_2 - t_1$——水的温差，℃。

所以　$q_1 = m_1c_1\ (t_2 - t_1) = 2.71 \times 10^{-4} \times 10^3 \times 4.18 \times (50 - 20) = 33.98\text{kJ}$

（3）水蒸发需要的热量：

$$q_2 = m_1r$$

式中　q_2——水蒸发吸收的热量，kJ；

r——水的蒸发潜热，kJ/kg。

所以　$q_2 = m_1r = 2.71 \times 10^{-4} \times 10^3 \times 2372 = 642.81\text{kJ}$

（4）管子吸收的热量：

$$q_3 = m_2 \times c_2(t_2 - t_1) = 13.05 \times 0.5 \times 30 = 195.75\text{kJ}$$

式中　q_3——管子升温吸收的热量，kJ；

m_2——管子的质量，kg；

c_2——管子的比热，kJ/(kg·℃)。

（5）总热量：

$$q = q_1 + q_2 + q_3 = 872.54\text{kJ}$$

（6）风机功率：

考虑传热损失，计风机热效率 η 为 80%，4min 内干燥管内液体。则风机功率为：

$$p = \frac{q}{\eta t} = \frac{872.54}{0.80 \times 240} = 4.54\text{kW}$$

由于该测定装置是国内首个天然气减阻测定装置，空试中发现测试数据比理论数值大，进一步论证得知：试验中所测压降包括热力学压降和管道压降两部分，针对这种情况，为了忽略管路气体的热力学效应，也为了保持管路中气体的均匀流动，需要在管路末端加备压，安装一个压力调节阀。目前装置正在调试测试中。

2. 天然气减阻剂成膜装置的建立

本装置通过酸洗、水洗、风干、成膜等工序，可实现试验管道的清洗和成膜，主要由清洗剂槽、清洗泵、成膜减阻剂槽、涂膜泵、热风枪等设备以及流量计、管道、阀门、框架等组成。装置示意图如图 3－9 所示。

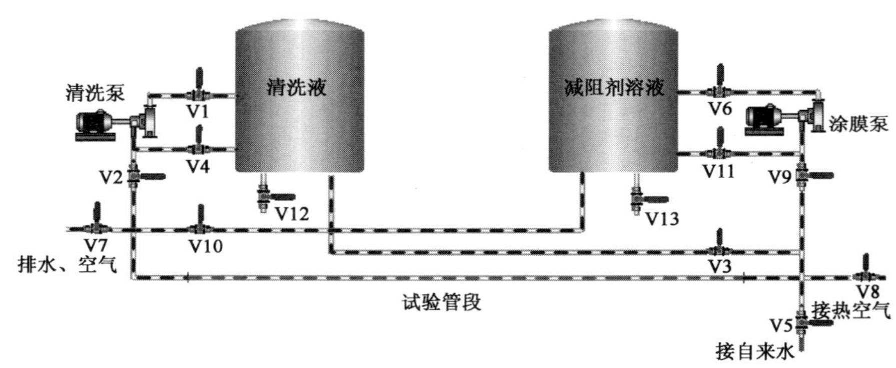

图 3－9　天然气减阻剂成膜试验装置示意图

左边为清洗装置，槽中为清洗液；右边为成膜装置，槽中为成膜减阻剂溶液。

1）操作流程

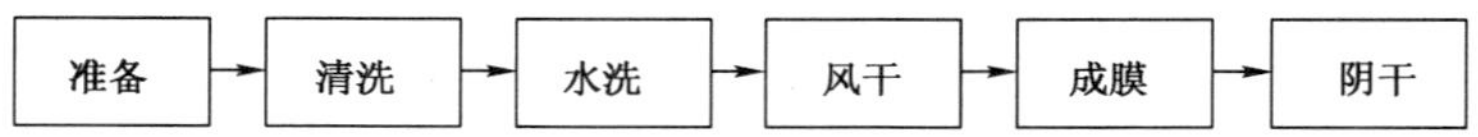

（1）准备：

①安装好试验管段；

②将试验管段上测压孔用橡胶封闭；

③关闭所有阀门。

（2）清洗：

①打开阀门 V1、V2 和 V3；

②开启清洗泵，调节阀门 V4，对试验管段进行除油、除锈；

③关闭清洗泵，全开阀门 V4，使清洗剂残液回流。

（3）水洗：

①关闭阀门V2、V3、V4；

②打开阀门V5、V7，通入自来水，对试验管段进行水洗。

（4）风干：

①关闭阀门V5，打开阀门V6；

②开启热风枪，通入热空气对试验管段进行烘干，需时约4min；

③关闭热风枪。

（5）成膜：

①关闭阀门V6、V7，打开阀门V8、V9、V10；

②开启涂膜泵，调节阀门V11，对试验管段进行成膜；

③关闭涂膜泵，全开阀门V11，使成膜减阻剂残液回流。

（6）阴干：

①关闭所有阀门；

②取出试验管段阴干成膜。

2）操作注意事项

（1）因本试验所用液体具有腐蚀性，并考虑到清洗剂、成膜剂的循环使用，操作人员须严格按照本操作流程进行操作。

（2）需要充分保证清洗和成膜时间。

四、室内评价系统的建立

在现有“原油减阻剂减阻性能评价系统”基础上，研发天然气减阻剂性能评价系统及相应参数测试仪器设备，为开展减阻聚合物的评价和筛选，开展环道试验和现场应用的模拟研究打下基础。针对气体特性与液体特性的不同，设计并建立适用于观察气体流动状态的环道系统。

在室内小型气体环道的内壁上形成减阻剂分子膜，测定和比较成膜前后环道输送气体时的沿程阻力损失，从而确定化学品膜是否可以减少流体与管壁之间的摩擦而起减阻作用，进一步比较不同类化学品的减阻作用大小。

1. 设计原理

“减阻”就是减少沿程阻力损失，而沿程阻力损失是由流体的粘滞力造成的摩擦损失。这种摩擦损失的大小与流体的流动状态有着密切的关系。

由达西—魏斯巴赫（Darcy-Weisbach）公式知水平等径管的沿程阻力损失为：

$$h_{\mathrm{f}} = \lambda \frac{L}{d}\frac{u^2}{2g} = \frac{\Delta p}{\rho g}$$

式中的沿程摩阻系数λ与流体的粘度、流速、管道的内径以及管壁粗糙度等有关，是无量纲系数，由试验确定。通过试验可以测得管内流体的体积流量Q、温度T、压力p，管径d、被测管段长度L及其压降Δp。再根据相关公式确定管内流体的密度ρ和粘度μ，即可计算出沿程摩阻系数λ和雷诺数Re，根据有关经验公式还可确定管道的粗糙度。

减阻率表示为：

$$DR = \frac{\lambda_{\triangleleft} - \lambda_{\triangleright}}{\lambda_{\triangleleft}} \times 100\% \tag{3-7}$$

式中 DR——减阻率；

$\lambda_{\triangleleft}$，$\lambda_{\triangleright}$——应用减阻剂前后的管路沿程阻力损失系数。

管输流体中加入减阻剂后，在恒定流量时表现为一定长度流体段两端压力损失的降低，或在流体段两端压力一定时流量的增加。流体段两截面的压力损失按照式（3－8）、式（3－9）进行计算：

$$\Delta p_1 = \lambda \frac{l}{d} \frac{1}{2} \rho u^2 \tag{3-8}$$

$$\Delta p = \Delta p_1 + \Delta p_\zeta \tag{3-9}$$

式中 Δp——两截面间总压力损失，Pa；

Δp_1——两截面间沿程压力损失，Pa；

Δp_ζ——两截面间局部压力损失，Pa；

l，d——管路长度和管内径 m ；

λ——管路沿程阻力损失系数；

ρ——流体密度，kg/m^3；

u——流速，m/s。

在部分粗糙区和完全粗糙区，λ 值与气体的流动状态和管壁的相对粗糙度有关。通过添加减阻剂可以减小 λ，由式（3－8）、式（3－9）可知，能够降低沿程压力损失和总压力损失。对于可压缩流体，加剂前后的密度和流速都有变化，Δp 的变化是 λ、ρ 和 u 的综合变化值。考虑当流量恒定时，ρ 和 u 的变化都是由 λ 的变化引起的，为了更直观地表示减阻效果，用相同质量流量、相同入口压力下 Δp_1的减小幅度来表示减阻率，在两截面上安装压力表，压力损失就是两个压力表之间的压力差 Δp。其评价公式为：

$$DR = \frac{\Delta_{\triangleleft} p_1 - \Delta_{\triangleright} p_1}{\Delta_{\triangleleft} p_1} \times 100\% \tag{3-10}$$

式中 $\Delta_{\triangleleft} p_1$，$\Delta_{\triangleright} p_1$——应用减阻剂前后的管路沿程压力损失，Pa。

如果考虑局部摩阻的影响，减阻率应按照下式计算：

$$DR = \frac{(\Delta_{\triangleleft} p - \Delta_{\triangleleft} p_\zeta) - (\Delta_{\triangleright} p - \Delta_{\triangleright} p_\zeta)}{\Delta_{\triangleleft} p - \Delta_{\triangleleft} p_\zeta} \tag{3-11}$$

式中 $\Delta_{\triangleleft} p_\zeta$，$\Delta_{\triangleright} p_\zeta$——应用减阻剂前后的管路局部压力损失，Pa。

2. 设计工艺计算

1）空气的粘度系数计算

查阅《化工数据手册》可知，在一个大气压条件下，空气的动力粘度系数见表 3－5。

表 3－5 空气的动力粘度系数

温度，℃	0	10	20	30
粘度 μ，10^{-5}Pa·s	1.72	1.77	1.81	1.86

粘度系数μ的近似计算公式为：

$$\mu = \left[-1.2\left(\frac{T}{1000}\right)^2 + 5 \times \frac{T}{1000} + 0.45\right] \times 10^{-5}\text{Pa} \cdot \text{s}$$

常温、常压下空气的粘度系数可取$\mu = 1.8 \times 10^{-5}\text{Pa} \cdot \text{s}$。

2）第二临界雷诺数Re_2的取值计算

试验过程要求流动处于完全紊流状态。

当雷诺数$Re > 3000$时，流态为紊流，而紊流又分为三个区。

（1）当$3000 < Re < Re_1$时，为水力光滑区，紧靠管壁的粘性底层能覆盖管壁的粗糙突起。

$$Re_1 = \frac{59.7}{\left(\frac{2k}{d}\right)^{8/7}}$$

式中　Re_1——第一临界雷诺数；

d——管道内径，mm；

k——管道的绝对当量粗糙度，mm。

（2）当$Re_1 < Re < Re_2$时，为混合摩擦区，管壁粗糙突起露出粘性底层。

$$Re_2 = 11\left(\frac{d}{2k}\right)^{1.5}$$

式中　Re_2——第二临界雷诺数。

（3）当$Re > Re_2$时，进入完全紊流，即阻力平方区，粘性底层很薄，粗糙突起几乎全部露出粘性底层。

为保证流动处于完全紊流状态，需求出第二临界雷诺数Re_2，并据此求解临界流速。

无涂层管道的绝对当量粗糙度k取值：45μm；涂层后管道的绝对当量粗糙度k取值：10μm；管内径d的取值为：4mm，6mm，8mm，12mm，25mm。

根据$Re_2 = 11\left(\frac{d}{2k}\right)^{1.5}$可求得第二临界雷诺数$Re_2$。

①涂层前（$k = 45\mu\text{m}$）：

$d = 4\text{mm}$时　$Re_2 = 11 \times \left(\frac{4}{2 \times 45 \times 10^{-3}}\right)^{1.5} = 3259$

$d = 6\text{mm}$时　$Re_2 = 11 \times \left(\frac{6}{2 \times 45 \times 10^{-3}}\right)^{1.5} = 5987$

$d = 8\text{mm}$时　$Re_2 = 11 \times \left(\frac{8}{2 \times 45 \times 10^{-3}}\right)^{1.5} = 9218$

$d = 12\text{mm}$时　$Re_2 = 11 \times \left(\frac{12}{2 \times 45 \times 10^{-3}}\right)^{1.5} = 16935$

$d = 25\text{mm}$时　$Re_2 = 11 \times \left(\frac{25}{2 \times 45 \times 10^{-3}}\right)^{1.5} = 50925$

②涂层后（$k = 10\mu\text{m}$）：

$d = 4\text{mm}$时　$Re_2 = 11 \times \left(\frac{4}{2 \times 10 \times 10^{-3}}\right)^{1.5} = 31112$

$d=6\text{mm}$ 时 $\quad Re_2=11\times\left(\dfrac{6}{2\times10\times10^{-3}}\right)^{1.5}=57157$

$d=8\text{mm}$ 时 $\quad Re_2=11\times\left(\dfrac{8}{2\times10\times10^{-3}}\right)^{1.5}=88000$

$d=12\text{mm}$ 时 $\quad Re_2=11\times\left(\dfrac{12}{2\times10\times10^{-3}}\right)^{1.5}=161666$

$d=25\text{mm}$ 时 $\quad Re_2=11\times\left(\dfrac{25}{2\times10\times10^{-3}}\right)^{1.5}=486135$

3）临界雷诺数下的压力计算

为了忽略管路气体的热力学效应和保持管路中气体的均匀流动，需要在管路末端加备压，可取备压为 $p_2=0.8\text{MPa}$。

试验的目的是检测和比较管道在涂层前后处于完全湍流（即进入阻力平方区）时的压降，因此需计算气体在同一雷诺数下的压降即涂层后在临界雷诺数下的压力损失，计算过程如下：

由
$$\frac{\pi}{4}d^2\cdot u=Q=\frac{G}{\rho}=\frac{1}{\rho}\frac{\pi}{4}\sqrt{\frac{(p_1^2-p_2^2)\ d^5}{\lambda ZR_gTL}}$$

得出：
$$u=\frac{1}{\rho}\sqrt{\frac{(p_1^2-p_2^2)\ d}{\lambda R_gTL}}$$

而 $Re=\dfrac{du\rho}{\mu}$，$Re_2=11\left(\dfrac{d}{2k}\right)^{1.5}$，要求 $Re=Re_2$，所以：

$$\frac{d}{\mu}\sqrt{\frac{(p_1^2-p_2^2)d}{\lambda R_gTL}}=11\left(\frac{d}{2k}\right)^{1.5}$$

整理得到：
$$\sqrt{\frac{(p_1^2-p_2^2)}{\lambda R_gTL}}=11\mu\left(\frac{1}{2k}\right)^{1.5}$$

$$p_1=\sqrt{121\mu^2\left(\frac{1}{2k}\right)^3\lambda R_gTL+p_2^2}$$

式中，$\mu=1.8\times10^{-5}\text{Pa}\cdot\text{s}$，$k=45\mu\text{m}$（涂层前）或 $k=10\mu\text{m}$（涂层后），$R_g=287\text{J/(kg}\cdot\text{k)}$（干气系数），$T=300\text{K}$（试验温度），$L=6\text{m}$（试验管段长度），代入数据得：

$$p_1=\sqrt{0.02\lambda\left(\frac{1}{2k}\right)^3+p_2^2}$$

针对不同的 Re_2、k 和 d 可从莫迪图找出或从有关公式计算出相应的阻力系数 λ。代入上式得结果如表3-6所示。

表3-6　涂层前后的压力

管子直径，mm	Re	p_1，MPa		Δp，kPa	
		涂层前	涂层后	涂层前	涂层后
4	31100	0.84764	0.83546	47.64	35.46
6	57100	0.84395	0.83277	43.95	32.77
8	88000	0.84158	0.83096	41.58	30.96
12	161600	0.83845	0.82855	38.45	28.55
25	486100	0.83322	0.82462	33.22	24.62

4）确定流速

气体在管路中的流量：

$$Q = C\sqrt{\frac{(p_1^2 - p_2^2)d^5}{Z\Delta\lambda TL}}$$

式中 Q——标准状态下的体积流量，m^3/s；

C——常数，按此处所取各单位时，C 值为 $0.03846m^2 \cdot K^{0.5} \cdot s/kg$；

d——管道内径，m；

p_1，p_2——输气管道起点、终点压强，Pa；

λ——水力摩擦系数；

Z——压缩因子，取 $Z=1$；

Δ——气体相对密度，$\Delta=1$；

T——气体绝对温度，300K；

L——管长，6m。

将此流量值换算成工作状态下的流量值，计算过程如下。

由等温状态下气体状态方程知： $p_1V_1 = p_2V_2$

得出

$$\frac{p_2}{p_1} = \frac{V_1}{V_2} = \frac{Q_1}{Q_2}$$

工作状态下气体压强按管路两端压强的算术平均值计算。计算结果如表 3－7 所示。

表 3－7 涂层前后的压力

管子直径 mm	标准状态下体积流量，m^3/h		工作状态下体积流量，m^3/h		工作状态下流速，m/s	
	涂层前	涂层后	涂层前	涂层后	涂层前	涂层后
4	5.22	5.22	0.642	0.647	14.20	14.30
6	14.38	14.38	1.773	1.785	17.43	17.55
8	29.53	29.52	3.645	3.668	20.15	20.28
12	81.36	81.35	10.062	10.123	24.73	24.88
25	509.70	509.66	63.244	63.574	35.81	35.99

5）罐压强和罐体积的计算

由上述压力计算可知，管路进气口压力应在1MPa左右比较合适。但是考虑到储罐距测试管还有一段距离以及中间的阀门、弯头造成的压力损失，将储罐设计压力定为3.8MPa。

设计要求罐在工作一段时间 t 后压力降为 $\Delta p=5\%$ 或 10%，设罐的容积为 V_0，工作温度为 T，压强为 p。若将压缩空气近似看成理想气体来处理，则由理想气体状态方程得：

$$\frac{pV_0}{T} = \frac{(1-\Delta p)pV_0}{T} + \frac{(1-\Delta p)put\frac{\pi d^2}{4}}{T}$$

（1）当 $\Delta p=10\%$ 时，由上式得：

$$V_0 = 0.9V_0 + 0.9ut\frac{\pi d^2}{4}$$

即

$$V_0 = 9ut\frac{\pi d^2}{4}$$

以8mm直径管道的涂层前流量进行计算，则当$\Delta p = 10\%$时，所需罐的容积V_0（m^3）如表3－8所示。

表3－8 所需罐的容积（$\Delta p = 5\%$）

t，min L，m	1	2	5
6	0.547	1.094	2.734

（2）当$\Delta p = 5\%$时，有：

$$V_0 = 0.95V_0 + 0.95ut\frac{\pi d^2}{4}$$

即

$$V_0 = 19ut\frac{\pi d^2}{4}$$

对于8mm直径管道，当$\Delta p = 5\%$时，所需罐的容积V_0（m^3）如表3－9所示。

表3－9 所需罐的容积（$\Delta p = 5\%$）

t，min L，m	1	2	5
6	1.154	2.309	5.771

6）流体质量流量

质量流量计算公式：

$$G = \frac{\pi}{4}\sqrt{\frac{(p_1^2 - p_2^2)\ d^5}{\lambda R_g TL}}$$

针对不同管径d、管长L的试验管段，计算管内流体质量流量，用于质量流量计的选型。如表3－10所示。

表3－10 管内流体质量流量

管子直径，mm	质量流量，kg/h	
	涂层前	涂层后
4	6.28	6.28
6	17.33	17.33
8	35.57	35.57
12	98.03	98.03
25	614.19	614.14

3. 硬件系统的建立

通过测定内表面涂有成膜化学品的管道在输送干空气时的沿程阻力损失，从而确定化学品膜是否可以减少流体与管壁之间的摩擦而起减阻作用，进一步比较不同类成膜化学品的减阻作用大小。本装置主要由空气压缩机、储气罐、消音器等设备以及质量流量计、体积流量计、差压传感器、压力传感器、温度传感器、管道、阀门、接头、框架等组成。

1）流量计的安装

在天然气减阻剂性能评价系统建立初期，流量计安装在测试管的出口端与消音器之间。由于测试压力高，气体流速快，测试管的出口端具有强烈的震荡，流量计随之一起震动，流量计的读数变化剧烈，测量准确度低。

将测试工艺进行重新计算和设计，把流量计从测试管的出口端与消音器之间移至测试管的入口端之前，既消除了高速气流带来的震动，流量计的读数精度大大提高。

2）压力传感器的安装

原来的压力传感器直接安装在测试管的入口端与出口端，每次测试安装都要花费大量时间，而且这种安装方式在测试过程中密封性不好，常常出现漏气现象。

经过重新设计，将压力传感器的取压点安装在测试管的入口端与出口端的延长管上，并且重新设计了安装方式。在测试过程中，不必重新安装压力传感器，节省了测试时间，而且密封性也大大提高。

3）测试管的安装

测试装置改造前，由于延长管与测试管的内径和壁厚不一致、延长管与测试管接触不好，因此，在测试管接头处容易造成气体节流，而且摩阻很大，对测量精度造成巨大影响。

经过重新设计，自行设计加工了一套专用的延长管与测试管连接器，使得延长管与测试管密封接触，避免了气体节流，减小了接头处的摩阻，提高了测量精度。

根据天然气减阻剂性能测试的原理，设计并安装的性能测试环道如图3－10和图3－11所示。

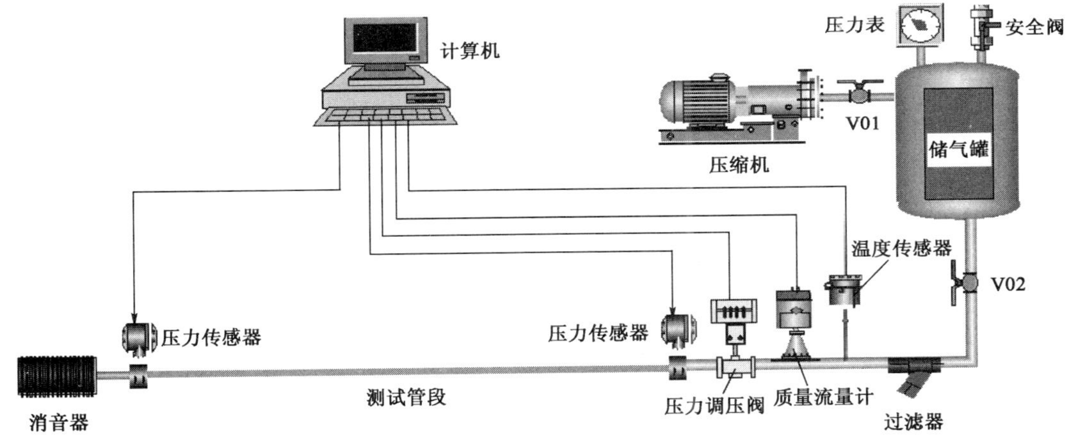

图3－10 天然气减阻剂测试环道模拟图

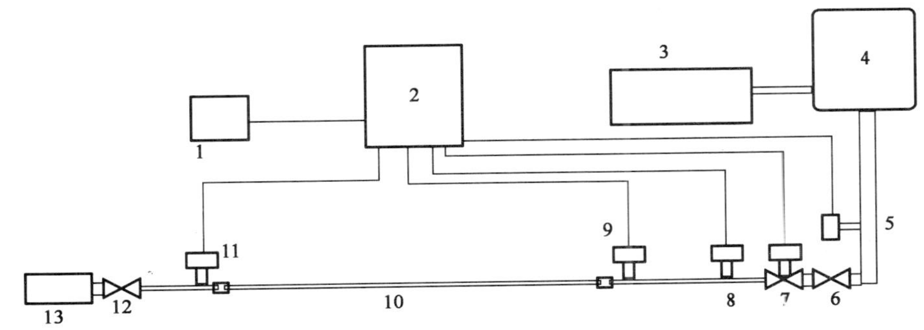

图3－11 天然气减阻剂测试环道示意图

1—计算机；2—数据采集仪表柜；3—压缩机；4—储气罐；5—温度传感器；6—球阀；
7—调压阀；8—质量流量计；9—管道前端压力传感器；10—被测气体管道；
11—管道末端压力传感器；12—球阀；13—消音器

由于是实验室的测试，天然气气源和储存问题都不容易解决，所有测试过程使用压缩空气为测试介质，常温、常压下空气的粘度系数可取$\mu = 1.8 \times 10^{-5} Pa \cdot s$。使用空压机将其压缩到一定压力，储存到储气罐中。

测试管段选择与实际管道材质相接近的20号无缝钢管。其余管道选用绝对粗糙度较小的不锈钢304，能够尽量减少管道沿程压力损失。由于天然气减阻剂必须具备的化学性质，需要结合在管壁上，形成一层牢固的膜，不容易被清理掉，因此在试验前必须将管道内壁上的铁锈处理干净，并且每次测试需要更换测试管路，所以测试管段用螺纹活结与管路连接。

数据的采集是依靠压力、温度和流量传感器将压力、温度和流量信号转化成24V、4~20mA电流信号，输送到二次采集仪表上，操作过程中可直接观测数据，二次仪表可再将信号通过数据采集模块转换成数字信号输送到计算机，计算机上有专门的组态软件，采集、储存或输出数据。设计参数见表3-11。

表3-11　测试环道的设计参数

测试流体	空压机	储气罐	调压阀
压缩空气 $\mu = 1.8 \times 10^{-5} Pa \cdot s$	压力4MPa，排量$0.8m^3/min$	不锈钢材质、耐压4MPa、容积$2m^3$	压力4MPa，调压范围0~2.5MPa
质量流量计	**压力传感器**	**数据采集系统**	**测试管段**
通径6mm，测量范围5~500kg/h，精度0.1kg/h	测量范围0~1 MPa，精确到0.001 MPa	8通道数据采集模块，4~20mA电流信号	20号钢，内径（d）为12mm，无缝钢管，长（l）12m，绝对粗糙度（k）17~40μm

实际测试表明，即使管径和长度都相同的20号无缝钢管，测试得到的基础数据也有所不同，可能是由于每根管受腐蚀情况不同，酸洗后的绝对粗糙度也就不同。因此每次更换测试管段时，都必须测试基础数据，涂敷减阻剂后测试的数据与基础数据相对应计算减阻率。通过对同一根未涂敷减阻剂测试管段的反复测试，基础数据相对偏差小于1%，表明测试环道仪表精度是符合要求的。

（1）应用该装置的前提条件。

①该装置所用管道其管壁上的剪切应力必须类似于商业管道其管壁上的剪切应力的缩尺标准。

②保证在该设备上所测量的最大气流、压降和流率的准确度。

（2）操作流程。

①准备：

a. 将储气罐充压至设定压力；

b. 把测试管段安装在测试装置上；

c. 在测压孔处安装好差压和压力传感器。

②测试：

a. 打开压缩机，为储气罐充压到设定值；

b. 记录温度传感器、压力传感器、差压传感器及质量流量传感器读数；

c. 关闭压缩机。

③数据分析。

（3）操作注意事项。

①储气罐压力设定为4MPa。

②待气体流动稳定后方可记录数据。

4. 软件系统的建立

软件系统包括数据采集系统和控制系统，软件的工作原理如图3－12所示。测试管段前后端的压力传感器、温度传感器和质量流量计分别通过控制柜上的二次仪表，接数据采集模块，然后接计算机。计算机设定压力值，通过输出控制模块控制压力调节阀。数据采集与控制系统的具体接线见图3－13。智能模块选用亚当4000系列产品，隔离RS－232到RS－422/485转换器选用ADAM－4520，模拟量输入模块选用ADAM－4017，模拟量输出模块选用ADAM－4024，智能调节仪选XMT－8000系列产品。

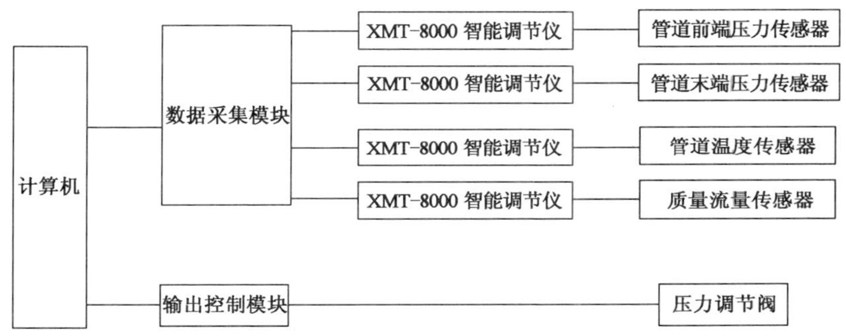

图3－12　环道数据采集及控制原理图

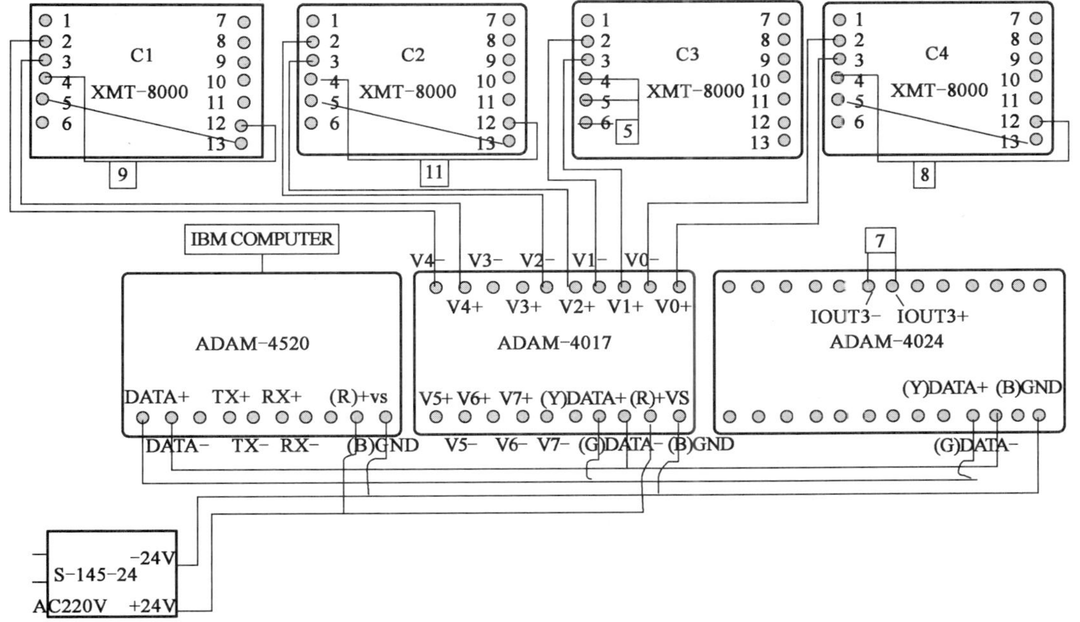

图3－13　环道数据采集及控制接线图

数据采集系统启动后，首先进入主控窗口（图 3－14）。在该窗口中，可以很好地了解整个减阻性能测试系统的示意图以及所使用的各种仪器仪表，可以很直观地看到进口压力、出口压力、质量流量等关键数据的数值。测试前，需开启空气压缩机一定的时间，使气源充足。测试时，固定末端出口调节阀的开度不变，调节进口调节阀，使每次测试时的进口压力保持一致，然后记录数据。随着气体的排出，前端压力逐渐降低，待降到一定数值时关闭进口调节阀，此为一次测试过程。进口压力的具体控制数值在后面的测试条件中有理论计算。主窗口的右上角有时间显示，记下每次测试的开始时间和结束时间，为后面保存数据提供时间标准。在该窗口中，还可以看到质量流量和前端压力的实时曲线。通过主控窗口的下面的连接可以进入历史报表窗口（图 3－15），该窗口通过“设置初始时间”和“设置间隔时

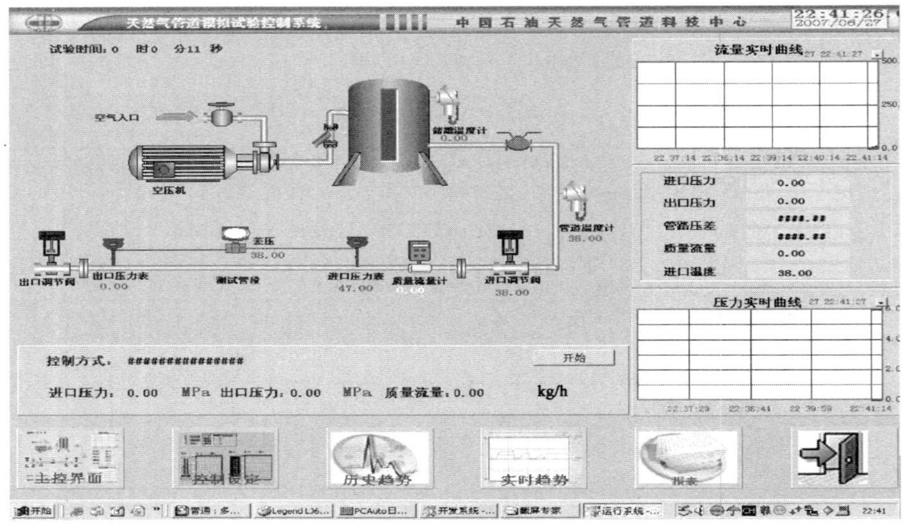

图 3－14　主控窗口

天然气管道模拟试验控制系统　中国石油天然气管道科技中心　15:53:47 2007/12/31

历史报表记录　实验数据统计报表

2007年12月31日　15:53:42

序号	采样时刻	cgwd.PV	ckfkz.PV	ckyl.PV	gdwd.PV	jkfkz.PV	jkyl.PV	syyc.PV	zl1101.PV
1	2007/12/31 15:53:00	4.61		-0.01	8.49		-0.02	0.00	0.34
2	2007/12/31 15:54:00								
3	2007/12/31 15:55:00								
4	2007/12/31 15:56:00								
5	2007/12/31 15:57:00								
6	2007/12/31 15:58:00								
7	2007/12/31 15:59:00								
8	2007/12/31 16:00:00								
9	2007/12/31 16:01:00								
10	2007/12/31 16:02:00								
11	2007/12/31 16:03:00								
12	2007/12/31 16:04:00								
13	2007/12/31 16:05:00								
14	2007/12/31 16:06:00								
15	2007/12/31 16:07:00								
16	2007/12/31 16:08:00								
17	2007/12/31 16:09:00								
18	2007/12/31 16:10:00								
19	2007/12/31 16:11:00								

主控界面　控制设定　历史趋势　实时趋势　报表

图 3－15　历史报表窗口

间”可以查阅两个月之内的测试数据，但此窗口的数据不能保存。试验数据统计报表窗口（图 3－16）用来保存和导出试验数据。窗口上方的“报表时间”可输入具体的时间数值，根据试验的开始时间确定报表时间。控制设定窗口（图 3－17），用来设定测试管段入口压力值。

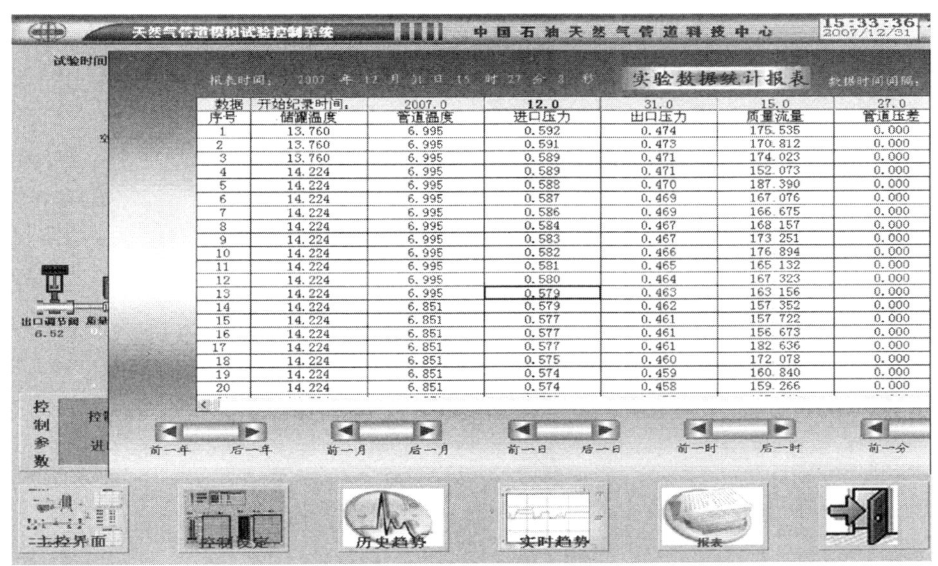

数据	开始纪录时间:	2007.0	12.0	31.0	15.0	27.0
序号	储罐温度	管道温度	进口压力	出口压力	质量流量	管道压差
1	13.760	6.995	0.592	0.474	175.535	0.000
2	13.760	6.995	0.591	0.473	170.812	0.000
3	13.760	6.995	0.589	0.471	174.023	0.000
4	14.224	6.995	0.589	0.471	152.073	0.000
5	14.224	6.995	0.588	0.470	187.390	0.000
6	14.224	6.995	0.587	0.469	167.076	0.000
7	14.224	6.995	0.586	0.469	166.675	0.000
8	14.224	6.995	0.584	0.467	168 157	0.000
9	14.224	6.995	0.583	0.467	173 251	0.000
10	14.224	6.995	0.582	0.466	176.894	0.000
11	14.224	6.995	0.581	0.465	165 132	0.000
12	14.224	6.995	0.580	0.464	167 323	0.000
13	14.224	6.995	0.579	0.463	163 156	0.000
14	14.224	6.851	0.579	0.462	157 352	0.000
15	14.224	6.851	0.577	0.461	157 722	0.000
16	14.224	6.851	0.577	0.461	156 673	0.000
17	14.224	6.851	0.577	0.461	182 636	0.000
18	14.224	6.851	0.575	0.460	172 078	0.000
19	14.224	6.851	0.574	0.459	160.840	0.000
20	14.224	6.851	0.574	0.458	159.266	0.000

图 3－16　试验数据统计报表窗口

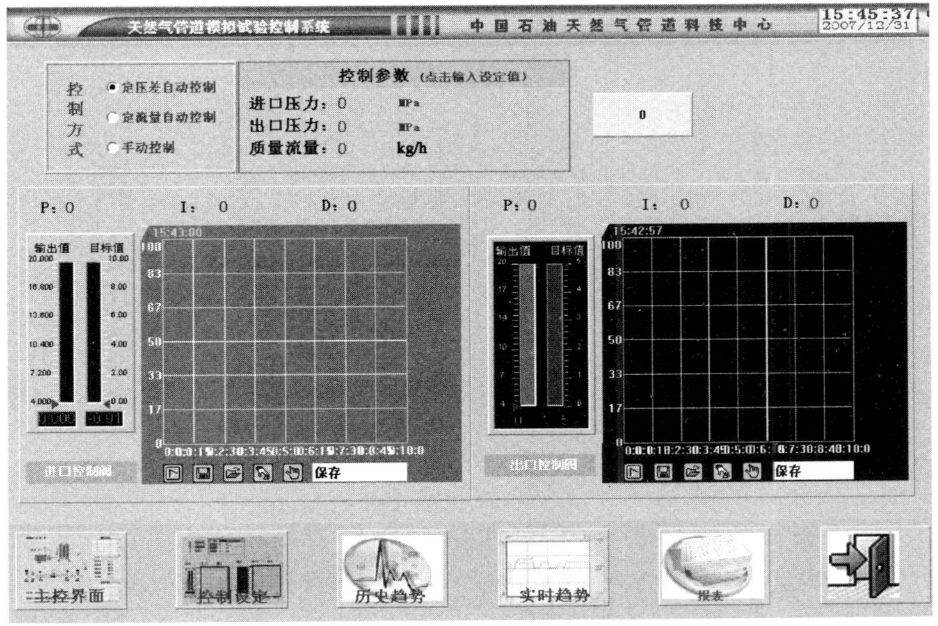

图 3－17　控制设定窗口

5. 环道系统的水力学特征及误差分析

尽管我们设计的初衷是模拟实际天然气管道，但由于是室内测试环道，除得不到稳定气源外，测试管的长度也受限制，完全模拟现场管道是不可能的。表3－12是对一根酸洗风干后的测试管段测试的压力、流量数据，并进行了流速和局部摩阻的计算。

表3－12　根测试管段的测试数据及相关计算数据

入口压力 MPa	质量流量 kg/h	雷诺数 Re	Δp MPa	$\sum \Delta p_1$ MPa	$\sum \Delta p_\zeta$ MPa	入口流速 m/s	出口流速 u_2 m/s
0.700	206.0	3.37×10^5	0.164	0.149	0.015	60.1	78.4
0.650	188.6	3.09×10^5	0.163	0.149	0.014	59.2	790
0.600	172.5	2.82×10^5	0.151	0.138	0.013	58.7	78.4
0.550	157.5	2.52×10^5	0.141	0.129	0.012	58.4	78.6

从表中可以看出，与实际管道相比，环道具有以下特点：

（1）雷诺数范围250000～340000，与实际管道相比较小，k 取30μm时，通过与临界雷诺数 Re_1［式（3－12）］和 Re_2［式（3－13）］比较判断，$Re_1 < Re < Re_2$，处于阻力平方区。长输管道雷诺数一般在 $10^6 \sim 10^7$，处于阻力平方区。

$$Re_1 = \frac{59.7}{\left(\frac{2k}{d}\right)^{8/7}} \tag{3-12}$$

$$Re_2 = 11/\left(\frac{2k}{d}\right)^{1.5} \tag{3-13}$$

（2）流速范围为60～80m/s，相对于实际管道（5～10m/s）要高出很多。

（3）测试管段绝对粗糙度Δ为17～40μm，比实际管道40μm要低一些，相对粗糙度比实际管道要大得多。

（4）局部摩阻大，测试管段以外的管路中含有的弯头、球阀、调节阀、流量计、压力传感器安装密集，局部摩阻很大，对测试结果的影响较小且无法消除。位于两个压力传感器之间的测试管段安装接头（图3－18）带来的局部摩阻很大，且对测试结果有直接影响，必须经过计算消除。

局部水头损失按照式（3－14）计算，式中的流速 u 均以小管的流速为准，局部阻力系数 ζ 可根据小管与大管的截面积之比从图3－19中的曲线上查得。气体经过活结时，管径先扩大后缩小。测试管段内径为12mm，活结内径为16mm，截面积之比为0.56，从图3－19中的a曲线查得 $\zeta_1 \approx 0.2$，从b曲线查得 $\zeta_2 \approx 0.23$，由于测试管段的入口和出口速度也不一样，所以两个活结产生的局部压力损失应按照式（3－15）进行计算。

$$\Delta p_\zeta = \zeta \rho \frac{u^2}{2} \tag{3-14}$$

$$\sum \Delta p_\zeta = \zeta_1 \frac{\rho_1 u_1{}^2}{2} + \zeta_2 \frac{\rho_1 u_1{}^2}{2} + \zeta_1 \frac{\rho_2 u_2{}^2}{2} + \zeta_2 \frac{\rho_2 u_2{}^2}{2} \tag{3-15}$$

式中　ζ——局部压力损失因数。

$\sum \Delta p_\zeta$——测试管段螺纹活结产生的全部局部压力损失，Pa；

ρ_1，ρ_2——测试管段入、出口的压缩空气密度，kg/m^3；

u_1，u_2——测试管段入、出口的压缩空气流速，m/s。

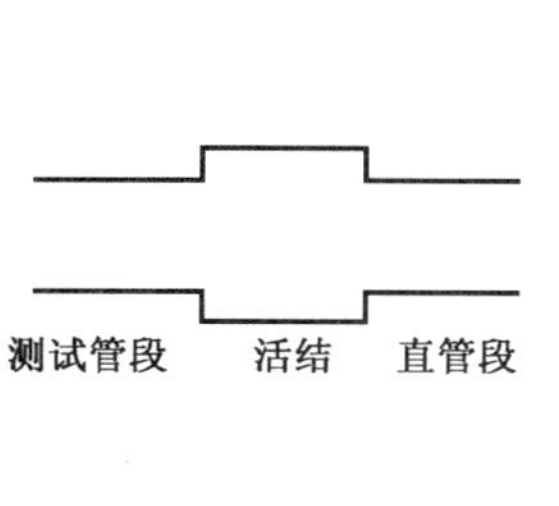

图 3-18　活结示意图

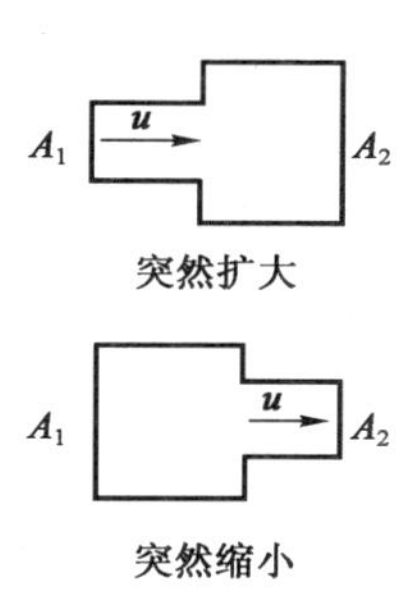

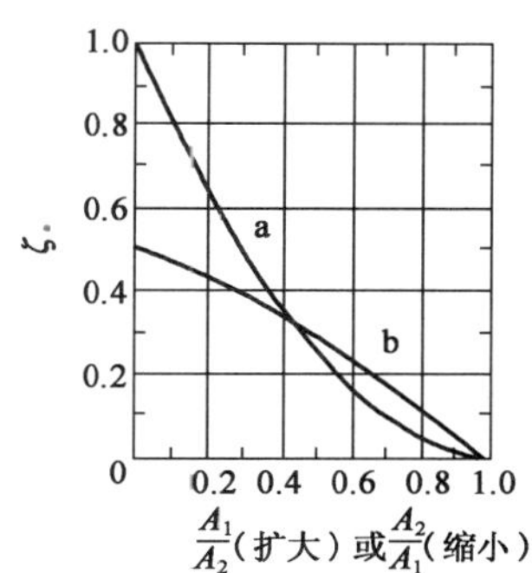

图 3-19　突然扩大和突然缩小的局部阻力系数图

由于室内环道的固有局限性，该环道与实际长输天然气管道相比，差别较大。因此，对测试结果而言，具有相对于所采用测试装置的对应性。尽管如此，对天然气减阻剂样品性能的定量检验以及平行对比测试结果，可以发现减阻效果更好的天然气减阻剂样品，为天然气减阻剂的中试放大和产品生产提供依据。

五、室内评价系统的标定

在上述天然气减阻剂性能评价装置和测试系统改进的基础上，对天然气减阻剂性能评价系统精度和试验精度进行了标定。

1. 系统精度的标定

将测试管安装完毕，重复测试 3 次，计算出天然气减阻剂性能评价系统精度为 0.2%。如图 3-20 和表 3-13 所示。

表 3-13　系统精度

$p_{入口压力}$ MPa	$p_{出口压力}$，MPa			平均值 MPa	系统精度
	1	2	3		
0.48	0.371	0.371	0.370	0.371	0.12%
0.50	0.385	0.387	0.386	0.386	0.17%
0.52	0.402	0.402	0.401	0.402	0.11%
0.54	0.418	0.418	0.417	0.418	0.11%
0.56	0.436	0.435	0.435	0.435	0.10%
0.58	0.450	0.452	0.451	0.451	0.15%

2. 试验精度的标定

将测试管重复安装 3 次，进行测试，计算出天然气减阻剂性能评价系统试验精度为 0.4%。如图 3-21 和表 3-14 所示。

表 3－14　试 验 精 度

$p_{入口压力}$ MPa	$p_{出口压力}$，MPa			平均值 MPa	试验精度
	1	2	3		
0.48	0.388	0.387	0.385	0.387	0.29%
0.50	0.405	0.404	0.402	0.404	0.27%
0.52	0.421	0.421	0.418	0.420	0.32%
0.54	0.438	0.438	0.435	0.436	0.31%
0.56	0.455	0.455	0.452	0.454	0.29%
0.58	0.472	0.471	0.469	0.471	0.24%

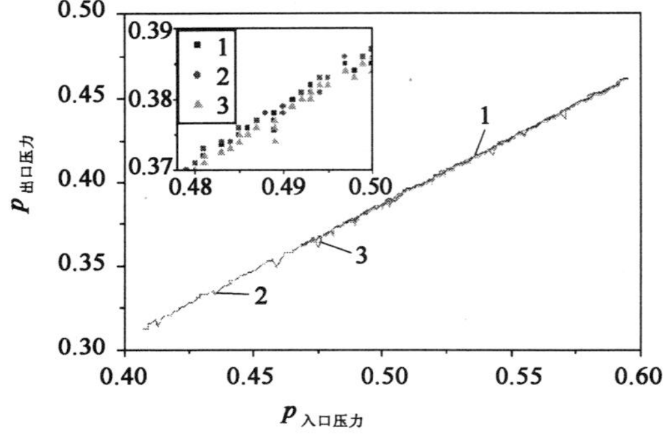

图 3－20　出口压力随入口压力的变化曲线

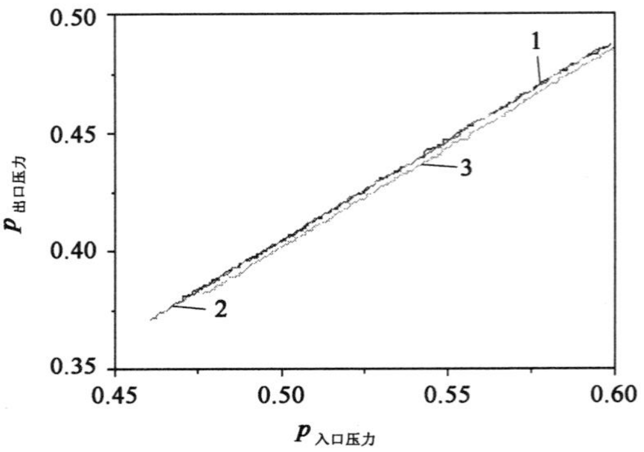

图 3－21　出口压力随入口压力的变化曲线

六、天然气减阻剂的室内评价

1. 溶剂成膜型减阻剂

对已合成的溶剂成膜型天然气减阻剂样品进行了测试，减阻率一般为 4% ～7%，其有效期为 3～7d。

1）烷基咪唑啉类型的天然气减阻剂

烷基咪唑啉类型的天然气减阻剂在涂膜后第 1 天进行测试，其减阻率为 6% 左右，第 4 天变为 5% 左右，一周后效果消失，如表 3－15 所示。

表 3－15　烷基咪唑啉类型天然气减阻剂的减阻率

酸洗后			涂膜后 1 天				涂膜后 4 天			
$p_{前}$	$p_{后}$	Δp	$p_{前}$	$p_{后}$	Δp	DR	$p_{前}$	$p_{后}$	Δp	DR
0.58	0.453	0.127	0.58	0.461	0.119	6.3%	0.58	0.460	120	5.5%
0.57	0.445	0.125	0.57	0.452	0.118	5.6%	0.57	0.451	0.119	4.8%
0.56	0.436	0.124	0.56	0.443	0.117	5.6%	0.56	0.442	0.118	4.8%
0.55	0.429	0.121	0.55	0.435	0.115	4.9%	0.55	0.434	0.116	4.1%
0.54	0.420	0.120	0.54	0.427	0.113	5.8%	0.54	0.426	0.114	5.0%

续表

酸洗后			涂膜后1天				涂膜后4天			
$p_{前}$	$p_{后}$	Δp	$p_{前}$	$p_{后}$	Δp	DR	$p_{前}$	$p_{后}$	Δp	DR
0.53	0.413	0.117	0.53	0.419	0.111	5.1%	0.53	0.418	0.112	4.2%
0.52	0.404	0.117	0.52	0.411	0.110	5.9%	0.52	0.410	0.111	5.1%
0.51	0.397	0.113	0.51	0.403	0.107	5.3%	0.51	0.402	0.108	4.4%
0.50	0.387	0.113	0.50	0.394	0.106	6.1%	0.50	0.393	0.107	5.3%
0.49	0.380	0.110	0.49	0.386	0.104	5.4%	0.49	0.386	0.104	5.4%
0.48	0.373	0.107	0.48	0.379	0.101	5.6%	0.48	0.378	0.102	4.6%
0.47	0.363	0.108	0.47	0.371	0.100	7.4%	0.47	0.369	0.102	5.5%

2）复配烷基咪唑啉类型的天然气减阻剂

复配烷基咪唑啉类型的天然气减阻剂在涂膜后第1天进行测试，其减阻率为7%左右，第2天变为5%左右。见表3-16。

表3-16 复配烷基咪唑啉类型天然气减阻剂的减阻率

酸洗后			涂膜后1天				涂膜后2天			
$p_{前}$	$p_{后}$	Δp	$p_{前}$	$p_{后}$	Δp	DR	$p_{前}$	$p_{后}$	Δp	DR
0.59	0.468	0.122	0.59	0.478	0.112	8.1%	0.59	0.475	0.115	5.7%
0.58	0.460	0.120	0.58	0.469	0.111	7.5%	0.58	0.467	0.113	5.8%
0.57	0.452	0.118	0.57	0.460	0.110	6.7%	0.57	0.458	0.112	5.0%
0.56	0.444	0.117	0.56	0.452	0.109	6.8%	0.56	0.451	0.110	5.9%
0.55	0.436	0.115	0.55	0.444	0.107	6.9%	0.55	0.442	0.109	5.2%
0.54	0.427	0.113	0.54	0.434	0.106	6.1%	0.54	0.433	0.107	5.3%
0.53	0.418	0.112	0.53	0.426	0.104	7.1%	0.53	0.425	0.105	6.2%
0.52	0.411	0.109	0.52	0.418	0.102	6.4%	0.52	0.416	0.104	4.5%
0.51	0.403	0.107	0.51	0.409	0.101	5.6%	0.51	0.408	0.102	4.6%
0.50	0.394	0.106	0.50	0.401	0.099	6.6%	0.50	0.400	0.100	5.6%
0.49	0.386	0.104	0.49	0.392	0.098	5.7%	0.49	0.391	0.099	4.8%
0.48	0.379	0.101	0.48	0.384	0.096	4.9%	0.48	0.384	0.096	4.9%
0.47	0.371	0.099	0.47	0.376	0.094	5.0%	0.47	0.375	0.095	4.0%

3）多酰胺基类型的天然气减阻剂

多酰胺基类型的天然气减阻剂在涂膜后第1天进行测试，其减阻率为5%左右，第3天变为2%左右，一周后效果消失。见表3-17。

表 3－17　多酰胺基类型天然气减阻剂的减阻率

酸洗后			涂膜后 1 天				涂膜后 3 天			
$p_{前}$	$p_{后}$	Δp	$p_{前}$	$p_{后}$	Δp	DR	$p_{前}$	$p_{后}$	Δp	DR
0.58	0.454	0.126	0.58	0.462	0.118	6.3%	0.58	0.457	0.123	2.3%
0.57	0.445	0.123	0.57	0.452	0.116	5.6%	0.57	0.448	0.12	2.4%
0.56	0.439	0.121	0.56	0.445	0.115	4.9%	0.56	0.441	0.119	1.6%
0.55	0.430	0.12	0.55	0.436	0.114	5.0%	0.55	0.432	0.118	1.6%
0.54	0.421	0.119	0.54	0.428	0.112	5.8%	0.54	0.424	0.116	2.5%
0.53	0.414	0.116	0.53	0.419	0.111	4.3%	0.53	0.416	0.114	1.7%
0.52	0.405	0.115	0.52	0.411	0.109	5.2%	0.52	0.406	0.114	0.8%
0.51	0.398	0.113	0.51	0.403	0.108	4.4%	0.51	0.401	0.110	2.6%
0.50	0.389	0.111	0.50	0.395	0.105	5.4%	0.50	0.393	0.107	3.6%
0.49	0.381	0.109	0.49	0.385	0.105	3.6%	0.49	0.384	0.106	2.7%
0.48	0.376	0.107	0.48	0.380	0.103	3.7%	0.48	0.378	0.105	1.8%

4）硬脂酸醇酰胺类型的天然气减阻剂

硬脂酸醇酰胺类型的天然气减阻剂在涂膜后第 1 天进行测试，其减阻率为 4% 左右，第 2 天变为 3% 左右，一周后效果消失。见表 3－18。

表 3－18　硬脂酸醇酰胺类型天然气减阻剂的减阻率

酸洗后			涂膜后 1 天				涂膜后 2 天			
$p_{前}$	$p_{后}$	Δp	$p_{前}$	$p_{后}$	Δp	DR	$p_{前}$	$p_{后}$	Δp	DR
0.58	0.458	0.123	0.58	0.463	0.118	4.0%	0.58	0.462	0.119	3.2%
0.57	0.448	0.122	0.57	0.453	0.117	4.0%	0.57	0.453	0.117	4.0%
0.56	0.442	0.118	0.56	0.445	0.115	2.5%	0.56	0.444	0.116	1.7%
0.55	0.432	0.118	0.55	0.437	0.113	4.2%	0.55	0.437	0.113	4.2%
0.54	0.425	0.116	0.54	0.430	0.111	4.3%	0.54	0.429	0.112	3.4%
0.53	0.417	0.113	0.53	0.421	0.109	3.5%	0.53	0.420	0.110	2.6%
0.52	0.408	0.111	0.52	0.413	0.106	4.5%	0.52	0.411	0.108	2.7%
0.51	0.400	0.110	0.51	0.404	0.106	3.6%	0.51	0.403	0.107	2.7%
0.50	0.392	0.109	0.50	0.396	0.105	3.6%	0.50	0.395	0.106	2.7%
0.49	0.384	0.106	0.49	0.388	0.102	3.7%	0.49	0.387	0.103	2.8%
0.48	0.377	0.103	0.48	0.380	0.100	2.9%	0.48	0.379	0.101	1.9%
0.47	0.372	0.103	0.47	0.376	0.099	3.8%	0.47	0.375	0.100	2.9%

5）月桂酸醇酰胺类型的天然气减阻剂

月桂酸醇酰胺类型的天然气减阻剂在涂膜后第 1 天进行测试，其减阻率为 5% 左右，第 2 天变为 3% 左右，一周后效果消失。见表 3－19。

表 3－19　月桂酸醇酰胺类型天然气减阻剂的减阻率

酸洗后			涂膜后1天				涂膜后2天			
$p_{前}$	$p_{后}$	Δp	$p_{前}$	$p_{后}$	Δp	DR	$p_{前}$	$p_{后}$	Δp	DR
0.59	0.465	0.126	0.59	0.473	0.118	6.3%	0.59	0.470	0.121	3.9%
0.58	0.456	0.124	0.58	0.463	0.117	5.6%	0.58	0.460	0.120	3.2%
0.57	0.447	0.123	0.57	0.454	0.116	5.6%	0.57	0.451	0.119	3.2%
0.56	0.438	0.122	0.56	0.445	0.115	5.7%	0.56	0.443	0.117	4.0%
0.55	0.430	0.120	0.55	0.436	0.114	5.0%	0.55	0.434	0.116	3.3%
0.54	0.424	0.117	0.54	0.429	0.112	4.3%	0.54	0.427	0.114	2.5%
0.53	0.415	0.115	0.53	0.420	0.110	4.3%	0.53	0.419	0.111	3.4%
0.52	0.408	0.112	0.52	0.413	0.107	4.4%	0.52	0.411	0.109	2.6%
0.51	0.399	0.111	0.51	0.404	0.106	4.5%	0.51	0.402	0.108	2.7%
0.50	0.391	0.109	0.50	0.396	0.104	4.5%	0.50	0.394	0.106	2.7%
0.49	0.382	0.108	0.49	0.387	0.103	4.6%	0.49	0.386	0.104	3.7%
0.48	0.374	0.106	0.48	0.379	0.101	4.7%	0.48	0.378	0.102	3.7%

2. 雾化成膜型减阻剂

对已合成的雾化成膜型天然气减阻剂样品进行了测试，减阻率一般为6%～10%。，其有效期为7～30d。

1）BIB系列的天然气减阻剂

BIB系列的天然气减阻剂在涂膜后第1天进行测试，其减阻率为7%～10%，1周后减阻率为7%～10%，第2、第3周后减阻率减小到6%～7%，1个月后减阻率减小到4%。见表3－20。

表 3－20　BIB 系列天然气减阻剂的减阻率

涂膜前			涂膜后1天				涂膜后1周			
$p_{前}$	$p_{后}$	Δp	$p_{前}$	$p_{后}$	Δp	DR	$p_{前}$	$p_{后}$	Δp	DR
0.600	0.476	0.124	0.600	0.488	0.112	9.7%	0.600	0.488	0.112	9.7%
0.550	0.436	0.114	0.550	0.447	0.103	9.6%	0.550	0.447	0.103	9.6%
0.500	0.396	0.104	0.500	0.405	0.095	8.7%	0.500	0.405	0.095	8.7%
0.450	0.354	0.096	0.450	0.361	0.089	7.3%	0.450	0.361	0.089	7.3%

涂膜后2周				涂膜后3周				涂膜后4周			
$p_{前}$	$p_{后}$	Δp	DR	$p_{前}$	$p_{后}$	Δp	DR	$p_{前}$	$p_{后}$	Δp	DR
0.600	0.485	0.115	7.3%	0.600	0.485	0.115	7.3%	0.600	0.483	0.117	5.6%
0.550	0.444	0.106	7.0%	0.550	0.443	0.107	6.1%	0.550	0.440	0.110	3.5%
0.500	0.402	0.098	5.8%	0.500	0.400	0.100	3.9%	0.500	0.400	0.100	3.9%
0.450	0.359	0.091	5.2%	0.450	0.358	0.092	4.2%	0.450	0.358	0.092	4.2%

2）EIB系列的天然气减阻剂

EIB系列天然气减阻剂在涂膜后第1天进行测试，其减阻率为10%左右，1周后减阻率仍为10%左右，基本保持不变。见表3－21。

表 3-21　EIB 系列天然气减阻剂的减阻率

涂　膜　前			涂膜后 1 天				涂膜后 1 周			
$p_{前}$	$p_{后}$	Δp	$p_{前}$	$p_{后}$	Δp	DR	$p_{前}$	$p_{后}$	Δp	DR
0.600	0.480	0.120	0.600	0.493	0.107	10.8%	0.600	0.492	0.108	10.0%
0.550	0.438	0.112	0.550	0.449	0.101	9.9%	0.550	0.450	0.100	10.7%
0.500	0.396	0.104	0.500	0.406	0.094	9.6%	0.500	0.405	0.095	8.7%
0.450	0.356	0.094	0.450	0.364	0.086	8.5%	0.450	0.365	0.085	9.6%

3）HIB 系列的天然气减阻剂

HIB 系列天然气减阻剂在涂膜后第 1 天进行测试，其减阻率为 4% ~5%，1 周后减阻率为 5%，第 2、第 3 周后减阻率减小到 5% ~7%，1 个月后减阻率减小到 4% ~5%。见表 3-22。

表 3-22　HIB 系列天然气减阻剂的减阻率

涂　膜　前			涂膜后 1 天				涂膜后 1 周			
$p_{前}$	$p_{后}$	Δp	$p_{前}$	$p_{后}$	Δp	DR	$p_{前}$	$p_{后}$	Δp	DR
0.600	0.485	0.118	0.600	0.487	0.113	4.2%	0.600	0.488	0.112	5.1%
0.550	0.443	0.107	0.550	0.448	0.102	4.7%	0.550	0.448	0.102	4.7%
0.500	0.401	0.099	0.500	0.405	0.095	4.0%	0.500	0.405	0.095	4.0%
0.450	0.377	0.073	0.450	0.380	0.070	4.1%	0.450	0.380	0.070	4.1%

涂膜后 2 周				涂膜后 3 周				涂膜后 4 周			
$p_{前}$	$p_{后}$	Δp	DR	$p_{前}$	$p_{后}$	Δp	DR	$p_{前}$	$p_{后}$	Δp	DR
0.600	0.489	0.111	5.9%	0.600	0.491	0.109	7.6%	0.600	0.489	0.111	5.9%
0.550	0.448	0.102	4.7%	0.550	0.450	0.100	6.5%	0.550	0.448	0.102	4.7%
0.500	0.406	0.094	5.1%	0.500	0.408	0.092	7.1%	0.500	0.405	0.095	4.0%
0.450	0.380	0.070	4.1%	0.450	0.382	0.068	6.9%	0.450	0.380	0.070	4.1%

4）PIB 系列的天然气减阻剂

PIB 系列天然气减阻剂在涂膜后第 1 天进行测试，其减阻率为 5% 左右，1 周后减阻率保持在 5% 左右不变。见表 3-23。

表 3-23　PIB 系列天然气减阻剂的减阻率

涂　膜　前			涂膜后 1 天				涂膜后 1 周			
$p_{前}$	$p_{后}$	Δp	$p_{前}$	$p_{后}$	Δp	DR	$p_{前}$	$p_{后}$	Δp	DR
0.600	0.468	0.132	0.600	0.474	0.126	4.5%	0.600	0.474	0.126	4.5%
0.550	0.427	0.123	0.550	0.433	0.117	4.9%	0.550	0.433	0.117	4.9%
0.500	0.387	0.113	0.500	0.392	0.108	4.4%	0.500	0.393	0.107	5.3%
0.450	0.363	0.087	0.450	0.368	0.082	5.7%	0.450	0.368	0.082	5.7%

5）BIP 系列的天然气减阻剂

BIP 系列天然气减阻剂在涂膜后第 1 天进行测试，其减阻率为 5% ~6%，第 2 天减阻率为 4% ~6%，第 3 天减阻率减小到 3% ~5%，1 周后效果消失。见表 3-24。

表 3-24　BIP 系列天然气减阻剂的减阻率

涂膜前			涂膜后 1 天				涂膜后 2 天			
$p_{前}$	$p_{后}$	Δp	$p_{前}$	$p_{后}$	Δp	DR	$p_{前}$	$p_{后}$	Δp	DR
0.600	0.460	0.140	0.600	0.467	0.133	5.0%	0.600	0.466	0.134	4.3%
0.550	0.439	0.111	0.550	0.445	0.105	5.4%	0.550	0.445	0.105	5.4%
0.500	0.398	0.102	0.500	0.404	0.096	5.9%	0.500	0.404	0.096	5.9%
0.450	0.357	0.093	0.450	0.363	0.087	6.5%	0.450	0.363	0.087	6.5%

涂膜后 3 天				涂膜后 1 周			
$p_{前}$	$p_{后}$	Δp	DR	$p_{前}$	$p_{后}$	Δp	DR
0.600	0.465	0.135	3.6%	0.600	0.459	0.141	-0.7%
0.550	0.442	0.108	2.7%	0.550	0.438	0.112	-0.9%
0.500	0.403	0.097	4.9%	0.500	0.399	0.101	1.0%
0.450	0.361	0.089	4.3%	0.450	0.356	0.094	-1.1%

6）复配 BIP 系列的天然气减阻剂

复配 BIP 系列天然气减阻剂在涂膜后第 1 天进行测试，其减阻率为 3% ~5%，1 周后减阻率为 4% ~5%，基本保持不变。见表 3-25。

表 3-25　复配 BIP 系列天然气减阻剂的减阻率

涂膜前			涂膜后 1 天				涂膜后 1 周			
$p_{前}$	$p_{后}$	Δp	$p_{前}$	$p_{后}$	Δp	DR	$p_{前}$	$p_{后}$	Δp	DR
0.600	0.473	0.127	0.600	0.479	0.121	4.7%	0.600	0.480	0.120	5.5%
0.550	0.432	0.118	0.550	0.438	0.112	5.1%	0.550	0.438	0.112	5.1%
0.500	0.393	0.107	0.500	0.398	0.102	4.7%	0.500	0.397	0.103	3.7%
0.450	0.353	0.097	0.450	0.356	0.094	3.1%	0.450	0.357	0.093	4.1%

七、天然气减阻剂的中试放大

通过对减阻剂的减阻率、有效期、对管壁和气质的影响等方面的综合考虑，最终选择 BIB 系列天然气减阻剂来进行中试放大和现场试验。筛选过程见表 3-26。

表 3-26　天然气减阻剂的筛选

减阻剂名称	减阻率，%	有效期，d	原　料	合成工艺	气质影响	管道腐蚀	毒　性
EIB	10	30	进口	复杂	无	无	无
BIB	10	大于 30	国产	复杂	无	无	无
HIB	6	30	进口	复杂	无	无	无
PIB	5	7	国产	复杂	无	无	无
BIP	4	7	国产	简单	有	有	无

1. 合成原理

如图 3-22 所示，吡啶分子骨架结构上的 5 个 C 原子和一个 N 原子属于 SP^2 杂化，除了形成12个σ键以外，每个原子还有一个剩余的P轨道，共6个电子，形成一个大π键，符合$4n+2$规则。分子中的C—C、N—C键的键长介于单键与双键之间，分子具有一定的芳香性。

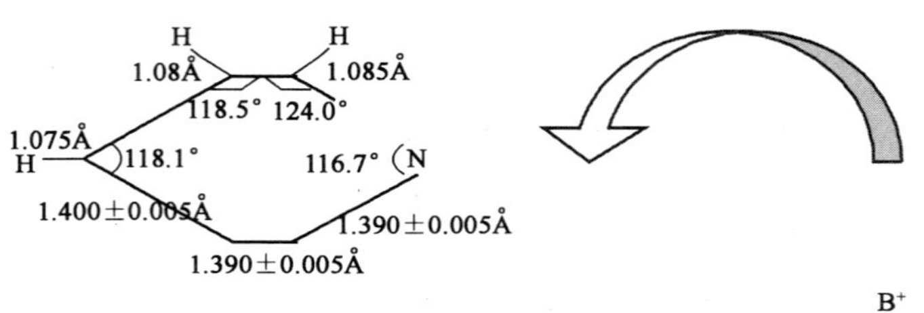

图3-22　吡啶分子骨架结构示意图

由于分子中N原子的电负性大于C原子的电负性，所以电子云密度略高，在此处易发生亲电加成反应。

将吡啶的衍生物（B^+Y^-）与长链烷烃化合物（A^-X^+）发生加成反应，生成化合物（$A^-B^+X^+Y^-$），再用离子交换剂（Z^-C^+）进行离子交换，得到最终产品（$A^-B^+X^+Z^-$）。合成原理如图3-23所示。

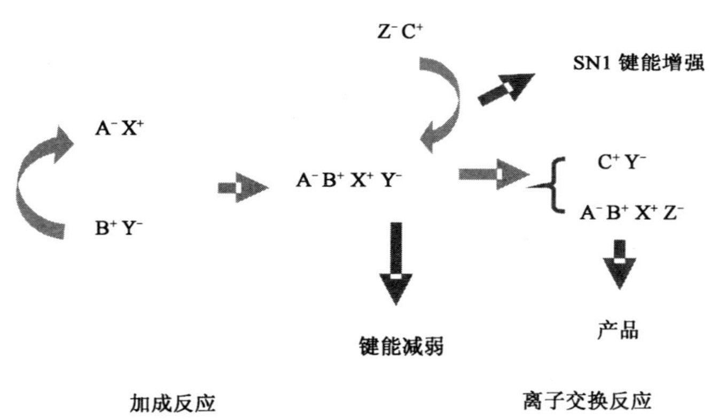

图3-23　合成原理示意图

2. 合成装置

天然气减阻剂中试合成装置分为预反应合成装置、控制反应合成装置、分离与提纯装置三个部分。

3. 合成工艺

合成基本路线如图3-24所示。

利用中试合成装置，合成了BIB系列天然气减阻剂样品500kg，通过天然气减阻剂性能评价系统检测，减阻率≥10%，有效期≥30d。本减阻剂对天然气管道内壁、压缩机、气质及下游设施、工艺等均无明显影响。

BIB系列减阻剂相对分子质量不高，容易雾化，属于雾化成膜型减阻剂。本减阻剂设计是鉴于天然气管道的实际运行情况，可以在保障正常管输的情况下，经过注入系统雾化注入。

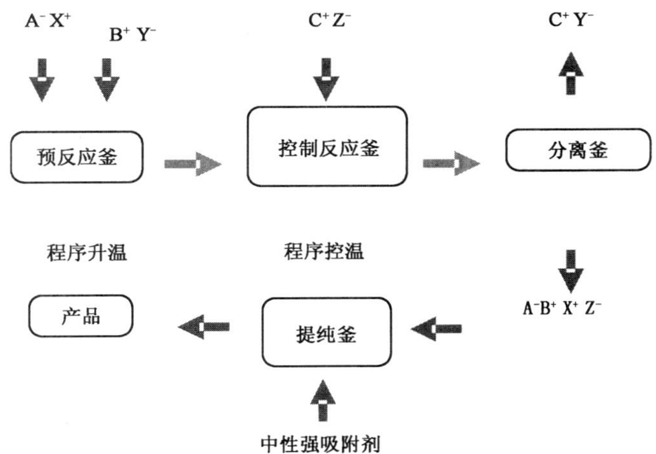

图 3－24　合成基本路线示意图

4. 溶剂系统的研究

1）溶剂的筛选

通过天然气减阻剂在常用溶剂中的溶解度及溶剂对气质和管道的影响，研究了天然气减阻剂的溶剂系统，选择丙酮和柴油为溶剂。天然气减阻剂溶剂系统的筛选见表 3－27。

表 3－27　天然气减阻剂溶剂系统的筛选

溶　剂	溶解度（溶质摩尔比）	溶剂对气质的影响	溶剂对管道的影响
乙醇	0.13	无	有
丙酮	易溶	无	无
柴油	易溶	无	无
水	易溶	无	有
正己烷	易溶	无	无
正己醇	0.26	无	无
苯	0.66	无	无

2）减阻剂使用浓度的研究

对不同浓度的天然气减阻剂进行研究，确定了减阻剂的最佳使用浓度，如图 3－25 所示。

5. 天然气减阻剂对管道影响的研究

1）天然气减阻剂对管壁的影响测试

（1）试样制备：

将接收到的三块钢片（08－35－01～03），切割成约 26mm×22mm×3.5mm 的薄片，用砂纸打磨至 2000 号后用水清洗，最后用丙酮漂洗后晾干。

（2）试验条件及方法：

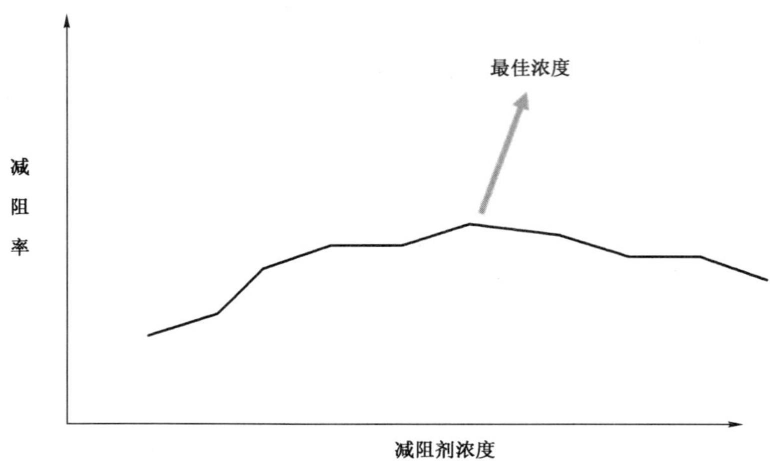

图 3-25　天然气减阻剂减阻率变化曲线

用接收到的气体减阻剂（BIB）与水按不同体积比列配制成四组腐蚀介质。四组腐蚀介质为：100% BIB、90% BIB + 10% H_2O、50% BIB + 50% H_2O 和 100% H_2O，用恒温水浴系统保持腐蚀介质的温度为 25 ± 2℃。

（3）失重计算公式为：

$$\Delta W = (W_0 - W) / S$$

式中　ΔW——失重，g/m^2；

W_0——试片浸泡前称量，g；

W——试片浸泡后称量，g；

S——试片表面积，m^2。

平均失重率计算公式为：

$$\Delta\omega = (W_0 - W) / (S \times D)$$

式中　$\Delta\omega$——平均失重率，$g/(m^2 \cdot d)$；

W_0——试片浸泡前称量，g；

W——试片浸泡后称量，g；

S——试片表面积，m^2；

D——浸泡天数，d；计算平均失重率时取 $D = 10d$。

在每组腐蚀介质中悬挂 2～3 个试片，每隔两天对试片进行称重一次。电化学测量仪器采用（PAR）EG&G 恒电位仪，测试温度为室温。以铂片作为辅助电极，饱和甘汞电解作为参比电极，对试样在不同腐蚀介质中进行动电位极化曲线的测量，扫描速度为 0.5mV/s。试片浸泡过程见图 3-26。

（4）检测结果：

①试样在不同腐蚀介质中的腐蚀情况，见图 3-27。

②在不同腐蚀介质中浸泡 10d 后试样的表面腐蚀情况，见图 3-28、图 3-29、图 3-30 和图 3-31。

图 3-26　试片浸泡过程

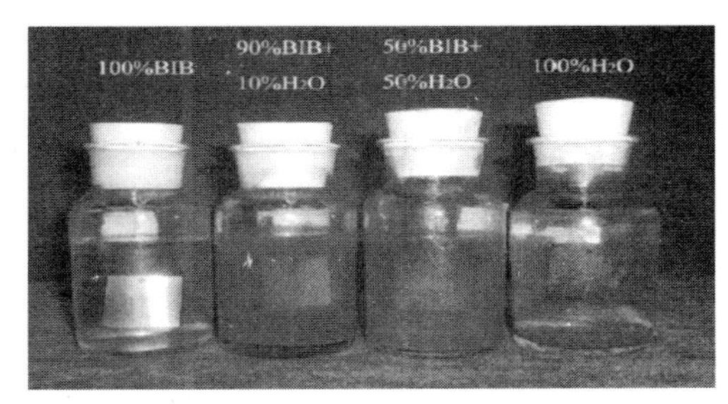

图 3-27　不同腐蚀介质中试样的腐蚀情况

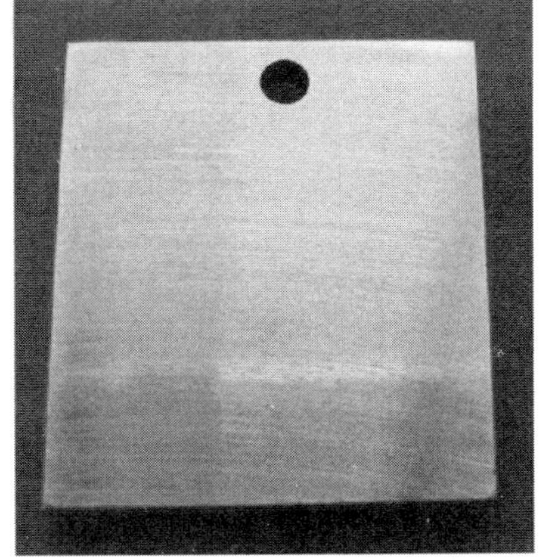

(a) 浸泡前

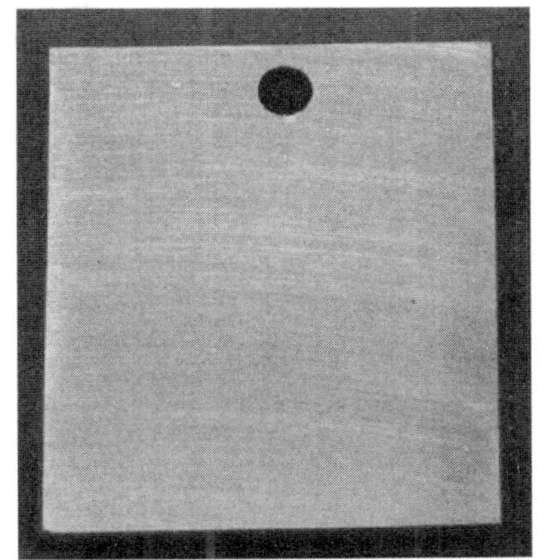

(b) 浸泡后

图 3-28　在 100% BIB 腐蚀介质中浸泡 10d 前后的腐蚀情况

(a) 浸泡前

(b) 浸泡后

图 3-29　在 90% BIB + 10% H_2O 腐蚀介质中浸泡 10d 前后的腐蚀情况

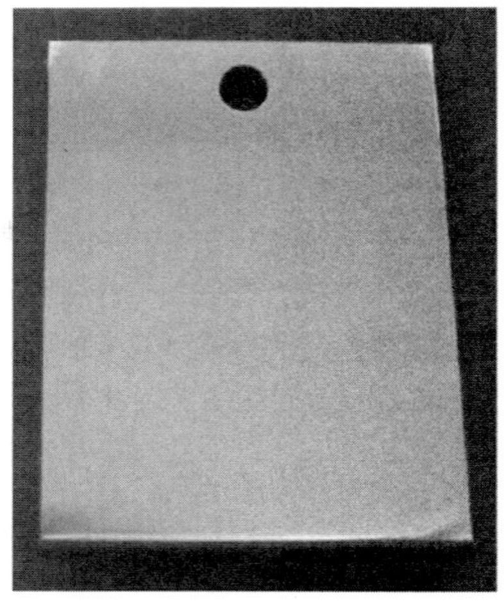

(a) 浸泡前

(b) 浸泡后

图 3-30　在 50% BIB + 50% H_2O 腐蚀介质中浸泡 10d 前后的腐蚀情况

(a) 浸泡前

(b) 浸泡后

图 3-31　在 100% H_2O 腐蚀介质中浸泡 10d 前后的腐蚀情况

③试样随浸泡时间的腐蚀失重情况见表 3-28，其在不同腐蚀介质中的失重情况，见图 3-32。

表 3-28　试样随浸泡时间的腐蚀失重

腐蚀介质	试样	失重，g/m^2					平均失重率 g/（m^2 · d）
		2d	4d	6d	8d	10d	
100% BIB	1 号	10	11	12	10	10	1.0
	2 号	14	14	11	13	11	1.1
	平均值	12	12.5	11.5	11.5	10.5	1.1
90% BIB + 10% H_2O	1 号	93	182	253	305	441	44.1
	2 号	81	184	284	366	452	45.2

续表

腐蚀介质	试样	失重，g/m²					平均失重率 g/（m²·d）
		2d	4d	6d	8d	10d	
90% BIB + 10% H_2O	3 号	82	195	277	344	431	43.1
	平均值	85.3	187	271.3	338.3	441.3	44.1
50% BIB + 50% H_2O	1 号	140	251	350	438	546	54.6
	2 号	141	251	366	463	569	56.9
	3 号	124	237	367	457	563	56.3
	平均值	135	246.3	361	452.7	559.3	55.9
100% H_2O	1 号	87	177	247	313	404	40.4
	2 号	90	171	241	318	401	40.1
	平均值	88.5	174	244	315.5	402.5	40.2

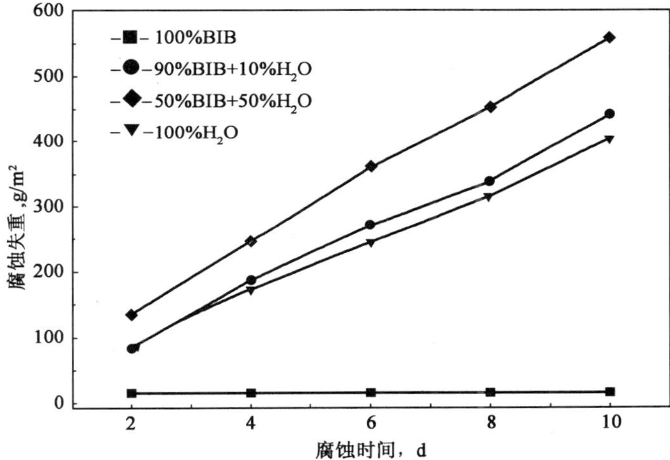

图 3－32 试样在不同腐蚀介质中的失重

④在不同腐蚀介质中的电化学极化测量曲线见图 3－33，计算机拟合结果见表 3－29。

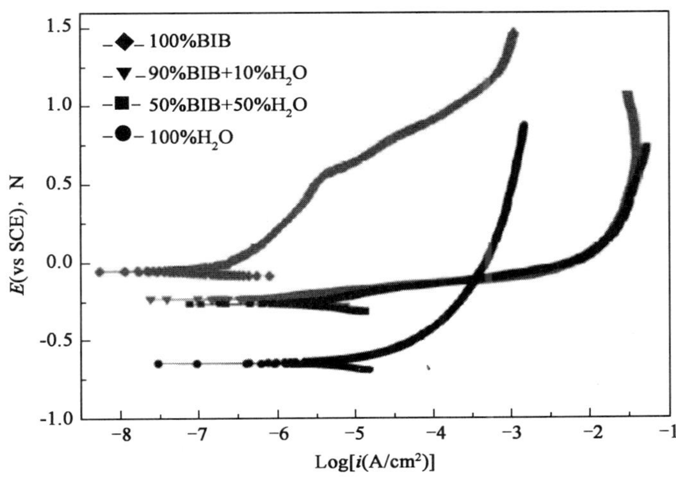

图 3－33 试样在不同腐蚀介质中的极化测量曲线

表 3-29 极化曲线计算机拟合结果

腐蚀介质	自腐蚀电位 E，V	自腐蚀电流密度 I，A/cm^2	极化阻力 R，Ω/cm^2
100% BIB	-0.053	5.88×10^{-8}	2.02×10^{5}
90% BIB + 10% H_0O	-0.231	4.92×10^{-7}	1.80×10^{4}
50% BIB + 50% H_2O	-0.263	1.99×10^{-6}	7.34×10^{3}
100% H_2O	-0.639	1.55×10^{-5}	3.91×10^{3}

结论：通过10d的测试实验，BIB系列天然气减阻剂对天然气管壁试样没有明显腐蚀现象，而纯水对管壁试样有明显腐蚀现象。通过失重测试，纯水对管壁试样的腐蚀是BIB天然气减阻剂的40倍；通过电化学极化试验测试，纯水对管壁试样的腐蚀是BIB天然气减阻剂的50倍。

2）天然气减阻剂对气质的影响

天然气减阻剂产品本身属于难挥发物质，不会进入天然气产品中，其溶剂为含碳氢氧的小分子化合物，容易完全燃烧，并且其燃烧产物与甲烷相同，对天然气的气质不会造成明显影响。天然气减阻剂产品本身无毒，不会进入天然气中，更不会对人体造成伤害。

称取甲基二乙醇胺、二乙醇胺、蒸馏水，并按照40：5：55比例配成均匀溶液待用（溶液1）；称取一定量的三甘醇待用（溶液2）。移取定量的溶液1和2，将天然气减阻剂分别加入盛有溶液1和2烧杯中，加强力搅拌30min，期间未发现溶液产生泡沫、沉淀现象。

从图3-34中可以观察到，添加天然气减阻剂后溶液1的颜色没有明显变化；经强烈搅拌后，溶液未出现泡沫和沉淀，可以初步证明天然气减阻剂对天然气净化过程的脱硫脱碳溶液没有影响。

图 3-34 溶解天然气减阻剂前后的溶液1对比

从图3-35中可以观察到，添加天然气减阻剂后溶液2的颜色稍稍变黄，这是由于天然气减阻剂本身呈淡黄色，加入溶液2后，引起溶液颜色变化；经强烈搅拌后，溶液未出现泡沫和沉淀，可以初步证明天然气减阻剂对天然气净化过程的脱水剂没有影响。

综上所述，天然气减阻剂对现有的天然气净化过程不会产生影响。

图 3－35 溶解天然气减阻剂前后的溶液 2 对比

第四节 天然气减阻剂的应用技术

天然气减阻剂的减阻机理是大分子的极性端牢固地粘合在管道金属内表面，并形成一层光滑膜，同时其非极性端伸展于壁面附近流体之中，形成气固界面，利用其特殊的分子结构，减少气体流动的径向脉动，吸收流体与内表面交界处的湍能。基于以上机理，天然气减阻剂成功之关键是通过适当的应用技术，使减阻剂迅速在管道内壁表面上形成一层均匀的膜。天然气减阻剂与油品减阻剂不同的是，后者直接注入介质中，前者是以介质为中间载体。天然气减阻剂的应用技术研究，可借鉴的经验很少，国外只有在墨西哥湾的一条天然气管道有应用的报道。但研究天然气减阻剂的应用可以借鉴天然气管道中缓蚀剂的应用工艺并参考其他化学剂的应用，总结归纳为以下三种方法，具有一定的可行性：（1）直接雾化注入；（2）应用双隔离清管器；（3）泡沫状天然气减阻剂及应用。

一、雾化注入

通过设计特殊的雾化装置，将减阻剂以雾化的形式注入（图 3－36），雾化的减阻剂均匀漂浮在天然气中，随着天然气的流动而流动，最终附着在管壁上成膜。其流程(图 3－37)是：罐—计量泵—脉冲阻尼器—压力表—质量流量计—压力表—单向阀—喷嘴—管道。该方式的优点是对站场的改动小，容易操作；缺点是液滴会从气流中滑脱，在管道中堆积，成膜距离短。

泵压下液体经过喷嘴时有三种状态：（1）自流状态，泵压低、流速小；（2）射流状态，泵压较大、流速较大、液滴直径大、间距小；（3）喷流状态，泵压大、流速大、液滴直径微小、液滴间距大。对于减阻剂在管道中的雾化而言，自流状态和射流状态都是不良状态，只有达到喷流状态才能使减阻剂在管道内充分雾化，这种状态液滴小而且均匀，容易被天然气携带，并依靠天然气的紊动扩散作用均匀地“涂敷”在管道内壁上。

评定液流雾化质量的一些指标：（1）雾化角；（2）雾化细度；（3）雾化均匀度。雾化细度越小、雾化均匀度越大则液滴小且均匀，更容易被天然气携带。液滴与天然气之间的滑脱速度越接近于零，液滴的沉降距离越大，得到涂敷的管道越长，此时减阻剂的用量越小。雾化角应尽可能大，雾化角度较小时，液滴大部分集中在管道轴线附近，需要一段距离的扩散才能到达管壁，在加注点下游的一小段管道起不到减阻效果，采用逆喷法可使减阻剂在天然气中分散得更好。

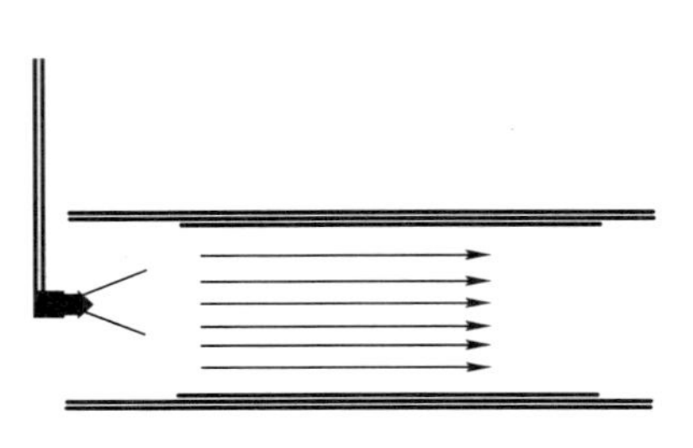

图 3－36　天然气减阻剂雾化注入示意图

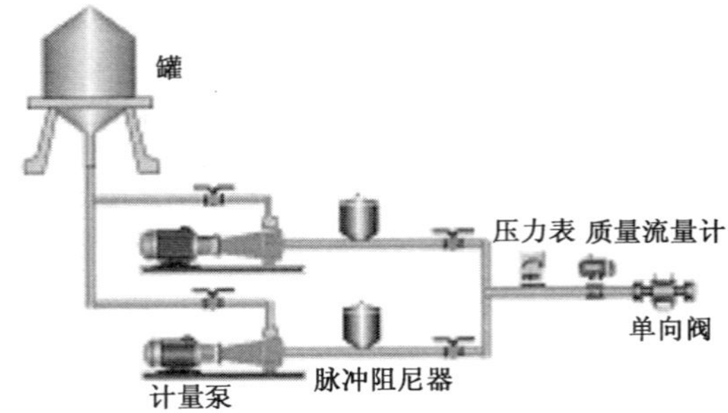

图 3－37　天然气减阻剂雾化注入流程图

采用该方法进行天然气减阻剂涂敷应用的核心是减阻剂的雾化粒度的控制。具体做法是将液态的天然气减阻剂用泵加高压（比管道压力高 2 到 5MPa）直接通过喷嘴喷出成雾。此技术中减小雾化粒度的方法有：减小喷嘴孔径和增大喷射压力。减小喷嘴孔径则减少了注入量，增大喷射压力则增加了设备负担。相关文献表明，不同孔径的喷嘴当压力增加到一定程度时，压力继续增高对雾化粒度的影响很小，因此必须根据管线的状况选择泵压和喷嘴孔径。

根据以上理论，我们设计并安装了一套天然气减阻剂雾化注入系统，其主要性能参数见表 3－30。

表 3－30　天然气减阻剂注入系统主要性能参数

喷孔直径，mm	喷注压差，MPa	喷注流量，L/min	雾滴中微粒直径，μm
0.8	≥2	0.5～2	≤22
计量泵流量，L/min	工作压力，MPa	驱动功率，kW	工作电压，V
2	≤12.5	≥2.2	380，220

减阻剂能在管道内壁上成膜的距离，除与雾化粒度相关外，也受输气管道的流速和管线地势影响。流速越快，减阻距离也就越长，管线地势起伏大减阻距离也相应减小。

类似的装置有：（1）西南油气田自行研制并定型生产了 PW－2 型缓蚀剂喷雾装置，使用该装置管道保护距离为 25km。（2）俄罗斯天然气科学研究所为卡拉恰甘凝析气田研制了管网气溶胶缓蚀工艺，在每隔 10～12km 的管道上设置注入点，定期喷注成膜缓蚀剂。

二、双隔离清管器注入

在两个隔离清管器之间加入减阻剂液体（图 3－38），减阻剂随着清管器的运行刷涂到管壁上，吸附成膜。使用该技术的关键是控制前后清管器的漏流。虽然清管器在管道中过盈

安装，但渗透漏流前后两个方向都有，漏流量受前后球速的制约。当球速增加时，向前方向的漏流量减小，当球速降低时，向后方向的漏流量增加。向前方向的漏流主要是由压差（Δp）所致，而向后方向的漏流是流体粘度的影响。对批量投入的减阻剂，应保证最小的向前漏流并控制向后的漏流。流体的压差（Δp）随着行进速度增加而降低。

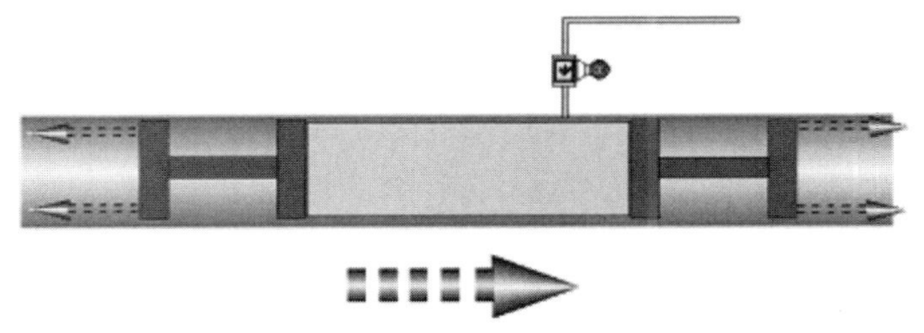

图3－38　双隔离清管器涂敷天然气减阻剂示意图

控制漏流的方法：（1）选择清管器，一般选用皮碗式清管器，以清管器的皮碗与管壁间是否具备良好的密封性为基础，还必须具备良好的耐磨特性。（2）控制清管器的行进速度。（3）增加天然气减阻剂的粘度，可考虑在减阻剂中添加少量的胶凝剂和交联剂，以达到流变学的要求，减少泄漏。

使用该方法可以有效在一个站间距的管道内进行减阻剂涂覆，减阻剂的有效用量由已知的减阻剂膜的厚度、管线距离和流速计算。为在管壁上得到均匀的天然气减阻剂膜层，减阻剂的实际用量要大得多，同时也需要根据这些参数和站场情况设计制造清管器收发装置。

三、泡沫注入

将天然气减阻剂制作成液体泡沫，注入天然气管道中，形成一段断塞流，泡沫有一定的时效性，以及和管壁摩擦逐渐较小、消失，析出的液体则在管壁上吸附成膜。此方法中必须能够制备出发泡效果好、稳定性好的减阻剂泡沫。泡沫制备的方法是在减阻剂溶液中添加一定量的发泡剂和稳定剂，通过搅拌或者鼓吹气泡，使液体气泡体积膨胀几倍甚至几十倍。

在管道中应用泡沫剂的装置（图3－39），主体是原料罐，下端有原料注入口，通过泵注入，左端有压缩气体入口，通过压缩机注入，鼓吹气体后，压力升高，气泡上升，顶端有安全阀和电磁阀，打开电磁阀后，高压的泡沫会发射到管道中。

泡沫半衰期是评价应用型泡沫状化学剂的主要指标，是从泡沫中分离出最初液体体积一半所需的时间。良好的天然气减阻剂泡沫，半衰期至少达到2h。

针对现有的液态天然气减阻剂样品，直接雾化注入是唯一的方法。后两种技术的使用必须对现有天然气减阻剂进行一定的后处理工艺。对于距离较长，且中间段操作比较困难的管线（海底管线），建议采用双隔离清管器的方式。直接雾化注入或泡沫注入的有效减阻距离都受流速和管线起伏的影响。泡沫状减阻剂密度小，在地势起伏较大的管线上效果更好一点，另外，泡沫减阻剂对注入口要求不严格，可以充分利用管线上已有的仪表口、排泄口，甚至清管器收发装置。

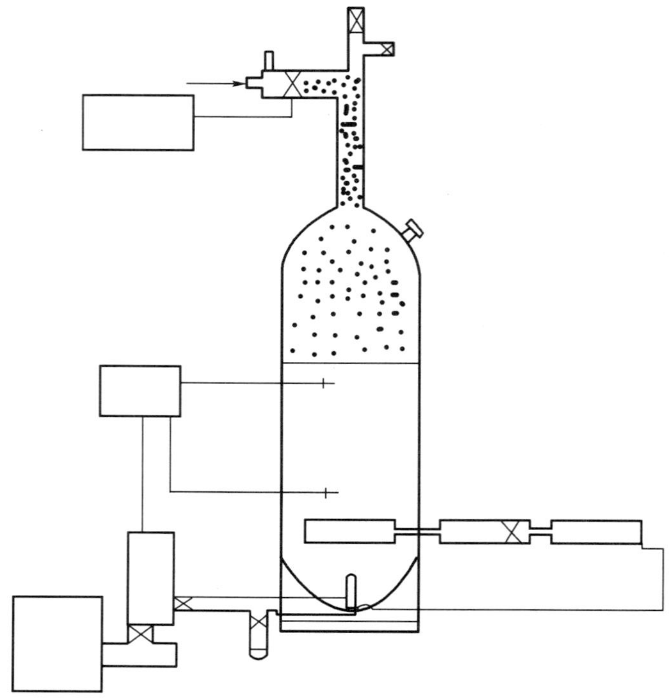

图 3－39　管道中应用泡沫缓蚀剂的装置简图

第五节　天然气减阻剂的未来发展趋势

目前，国内外天然气管网处于快速发展时期，不仅要求天然气管网建设快速发展，而且希望在役管线满负荷甚至超负荷运行。此外，各个地区、不同季节对天然气的需求有较大的变化，这就要求输气管网具有一定的调节能力，尤其是在保障安全的条件下迅速增加输量，天然气减阻剂是很好的选择。

随着环境保护理念的树立和发展，环保型天然气减阻剂的研究也是天然气减阻剂研究继续解决的关键技术难题。环保型天然气减阻剂可以直接应用于城市燃气管网，可以解决城市燃气的供应不足，还可以解决燃气调峰问题。

据报道，美国公司已经在这方面开展了五年的工作，取得了一定的进展，但到目前为止还没有真正意义上的天然气减阻剂问世，有大量的用户在等待该产品的商业化。天然气减阻机的研制是具有前瞻性的工作，居于世界尖端领域并具有巨大的商业价值和战略意义。

参 考 文 献

[1] 张静．天然气与中国能源发展前景．中国石油与化工经济分析，2007，12：20－24.

[2] 宋玉春．2007 年世界油气管道工程建设总览．中国石油和化工经济分析，2007，12：58－65.

[3] 吴长春，张孔明．天然气的运输方式及其特点．油气储运，2003，22（9）：39－43.
[4] 王功礼，王莉．油气管道技术现状与发展趋势．石油规划设计，2004，15（4）：1－7.
[5] 阎光灿，冯亚利，吴邦辉．世界天然气输送管网系统．天然气与石油，1999，17（1）：58－64.
[6] 阎光灿，冯亚利，吴邦辉．世界天然气输送管网系统．天然气与石油，1998，11（4）：50－55.
[7] 胡杰．我国近年来油气勘探开发建设新形势．中国石油和化工经济分析，2007，16：38－45.
[8] 林竹，刘本华．输气管道减阻涂料现状及发展趋势．上海涂料，2004，1：16－18.
[9] 吴宏．西气东输管道工程介绍（上）．天然气工业，2003，23（6）：117－122.
[10] 吴宏．西气东输管道工程介绍（下）．天然气工业，2004，24（1）：80－85.
[11] 王朝辉，王朝霞．使用减阻剂提高管道节能效果．油气储运，1998，17（3），50－51.
[12] 吴玉国，陈保东．输气管线摩阻系数的影响因素以及减阻的主要方法．管道技术与设备，2003，5：1－3.
[13] John J M. Piping design handbook. NewYork：Marcel dekker，1992.
[14] 吴玉国，陈保东．输气管线摩阻公式评价．油气储运，2003，22（1）：23－28.
[15] 林竹，袁中立，张丽萍，等．长输天然气管道内涂层减阻试验研究．天然气工业，2002，22（1）：75－79.
[16] 郑洽馀，鲁钟琪．流体力学．北京：机械工业出版社，1980.
[17] 沈善策．输气管道采用内壁覆盖层时的工艺设计问题．油气储运，2000，19（7）：19－24.
[18] Sletfjerding，Elling，Gudmundsson，etal. Friction factor in gas pipelines in the North Sea. Richardson. SPE proceedings-Gas Technology Symposium. Texas USA：SPE，2000：459－467.
[19] Kut S. High Performance Coatings for the Oil and Gas Industry Internal and External Liquid Coatings for Pipelines. Corrosion in the Oil and Gas Industry. Kosice. Czechoslovakia. 1989，3.
[20] 钱成文，刘广文，王武，等．天然气管道的内涂层减阻技术．油气储运，2001，20（3）：1－6.
[21] 胡士信，陈向新．天然气管道减阻内涂技术．北京：化学工业出版社，2003.
[22] 前景广阔的减阻型涂料［J］．石油管道报，2003－08－18
[23] 林竹，张丽萍，袁中立，等．减阻型涂料在天然气管道中的应用．焊管，2002，25（6）：1－4.
[24] 刘雯，钱成文．输气管道内涂层用料．油气储运，2001，20（2）：13－15，19.
[25] 关中原．国外减阻剂研究新进展．油气输送，2001，20（6）：1－4.
[26] Motier J F，Prilutski D J. Case Histories of Polymer Drag Reduction in Crude Oil Lines. Pipe Line Industry，1985（6）：33－37.
[27] Jean Boschat，Jerome Sabachier. Ecuador Plans Expanded Crude Oil Line. Oil & Gas Journal，1995（1）：37－41.
[28] Frank E Lowther. Drag Reduction Method for Gas Pipelines：US，4958653. 1990－07－26.
[29] Ying-Hsiao Li. Drag Reduction Method for Gas Pipelines：US，5020561. 1991－06－04.
[30] Ying-Hsiao Li，Chesnut G R，Richmond R D，etal. Laboratory Tests and Field Implementation of Gas-Drag-Reduction Chemicals. SPE Production & Facilities，1998，13（1）：53－58.
[31] Huey J Chen，Gene E Kouba，Michael S Fouchi，etal. DRA For Gas Pipelining Successful in Gulf of Mexico Trial. Oil & Gas Journal，2000，98（23）：54－58.
[32] Randi Naess. Pressure Loss in Gas Pipe with Adsorbed Layers. Norway：Department of Petroleum Engineering and Applied Geophysics of NTNU，1999.
[33] Randi Naess. Drag Reduction Agents for Natural Gas Flow in Pipelines. Norway：Department of Petroleum Engineering and Applied Geophysics of NTNU，1999.
[34] 刘广文．天然气管道内涂层减阻技术．北京：石油工业出版社，2001.

[35] 博布罗夫斯基．天然气管路输送．北京：石油工业出版社，1985.

[36] 李华，吴长春．输气管道当量粗糙度的最小二乘算法．管道技术与设备，2005（1）：8－10.

[37] Zhang X，Wang F，He Y，etal. Study of The Inhibition Mechanism of Imidazoline Amide on CO_2 Corrosion of Armco Iron. Corrosion Science，2001，43（8）：1403－1415.

[38] 刘兵．油气管道减阻增输与高聚物应用．油气储运，2007，26（10）：7－14.

[39] Subramanian A，Natesan M，Muralidharan V－S. An overview：vapor phase Corrosion inhibitions. Corrosion，2000，56（2）：144－155.

[40] Mtiller B. Organic corrosion inhibitors for zinc pigment. Br. Corrosion，2000，35：311.

[41] Zhang X Y，Wang F P，He Y F，eta1. Study of the inhibition mechanism of imidazoline amide on CO_2 corrosion of Amoco iron. Corrosion Science，2001，43：1417－1431.

[42] Wang D X，Yu Y. The synthesis of a imidazoline and the test of its inhibiting performance. Univ Petroleum，2000，24（6）：52－54.

[43] Li H P，Pei L Y，Liao J G. The synthesis of water soluble substituted imidazoline and exploration of their inhibitory efficiency. Chang sh Univ Electric Power，2000，5（5）：74－75.

[44] Ma S Y. Synthesis and application of benzotriazole. Liaoyang Petrochemical College，2001，17（2）：8－11.

[45] He L Y，Zhang Q F，He X K. The study of packaging material of corrosion protection. Chinese Packaging Industry，2002，96（6）：37.

[46] 李国平．天然气管道的减阻与天然气减阻剂．油气储运，2008，27（3）：15－21.

[47] Bernardus A M，Oude Alink，Richard L Martin. Volatile Corrosion Inhibitors For Gas Lift：US，5197545. 1991.

[48] 王喜贵，赵惠，李景峰．苯骈三氮唑类衍生物．内蒙古石油化工，1998，24（2）：74－76.

[49] Bentiss F，Traisnel M，L Lagrenee M. The substituted 1，3，4－oxadiazole：a new class of corrosion inhibitors of mild steel in acidic. Corros. Sei. ，2000，42：127－146.

[50] Azhar M El，Memari B. Corrosion inhibition of mild stel by the new classofinhihitors [2，5－bis（n－pydyl）－1，3，4－thiadiazoles] in acidic media. Corros. Sci. ，2001，43：2229－2238.

[51] Morad M S. An electrochemical study on the inhibiting action of some organic phusphonium compoun ds on the corrosion of mild steel in aerated acid solutions. Corros. Sci. ，2000，42：1307－1326.

[52] Lagrenee M，Memari B. Investigation of the inhibitive effect of substituted oxadiazohs on the corrosion of mild steel in HCl medium. Corros. Sci. ，2001，43：951－962.

[53] Lukovits I，Kalman E，Zucchi F. Corrosion inhibitors－correlation between electronic structure and efficiency. Corrosion，2001，57（1）：3－8.

[54] Jahwal A，SinghR A，Dubey R S. Inhibition of cooper corrosion in aqueous sodium by N-octadecylbenzidind1/1-docusanol mixed Langrauir—Blodgett films. Corrosion，2001，57（4）：307－312.

[55] Rozenfield I L. Atmospheric corrosion of metals. Huston：NACE，1972.

[56] Zhang D Q，Yu L，Lu Z. Synthesis of 4-（N，N-Dibutylaminomenthy）morpholine and its performance as vapor phase inhibitor. East China Univ. Sci. Technol. ，1998，24（5）：596.

[57] Zhang D Q，Yu L，Lu Z. Study on vapor corrosion inhibition of morpholinium benzoate. Corros. Prot. ，1998，19（6）：250－252.

[58] Sato，Haruhito，Osada，etal. Vapor Phase Inhibitor-Compositions and Method of Inhibiting Corrosion Using SaidCompositions：US，4308168. 1979.

[59] Zeheb，Ron，Rodgers，etal. High Temperature Evaporation Inhibitor Liquid：US，5549848. 1996.

[60] Groysman A. An investigation into the protective properties of a VCIs modified acrylic film for protective steel

applications. NACE International, Houston Texes , 1998: 240.

[61] Geiner L. Combined use of vapor corrosion inhibitors and dehumidification for plant and equipment mothballing or lay - up . NACE International , Houston Texas , 1998: 244.

[62] 张大全，高立新，周国定．吗啉衍生物气相缓蚀剂的分子设计和缓蚀协同作用研究．中国腐蚀与防护学报．2006，26（2）：120-124.

[63] Gao L X, Zhang D Q, Lu Z. Dimmeric-amine vapor phase inhibitor containing morpholine unit. Mater. Prot. , 2000, 33 (6): 39-41.

[64] 张大全，高立新，周国定，等．HJ-20-2 气相防锈剂的研究．包装工程，2001，22（6）：13-16.

[65] 肖怀斌．气相缓蚀剂的研究与发展．材料保护，2000，33（1）：26-27.

[66] Kharshan M, Furman A. Incorporating vapor corrosion inhibitors in oil and gas pipeline additive formulation. NACE International, Houston Texas, 1998: 236.

[67] 张大全，陆柱．环保型精细化学品 HA-1 气相缓蚀剂的研究．精细化工，1999，16（1）：7-9.

[68] 王大喜，王明俊，王琦龙．IMC-石大 1 号新型咪唑啉缓蚀剂的合成和应用研究．腐蚀与防护，2000，31（3）：102-103.

[69] Zhang D Q, Gao L X. Synergistic effects benzotiazole and 8 - hydroxyquinoline combined inhibitor on copper corrosion. Acta Phys. Chim. Sin. , 2002, 18 (1): 74-78.

[70] 税碧垣．减阻剂的模拟环道评价．油气储运，2001，20（3）.

[71] 袁恩熙．工程流体力学．北京：石油工业出版社，2005.

[72] 王喜安．国内外天然气管道绝对当量粗糙度的设计取值．油气储运，2000，19（10）.

[73] 刘褶，陈学峰．输气管道内腐蚀控制新技术．焊管，2007，30（1）.

第四章 降 凝 剂

降凝剂又称低温流动改进剂，有时候还叫蜡晶改良剂或蜡晶抑制剂。顾名思义，降凝剂的作用就是降低原油的凝点，改进原油的低温流动性。降凝剂作用机理就是改良石蜡结晶习性和蜡晶结构。有些降凝剂还具有减少石蜡沉积或抑制蜡晶析出的功能。

第一节 降凝剂的发展概况

原油降凝剂是在馏分油降凝剂的基础上发展起来的。最早的人工合成降凝剂，是1931年Davis用氯化石蜡和萘通过Fride-craft缩合反应制得的，叫作paraflow降凝剂。这种降凝剂主要用在润滑油中，至今仍在广泛应用。差不多同一时期，Harry发现硬脂酸铝盐对原油也有降凝作用。第二次世界大战后，降凝剂的应用逐步扩大到中间馏分油和柴油中。1960年，柴油降凝剂开始在工业中应用，第一种柴油降凝剂就是乙烯—乙酸乙烯酯共聚物。用于改进原油流动性的原油降凝剂直到1967年才开始有文献报道。此后原油降凝剂的研究、开发和应用取得了飞速的发展。新型化合物不断推出，针对不同性质的原油，研制出不同系列的降凝剂，其中大部分是以乙烯—乙酸乙烯酯共聚物、苯乙烯—马来酸酯共聚物、丙烯酸酯均聚物或与其他单体共聚物为主要成分的复合型及共聚型降凝剂。近年来，大量采用引入第三种单体合成的三元共聚物，第三种单体有马来酸酐、甲基丙酸酯、苯乙烯、胺类化合物等。

从降凝剂合成历史来讲，其发展过程是缩合—聚合—共聚—复配。从时间顺序来看，可将降凝剂从应用于馏分油发展到原油的过程分为四个时期：

（1）20世纪30～50年代为探索期。自Davis发现paraflow后，1931年商品名为山驼普尔的降凝剂问世了，它是氯化石蜡和酚的缩合物，结构与paraflow相似。紧接着，一种兼有降粘剂和降凝剂两种性能的聚甲基丙烯酸酯出现，这种化学剂不仅在结构上与前两种不同，而且性能上也有差异。1938～1948年出现了新的降凝剂聚异丁烯。这一时期人们处于探索时期，着重开发主要适合于馏分油的新型降凝剂，而且产物主要是均聚物。

（2）50～60年代为扩大期。从20世纪50年代起，人们一方面继续开发新型降凝剂，另一方面采用共混及共聚等手段对已有的降凝剂进行改性。1956年，Ford等人叙述了凝点为24℃的利比亚原油和凝点为12.8℃的尼日利亚原油的管输问题。从此人们对降凝剂的研究从馏分油扩大到原油。

（3）60～80年代为实用期。随着世界高蜡原油产量的日益增多，为解决生产中的问题，相继研制出适应于不同产地原油性质的降凝剂，并用在原油长输管道上。美国、英国、荷兰、法国、苏联、澳大利亚、新西兰等十几个国家在数十条输油管线上采用了添加降凝剂技术，降凝效果显著。

（4）80 年代后为复配期。从 20 世纪 80 年代以来，随着原油输送方法的增多及人们对低硫高蜡原油需要的逐渐增加，对降凝剂的要求越来越高。世界上一些主要公司不再着重于合成或开发新型降凝剂，而是对某些原有产品进行了改性或复配，以扩大对原油的适应面，使之能应用于各种成品油及各种高蜡原油。表 4－1 示出国外历年来的降凝剂研究情况。

表 4－1　国外历年来降凝剂的研究概况

年　代	主要成分
1931—1940	氯化石蜡和萘缩合物，硬脂酸铝盐，蔗醣硬脂酸，氯化石蜡和酚的缩合物，硬脂酸钛盐，聚甲基丙烯酸酯，聚异丁烯
1941—1950	聚丙烯酰胺，聚烷基苯乙烯，乙烯基酯
1951—1960	马来酸酐—甲基丙烯酸长链烷基酯共聚物，烷基苯乙烯，聚甲基丙烯酸酯，乙烯基羧酸酯—富马酸双烷基酯共聚物，烯烃聚合物，乙烯基吡啶—丙烯酸酯共聚物，烯烃聚合物
1961—1970	乙烯—丙烯共聚物，烷基聚苯乙烯，烷基酚聚合物，乙烯—乙酸乙烯酯共聚物，聚烷基乙烯醚，烯基琥珀酸酰胺，乙酸乙烯酯—富马酸酐共聚物，聚乙烯，酰化苯乙烯，苯乙烯—马来酸酐酯共聚物，甲基丙烯酸长链烷基酯共聚物，乙烯—丙烯酸烷基酯共聚物，苯乙烯—马来酸酐共聚物的酯化物，环氧酯，吡啶烷酮接枝共聚物，马来酸酐—乙酸乙烯酯共聚物，季戊四醇、烯基琥珀酸酐和脂肪酸聚合物，马来酸酐—烯烃共聚物
1971—1980	乙烯—甲乙基酮共聚物，乙烯—丙烯—双环戊二烯多聚物，乙烯—乙酸乙烯酯—甲基丙烯酸共聚物，聚酰胺酯，乙烯—乙酸乙烯酯共聚物，多糖衍生物，丙烯酸烷基酯和 4－乙烯基吡啶共聚物，乙酸乙烯酯—富马酸二十酯共聚物，乙烯—单烯不饱和酯共聚物与单羟基分组成的混合物，水解乙烯—乙酸乙烯酯共聚物，乙烯—乙酸乙烯酯共聚物，多糖酯，乙烯—乙酸乙烯酯—二甲基乙烯基甲醇三元聚合物，1，3－丁二烯共聚物，丙烯酸高碳醇酯和 4－乙烯基吡啶共聚物，乙烯—乙烯基酯与二烷基聚甲醇共聚物，乙烯—乙酸乙烯酯—氯乙烯三元共聚物，乙烯—乙酸乙烯酯—马来酸酐三元共聚物，丙烯酸高碳醇酯—甲基丙烯酸高碳醇酯共聚物，1，2－环氧二十烷与 C_{30}（聚乙烯）琥珀酸酐共聚物，乙烯—乙酸乙烯酯—丙烯或相烯三元共聚物，乙烯—乙酸乙烯酯共聚物，二十富马酸酐酯、醋酸乙烯酯和烯丙基二十酯共聚物
1981—1990	苯乙烯—马来酸酐共聚物与高碳醇的酯化物，甲基丙烯酸烷基酯—甲基丙烯酸二氨基酯共聚物，烯烃—乙烯酯共聚物，烯烃—马来酸酐共聚物，乙烯—乙酸乙烯酯—苯乙烯共聚物，乙烯共聚物，长链 α－烯烃与丙烯酸酯共聚物，丙烯酸二十酯聚合物，马来酸二辛酯、乙烯—乙酸乙烯酯共聚物，丙烯酸酯与乙烯酰胺共聚物，丙烯酸酯—马来酸酐—苯乙烯共聚物，丙烯酸—马来酸酐酸乙烯酯共聚物，α－烯烃与苯乙烯共聚物，α－烯烃—马来酸酐共聚物与高碳醇的酯化物，苯乙烯—马来酸酐共聚物与 C_{22} 醇的酯化物，苯乙烯—马来酸酐共聚物与十八胺的反应物，$C_{18\sim22}$ 烷基丙烯酸酯共聚物，6 及 7 氧基聚乙烯酯，烷基丙烯酸酯、全氟烷基乙基丙烯酸酯－4－乙烯基

我国进行原油降凝剂的研究和生产落后于国外数十年，80 年代后我国的一些高等学校和科研单位对降凝剂的研究取得了较大的进展，研制出了许多降凝剂产品，并在多条原油管道上成功应用，但降凝剂的品种和数量远少于国外，如表 4－2 所示。

表 4－2　我国不同时期研制的降凝剂

年　份	研制单位	主要成分
1954	大连石化公司	烷基萘
1962	上海高桥石化公司	聚甲基丙烯酸酯

续表

年　份	研制单位	主要成分
1975	石油二厂	聚α-烯烃
1980	北京有机化工厂	乙烯—乙酸乙烯酯共聚物
1984	成都科技大学	EVA
1985	西南石油学院	水解 EVA
1987	河南大学	苯乙烯—马来酸酐共聚物与十八醇的酯化物
1989	石油勘探开发研究院	乙烯—乙酸乙烯酯—丙烯磺酸钠
1990	胜利油田研究院	聚丙烯酸酯、苯乙烯—马来酸酐 $C_{18\sim24}$ 醇酯
1991	江汉石油学院	丙烯酸或甲基丙烯酸的十八醇酯与马来酸酐的共聚物
1992	大庆石油学院	马来酸酐高级醇酯—混合α-烯烃
1994	浙江大学与管道科学研究院	GY（EVA）
1995	大庆石油学院	苯乙烯—丙烯酸十八酯（PSOA）
1996	江汉石油学院	PVMO
1997	河北工学院	H89-2
1998	抚顺石油学院	MAOC
1998	石油勘探开发研究院	WHP
2001	天津师范大学	丙烯酸高碳醇酯—顺丁烯二酸酐—苯乙烯—乙酸乙烯酯四元共聚物

目前国内原油降凝剂系列产品有中国科新有限公司生产的 CNPC 系列、中国石化管道储运公司徐州华冠石油化工有限公司生产的 BEM 系列、昆山物资公司等单位联合研制的 CE 系列等。

原油降凝剂种类很多，综合国内外从 1931 年以来对降凝剂的研究情况，对高蜡原油感受性较好的降凝剂大致有四种类型：

（1）乙烯—乙酸乙烯酯共聚物（EVA）及其改性物。有关研究 EVA 的专利和文献很多，近十几年来，人们运用第三单体对 EVA 通过接枝和共聚进行改性，如苯乙烯、丙烯酸酯，使得改性后的降凝剂能适合更多的油品或降低降凝剂的用量。

（2）聚（甲基）丙烯酸酯系列。由于聚（甲基）丙烯酸酯长链烷基酯属于梳状聚合物，具有较好的抗剪切性能，因而日益受到人们的重视。近年来报道的有聚（甲基）丙烯酸 $C_{18\sim22}$烷基酯、（甲基）丙烯酸 $C_{14\sim22}$烷基酯—烯烃共聚物的复配物、（甲基）丙烯酸酯与其他单体的共聚物。

（3）马来酸酐共聚物。由于马来酸酐可与许多单体形成 1：1（物质的量之比）共聚物的倾向，同时由于其存在能与烷基醇以及胺反应（酯化或胺化）的酸酐，因而马来酸酐与不同单体共聚能得到许多有效的降凝剂，如苯乙烯与马来酸酐共聚物、α-烯烃—马来酸酐共聚物及其衍生物等。

（4）含氮聚合物。含氮聚合物主要是聚胺类，或者是烷基胺与含有马来酸或富马酸共聚物作用得到的化合物，这一类降凝剂不仅降凝效果好，同时在原油中稳定性也极佳。

由于油品中蜡的含量及其相对分子质量分布不同，胶质、沥青质的含量及其性质随原油的种类不同而不同，为了能更有效地降低油品的凝点和适合于多种油品，近几年来人们开始对降凝剂进行复配和研制新型降凝剂。

第二节　降凝剂的作用机理

首先需要了解一下含蜡原油的降凝降粘方法。

一、原油凝点与蜡含量的关系

我国生产的原油80%以上是含蜡原油，因其蜡含量较高，故而原油凝点也较高。例如大庆、胜利、中原、任丘和南海等油田的原油蜡含量为15%～30%，原油凝点达到30℃左右；南阳、沈北等油田的原油蜡含量高达45%以上，凝点超过了45℃。图4－1是我国原油的凝点与蜡含量的统计关系。

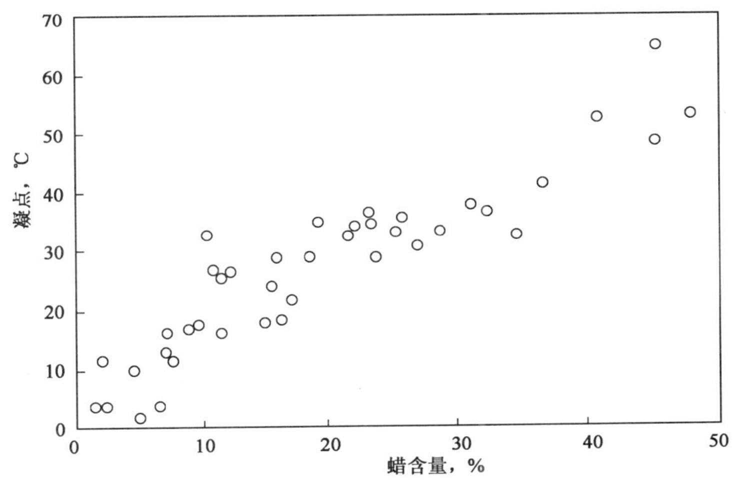

图4－1　我国原油的凝点和蜡含量的统计关系

可以看出，原油凝点与蜡含量大体上成正比关系，蜡含量为10%～30%、凝点30℃左右的原油较多。按凝点划分，原油可分为三类，如表4－3所示。

表4－3　原油分类

原油类别	凝点，℃	蜡含量，%
低凝原油	<0	<2
易凝原油	0～30	2～20
高凝原油	>30	>20

二、含蜡原油加热输送

含蜡原油通常指易凝原油和高凝原油，即蜡含量大于2%的原油。严格地讲，含蜡原油应叫做多蜡原油。由于含蜡原油在常温下呈固态或半固态，因此管道输送非常困难，全年常温输送是不可能的。虽然管输高凝原油可以采用稀释法（掺入轻油）和伴水法（乳化、悬浮和水环等），但是前者需要大量轻油，且混合后会影响原油品质；后者耗费大量水源，且脱水困难、污染环境。因此，目前使用的管输方法仍然是加热输送，即沿管线分段设立加热站，通过加热管道中原油使其管输流动性得到改善。尽管加热输送行之有效，但是不足之处也十分明显：

（1）能耗大。我国东北地区的 ϕ720mm 管道在接近满负荷运行时，年平均每千千米的燃油消耗接近输油量的0.4%，每吨千米总能耗约410kJ，低于设计输量时油耗更多。管径越小，相对油耗越大。而美国相近规模的轻质原油常温输送管道的每千公里总能耗约为所输原油的0.4%，仅相当于我国加热输送管道的油耗。美国管道每吨公里的总能耗为161kJ，是我国加热管道的39%。

（2）费用高。设置的加热站增加了管道建设的投资、运行费用和管理难度。

（3）停输时间短。热油管道停输后，为防止管道内出现原油凝结的危险，必须在短时间内再启动。正常运行的进站油温越低，允许停输的时间越短。而常温输送管道不存在停输时间的限制。

（4）最低输量限制。热油管道输量越小，沿线温降越大。为了使下一站进站油温不低于某一值，需要确定最低输量。如果管道输量低于允许的最低输量，那么就需要增添加热设备，提高上一站的出站油温；或采用正反输交替加热运行，能源浪费更大。

为避免加热输送特别是低输量加热输送的弊端，人们一直在研究降低含蜡原油凝点和粘度的技术，寻找含蜡原油的节能、安全、方便的输送工艺。

三、蜡的分子结构及其存在形态

含蜡原油中影响原油低温流动性的主要成分是蜡，其次是胶质、沥青质，在不同温度下它们的影响是不同的。

严格地讲，原油中的蜡是指那些碳数比较高的正构烷烃，通常把 C_{16} 以上的烷烃称作蜡。纯蜡是白色、略带透明的结晶体。实际上，原油中结出的蜡并不是纯净的蜡，它是原油中那些高碳正构烷烃与其他高碳烃类、胶质、沥青质、无机垢等的半固态或固态的混合物质，颜色呈现黑色或棕色，即俗称的蜡。

不同的原油在不同的条件下结出的蜡，其组成和性质都有很大的差异。蜡的典型分子结构式如图4－2（a）所示。但是，广义地讲，高碳链的异构烷烃、带有长链烷基的环烷烃和芳香烃也属于蜡的范畴，其分子结构式如图4－2（b）、图4－2（c）、图4－2（d）所示。由此可见，原油中的蜡可分为两大类，即石蜡和微晶蜡（地蜡）。石蜡以正构烷烃为主，其相对分子质量较小，并能形成片状或针状大晶块。异构烷烃、长的直链环烷烃和芳香烃主要形成微晶蜡，其相对分子质量较大，大多形成细小的粒状或针状晶体。

石蜡和微晶蜡的特征及区别主要是碳数范围、平均相对分子质量和各种烃的含量不同，它们的典型组成和性质如表4－4所示。石蜡中正构烷烃数量超过80%，微晶蜡中环烷烃数量超过65%。

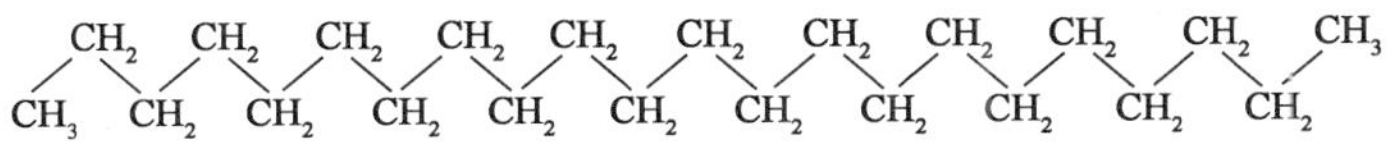

CH2 CH2 CH2 CH2 CH2 CH2 CH2 CH2 CH2 CH2 CH3
CH3 CH2 CH2 CH2 CH2 CH2 CH2 CH2 CH2 CH2 CH2

(a) 正构烷烃

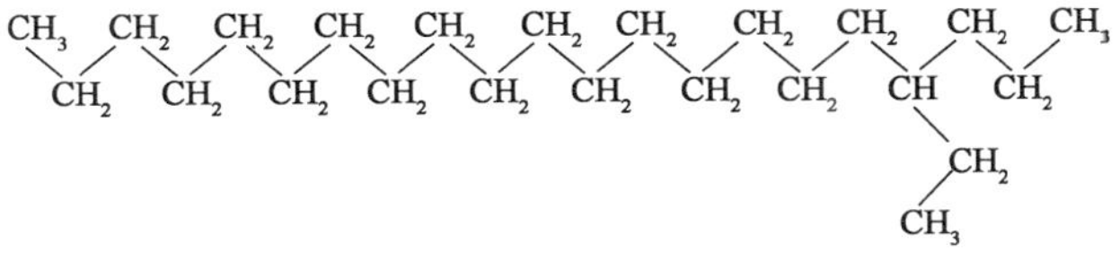

CH3 CH2 CH2 CH2 CH2 CH2 CH2 CH2 CH2 CH2 CH3
CH2 CH2 CH2 CH2 CH2 CH2 CH2 CH2 CH CH2
CH2
CH3

(b) 异构烷烃

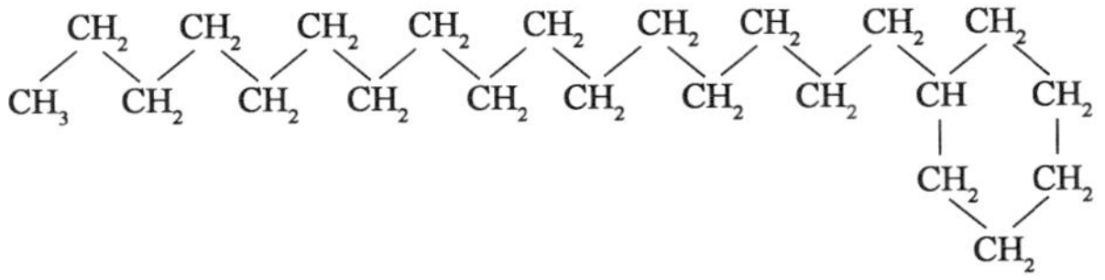

CH2 CH2 CH2 CH2 CH2 CH2 CH2 CH2 CH2
CH3 CH2 CH2 CH2 CH2 CH2 CH2 CH2 CH CH2
CH2 CH2
CH2

(c) 长链环烷烃

CH2 CH2 CH2 CH2 CH2 CH2 CH2 CH2 CH3
CH3 CH2 CH2 CH2 CH2 CH2 CH2 CH CH2
CH2

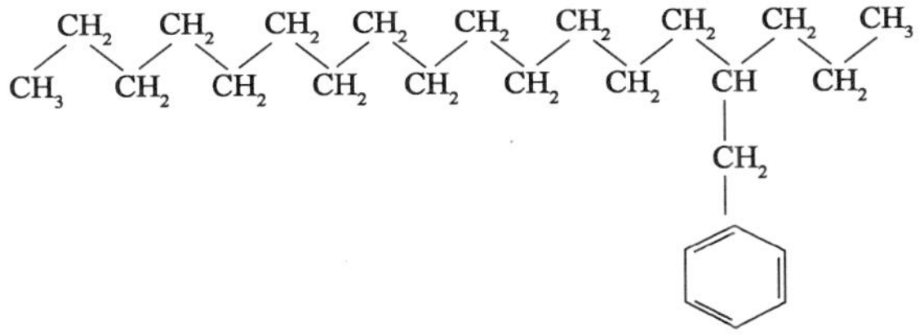

(d) 长链芳烃

图 4－2　蜡的典型化学结构式

表 4－4　石蜡和微晶蜡的典型组成和性质

蜡类别	正构烷烃 %	异构烷烃 %	环烷烃 %	熔点 ℃	平均相对分子质量	典型碳数	结晶度
石蜡	80 ~ 95	2 ~ 15	2 ~ 8	50 ~ 65	350 ~ 430	16 ~ 36	80 ~ 90
微晶蜡	0 ~ 15	15 ~ 30	65 ~ 75	60 ~ 90	500 ~ 800	30 ~ 60	50 ~ 65

此外，胶质和沥青质都不是严格按照化学结构特征定义的，其区分和含量测定是以一些实验方法为基础的。它们是具有较高相对分子质量的非烃化合物，一般是带长侧链的稠环化合物，在原油中往往处于较稳定的胶体分散状态。胶质的平均相对分子质量为 600 ~ 3000，能溶于正庚烷或正己烷；沥青质平均相对分子质量为 3000 ~ 10000，不能溶于正庚烷或正己烷，但能溶于苯。它们的存在使原油粘度大大增加，而且还会通过形成结晶中心或在蜡晶表面吸附而影响蜡晶结构。

四、蜡晶发育过程对原油流变性的影响

蜡在原油中的溶解度随其相对分子质量的增大和蜡熔点的升高而下降。图 4－3 是熔点 T_R 不同的几种蜡在某原油中的溶解度曲线。由于溶解度曲线随油温降低而下降很快，因此

在含蜡原油降温过程中，油里溶解的蜡总是按照相对分子质量大小和熔点高低而先后析出。当某熔点的蜡在原油中的含量高于该蜡的溶解度时，该蜡即开始从原油中析出。

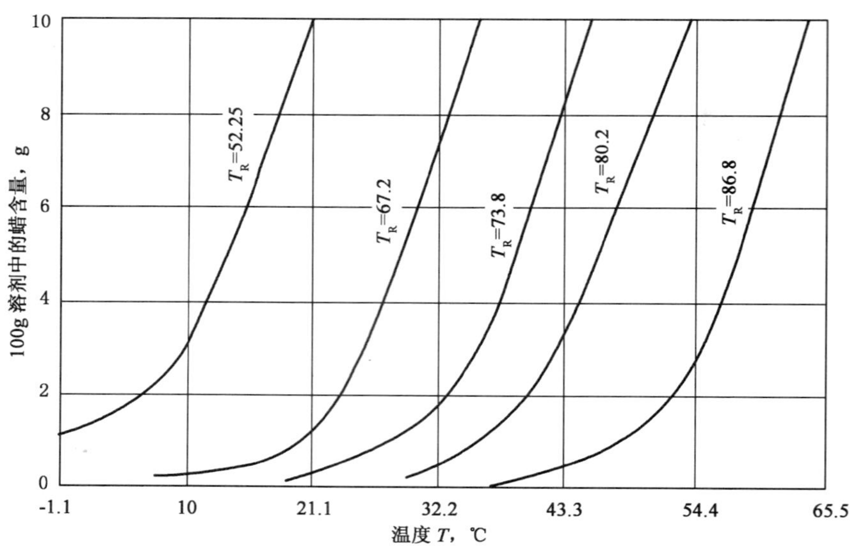

图 4－3　几种蜡的溶解度曲线

图 4－4 中曲线（1）是我国马岭原油的粘温曲线。$T_{析}$ 是析蜡温度点，油温降至 $T_{析}$ 时蜡开始析出。$T_{反}$ 是粘度反常点，油温降到 $T_{反}$ 后粘度与剪速有关，剪速越大，粘度越小。此时粘度叫做表观粘度。曲线 1、曲线 2、曲线 3、曲线 4 和曲线 5 分别是对应剪切速度为 $9.3s^{-1}$、$13.2s^{-1}$、$18.7s^{-1}$、$26.4s^{-1}$和 $37.4s^{-1}$的表观粘温曲线。利用曲线族（1）可以较好地说明网状蜡晶结构的形成过程及其对原油流变性的影响。

若油温高于析蜡点，则蜡全部溶解在原油中，胶质、沥青质高度分散，原油为假均匀体系，呈现牛顿体特征。原油粘度很小，且随油温的升高而缓慢降低。

当 $T = T_{析}$ 时，开始析出蜡晶。

当 $T < T_{析}$ 后，随着油温降低，析出的蜡晶逐渐增多、长大，析出蜡的碳原子数由多至少，相应的相对分子质量由大到小，相应的熔点由高至低。开始析出的是大分子蜡，一般为微晶蜡，是细小的粒状或针状蜡晶。原油由单相体系逐渐过渡为双相体系：蜡晶为分散相，液态烃为分散介质。

当 $T \approx T_{反}$ 时，通常油温已降到低温区，不仅析出的蜡晶多，而且多为石蜡晶体，主要形成大块的片状或针状蜡晶。随着油温降低，片状蜡晶逐渐向网状结构发展。

油温在 $T_{反} \sim T_{析}$区间时，原油中析出的蜡晶少、体积小，不会形成网状结构，原油的粘度主要由液态烃的粘度决定，而蜡晶的存在也增加了原油剪切流动的难度。其原因有两点：一是蜡晶在液态烃剪切力作用下发生旋转，摩擦消耗更多能量；二是蜡晶表面吸附一层液态烃，使能够剪切流动的液态烃减少。就流体沿管道流动的意义而言，不能剪切流动的液体与固体没什么差别。蜡晶对液态烃剪切流动的负面影响，相当于原油粘度增加。随着油温降低，一方面液态烃粘度升高，另一方面析出的蜡晶增多、体积增大，使原油的粘度增加。此时的原油体系，蜡晶是分散相，其余部分为连续相，原油的粘度可以用 Einstein 公式表示：

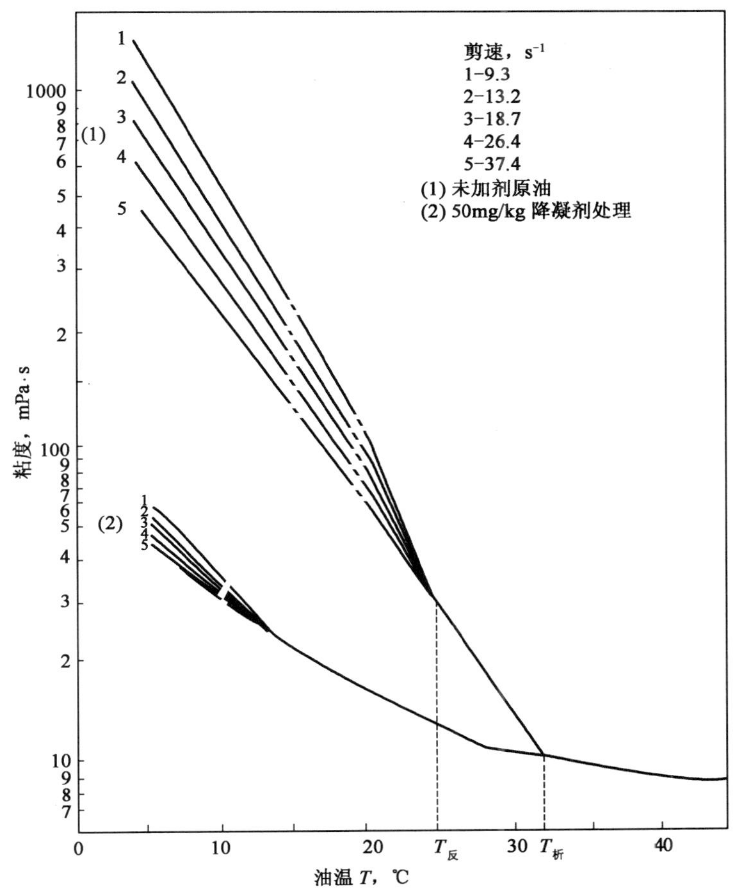

图 4-4 马岭原油加剂处理前后粘温曲线

$$\mu = \mu_0(1 + 2.5\varphi) \tag{4-1}$$

式中 μ——原油动力粘度，mPa · s；

μ_0——液态烃动力粘度，mPa · s；

φ——已结晶蜡的体积分数。

当蜡晶细小且近似可看成球形时，上述公式较准确。对于大多数含蜡原油而言，原油粘度比利用上式计算值偏高，而且油温越低，两者偏差越大。对于分散相质点形状非球形的体系，粘度公式为：

$$\mu = \mu_0\left[1 + \left(2.5 + \frac{J^2}{16}\right)\varphi\right] \tag{4-2}$$

式中 J——质点的长短轴之比。

原油中析出的石蜡晶体多为薄片状或针状，其在剪切流动液态烃中发生旋转要比球形蜡晶困难得多，导致原油实际粘度比利用 Einstein 公式计算值大。特别是油温接近反常点时，部分区域开始形成网状蜡晶结构，开始包围少量液态烃并使之不能剪切流动，这就是油温越低，原油实际粘度与计算值相差越大的原因。

当温度降至反常点以下时，通常油温已进入析蜡高峰温度区，大量石蜡快速析出，蜡晶体积和数量急速增加，特别是越来越多的区域形成了海绵状网络结构，使更多的液态烃不能流动。这时原油的粘度主要不是取决于液态烃的粘度，而是取决于能够流动的液态烃的多少。在原油流动状态下，一方面剪切应力破坏了部分网状蜡晶结构，使部分被其包围的液态烃又能流动；另一方面蜡晶又形成新的网状结构，又包围部分液态烃，使其不能流动。当双方作用效果平衡时，原油的粘度就是所谓的表观粘度。剪切速度越大，网状蜡晶结构被破坏得越严重，原油的表观粘度就越小。如图 4－4 中曲线（1）、曲线（2）的支线 1、支线 2、支线 3、支线 4、支线 5 所示。

当油温接近倾点或凝点时，原油的表观粘度较高，其原因主要不是液态烃的粘度太高了，而是能够流动的液态烃太少了。一旦原油中不存在游离的液态烃，原油便“凝固”了，当然是“凝而不固”的。在原油凝点测试条件下，原油能（或不能）流动的最低（或最高）温度称为“凝点”。能够使静态原油缓慢开始移动的外剪切力（表征原油结构强度）叫做屈服值。凝点时原油的屈服值一般为 5～15Pa。

五、化学降凝方法

由上述分析可知，不管原油含蜡量有多高，只要蜡溶解在原油中，蜡对原油的流动性就不会产生明显的影响。只有当蜡晶开始析出后，随着油温降低，蜡对原油的影响才越来越严重。

蜡晶对原油流动性的影响可以分成两个阶段（以 $T_{反}$ 为界）。

当 $T > T_{反}$ 时，蜡晶只是大小不同的颗粒而未形成网，其影响就是使原油粘度有所增加，使粘温曲线变陡（相对于 $T > T_{析}$ 时的粘温曲线）。原油粘度可按式（4－1）、式（4－2）计算。结晶蜡越多，φ 越大；蜡晶颗粒形态偏离球形越远，J 越大，这些都导致原油粘度相对液态烃粘度增大。

当 $T < T_{反}$ 后，有些蜡晶开始形成局部的三维网状结构，包围分隔部分液态烃并使其失去流动性。结晶蜡的影响除了旋转消耗能量和表面吸附液态烃外，蜡晶又使部分液态烃不能剪切流动，相当于原油粘度与液态烃粘度的差别更大了，即比利用式（4－1）、式（4－2）计算的原油粘度更大了。而且剪速越小，原油粘度越大。当油温接近倾点或凝点时，液态烃粘度也许较大，也许较小，但原油却凝结了，整体上失去了流动性。也就是说，含蜡原油“凝固”的根本原因是原油中形成了具有一定强度的三维网状蜡晶结构，分隔包围液态烃并使其失去了流动性，并非是液态烃粘度大造成的。其实在凝点温度下原油的表观粘度（平衡剪切粘度）有时也相差很大，例如新疆塔里木混合油凝点为 5℃，$20s^{-1}$ 的表观粘度为 117mPa·s；大庆原油凝点为 31℃，$16.2s^{-1}$ 的表观粘度为 610mPa·s。两者凝结温度下的表观粘度相差很大，这也说明含蜡原油凝固主要不是液态烃粘度大造成的，而是三维蜡晶结构造成的。

由此可知，要想降低含蜡原油的凝点，就必须防止或推迟具有一定强度的整体性三维网状蜡晶结构的形成。为此可以采用两种不同的方法：

（1）利用化学剂改变蜡晶的表面性质，要么使蜡晶彼此相斥，不容易粘结成大蜡晶；要么使蜡晶在三维方向均匀发育成长，使片状、针状蜡晶变成枝-球状蜡晶，逐渐形成集中

的枝-球状蜡晶聚集体，难以构成整体性的三维网状结构。

（2）利用化学剂推迟或抑制蜡晶析出。没有足够的蜡晶析出，形成三维网状结构的温度只能降低。

试验指出，当蜡晶析出量大约达到原油的2%时，就能形成使原油凝结的三维网状结构。低凝原油蜡含量小于2%，因此油中永远形不成整体性的三维网状蜡晶结构。原油“凝固”属于粘稠性凝固，不是因为网状蜡晶结构造成的，而是因为液态烃粘度太大造成的，因此原油的凝点较低。当然，改善石蜡结晶习性的化学添加剂也不会改善低凝原油的低温流动性。

既然改变原油中蜡的结晶习性和蜡晶结构是改善原油低温流动性的关键，那么就需要观察研究添加降凝剂前后蜡晶的大小、结构、形态及其变化，推测分析降凝剂作用机理，指导降凝剂研制和应用。

迄今为止，用来观察油品中蜡晶特征的技术有显微观察、X射线衍射、小角X射线散射、小角中子散射及红外光谱等，其中显微观察是最主要的分析方法。但是常常由于观察仪器、方法的区别，所用的油品性质和观察试样准备方法的不同，使得观察到的蜡晶形态以及分析结果有一定差异。

六、原油中蜡晶形态的观察

敬加强等人采用偏光显微镜技术分析含蜡模拟油胶凝状态时的微观结构，其显微图片显示：石蜡模拟油中蜡晶聚集体成片状，微晶蜡模拟油中蜡晶聚集体是轴粒状，石蜡—微晶蜡模拟油中蜡晶聚集体的大小和数量均居于两者之间，蜡晶的不对称性和分散度都有所增大。

Cazaux等人采用偏光显微镜观察到原油中蜡晶是具有各向异性的针状颗粒，降温速度越慢，形成的针状颗粒越长。与其他影响蜡晶大小的因素（如降温速度、剪切速度等）相比，蜡的组成对蜡晶大小的影响最大，蜡的组成越复杂，形成的蜡晶的尺寸越小。针状颗粒的长度在1～10μm之间，直径在1μm的量级上。由此认为原油胶凝是蜡晶颗粒相互交联形成结构的结果。

Moussa Kane等人应用透射电子显微镜，观察对比了蜡晶在静态和流动条件下的形态差异。在静态情况下，大部分蜡晶呈微层状结构，微层厚度为1.5～3nm，与单分子的尺寸相当，微层间距随原油中蜡含量的增加而减小。在降温过程中，新的微层又会形成，但较薄，也有少部分起晶核作用的片状蜡晶。在流动状态下，只能形成片状蜡晶，若析蜡量很低，则片状蜡晶基本上是孤立的；若析蜡量较高，则片状蜡晶会相互粘结，并形成聚集体。在剪切流动条件下，样品试验观察结果见表4-5。

表4-5　剪切条件下蜡晶的形态数据

温度 ℃	剪切速度 s^{-1}	粘度 Pa·s	颗粒直径 nm	片状形态
20	10	1.7	30～50	几乎无沉淀
20	50	0.2	15～30	几乎无沉淀
10	10	9.2	30～40	0.1～0.5μm的链状结构，多分散聚集体
10	50	0.9	20～30	许多直径在0.15～0.4μm之间的孤立的聚集体

温度相同时，低剪速下蜡晶薄片的直径较大；相同剪速时，较低温度下蜡晶薄片的数目较多。在一定温度下，许多石蜡分子相互作用，蜡晶趋于形成二维结构，剪切破坏了这一过程，使蜡晶的二维伸展受到限制。单个薄片尺寸及低温下由薄片形成的聚集体对剪切都非常敏感。静态下，薄片可以延伸出连续的薄层并形成胶凝网络；流动状态下，单个薄片的生长受到限制，低结晶量时往往是单个薄片占绝对优势，而高结晶量时多表现为形成的絮凝与单个薄层的共存。

最新的研究结果表明：结晶核为薄片状，厚度与分子大小相当，它们的进一步发展依赖于结晶条件。

七、结晶条件对蜡晶的影响

通过定性观察，对比添加降凝剂前后蜡晶大小和形态的变化，结合原油流变特性参数的测量结果，可以讨论蜡晶特征与原油宏观流动性的关系。一般降凝剂不是蜡晶体的溶剂，故不会减少原油中石蜡含量和某一温度下的析蜡量，因此添加降凝剂后原油流动性得到改善的根本原因只能是蜡晶大小、结构、形态发生了有利于原油流动的变化。

由于试验方法、降凝剂结构及加剂量的不同，因此关于加剂后蜡晶颗粒大小变化的问题有不同的观察结果，有些人认为加剂后蜡晶变小了，有些人认为加剂后蜡晶变大了。

夏惠芳通过大量显微观察对比试验后指出，显微观察结果与试验中采用的降温方式有关。对于未加剂原油，降温方式不同，蜡晶几乎没有什么差别。但对于加剂原油，降温方式不同，会得到完全不同的观测结果：如果将加剂原油放在大容器中，以一定的降温速度降温至观察温度，再取样放在显微镜下观察蜡晶的结构形态，就会看到聚集成团的蜡晶。如果将加剂油样先涂于载玻片上并加上盖玻片，再在显微镜载物台上以一定的降温速度降至观察温度后进行观测，就会看到尺寸较小且比较分散的蜡晶。这些试验再次说明，虽然结晶核都为薄片状，但其进一步发展依赖于结晶条件。如果研究管道原油中石蜡的结晶形态，就必须模拟管道原油中石蜡的结晶条件。

由于蜡晶生长发育取决于原油组成、石蜡碳数分布、降凝剂结构、降温速度和剪切速度等因素，因此很难说加剂后蜡晶一定变大或一定变小。再考虑目前蜡晶显微观察对比是定性的，而且观察者技术水平、观测仪器和试验方法等都不相同，故而不必再在蜡晶大小观察上耗费过多精力。其实蜡晶“颗粒”的大小对原油低温流动性的影响不是很大，关键性影响因素是蜡晶能否形成三维网状结构、结构强度大小及开始形成网状结构时油温高低。因此需要从石蜡分子结构、碳数分布和蜡晶形态方面考虑降凝剂的作用机理。

八、正构烷烃石蜡容易形成三维网状蜡晶结构

多蜡原油大多属于石蜡基原油或中间基原油。原油组成中胶质、沥青质较少，蜡含量和凝点较高。原油中的蜡主要是指 C_{16} ~ C_{36}的石蜡，其中正构烷烃占 80% ~95%，还有少量支链位于碳链末端的异构烷烃及更少量的带侧链的环状烃类。石油蜡的典型分子结构式已示在图 4 - 2 中。除含蜡量特别高的高凝原油外，一般含蜡原油中的蜡晶主要由正构烷烃构成，因此首先应研究正构烷烃的结蜡习性及其晶体结构，而异构烷烃、环烷烃和芳香烃的存在会使正构烷烃蜡晶出现“缺陷”，影响正构烷烃晶体的整体性、规律性。胶质、沥青质要么形

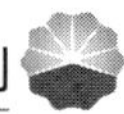

成蜡结晶中心，要么吸附在蜡晶表面上，影响蜡晶生长。总之，这些非正构烷烃大分子物质可看作是掺入正构烷烃晶体的“杂质”，它们会影响蜡晶生长规律，改变蜡晶结构。

从图4－2（a）分子结构式可以看出，当正构烷烃分子从液态烃中析出共晶时，由于其分子呈线状排列，不存在支链和环状链的干扰，因此蜡晶中正构烷烃分子排列整齐、紧密，蜡晶结构强度大。因为石蜡中正构烷烃比例很高，因此形成的薄片状晶体不易破碎。特别是蜡分子长链的排列，即他们在晶体中的空间位置要遵循如下原则：当一个分子的凸部填入另一个分子的凹部时，整个系统的热能具有最小值，即系统最稳定。图4－5是一段正构烷烃石蜡分子链拉长的形状，碳原子呈曲折状（“之”字形）排列，亚甲基碳键 CH_2—CH_2 之间的四面体角为109″28′。

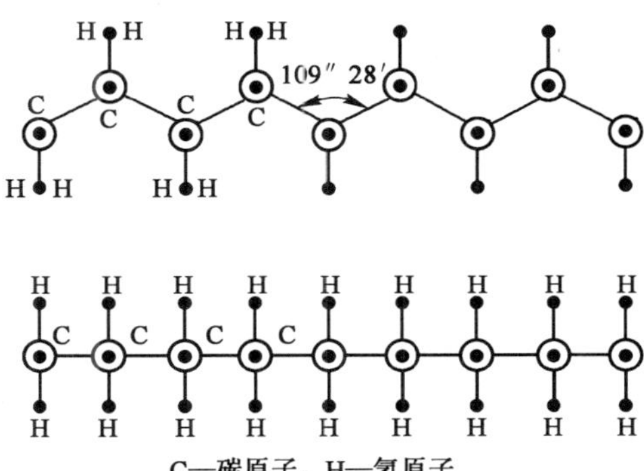

图4－5　一段石蜡分子链的基本元素

当正构烷烃分子“凸凹相对”结晶时，只可能在一个二维平面内发展，形成薄片状蜡晶。如图4－6所示，蜡晶在 *XY* 平面内生长快，而在 *Z* 方向发展慢。正如显微观察中所看到的那样：结晶核为薄片状，厚度与分子大小相当。

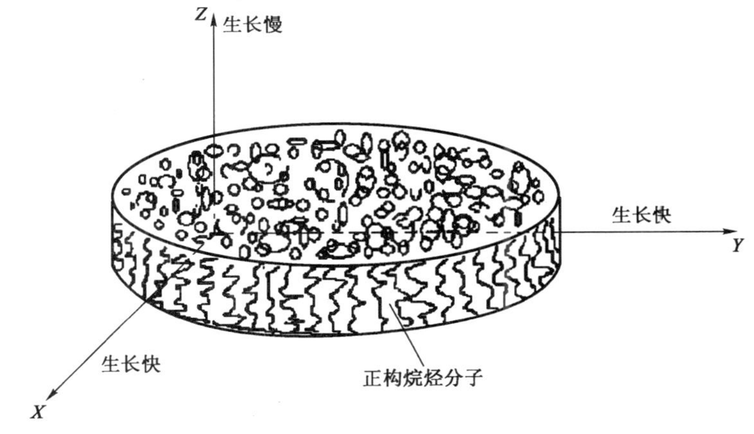

图4－6　片状石蜡晶体的形成

在析蜡高峰温度区，析蜡量快速增加，导致薄片状蜡晶迅速长大、增多。一般情况下，蜡晶在原油中均匀分布，但蜡晶薄片的方向是随机的，因此随着析蜡量的增加，相邻的相互不平行的蜡晶片可能会相碰，通过继续生长发育而粘接在一起。当析蜡量达到原油的2%左右时，逐渐形成三维网络结构。

九、非正构烷烃大分子物质对蜡晶结构的影响

对于正构烷烃石蜡晶体而言，任何非正构烷烃物质都可以看作是“杂质”。若蜡晶表面有“杂质”，则被“杂质”屏蔽的蜡晶表面不容易再生长发育，即“杂质”具有分隔蜡晶的作用，使蜡晶只能在未被“杂质”遮盖的表面、棱、角处生长。这些地方成为新的结晶

中心，新成长起来的蜡晶表面又被“杂质”遮盖，未被覆盖的部分蜡晶表面、棱、角又成为新的结晶中心。由于结晶过程是按照这种链锁方式持续不断进行的，因此生成的蜡晶聚集体是由许多结晶中心成长起来的单晶晶体的连生体，其结构像树枝，称为枝状蜡晶结构。由于因“杂质”遮盖而形成的结晶中心的位置是随机的，无方向性的，因此枝状蜡晶结构不会只在平面内发展，而是在三维方向立体发展，其外形像树冠，近似球形，故称这样的结构为枝-球状蜡晶结构。

在原油析蜡过程中，只要有适量的“杂质”连续不断地吸附在蜡晶表面，则这种枝-球状蜡晶会一直生长下去，形成松散的大块蜡晶聚集体。如果“杂质”太多，使大部分蜡晶表面被“杂质”覆盖，那么蜡晶就不容易快速生长，从原油中析出的蜡会形成新的结晶，这时会形成数目多但体积较小的枝-球状蜡晶。

与片状蜡晶相比，枝-球状蜡晶不容易形成三维网状结构，其原因有两点：一是在析蜡量或析出蜡晶体积相等的条件下，若两种蜡晶的几何尺寸相近，则枝－球状蜡晶的数目比片状蜡晶少得多，或枝－球状蜡晶的间距比片状蜡晶的间距大得多；二是片状蜡晶在二维平面内生长，枝-球状蜡晶向三维立体空间发育，若相邻片状蜡晶不平行，则必然交联成网，而枝－球状蜡晶是无定向发展，不容易相互交联。

十、降凝剂作用机理

关于降凝剂作用机理，目前尚无公认的比较满意的理论。在降凝机理研究过程中，常用的试验分析方法如表4－6所示。

表4－6　降凝机理研究中常用的实验仪器及方法

测试项目	测试方法
蜡碳数分布	色谱分析法（如液相吸收色谱法、凝胶渗透色谱法）
析蜡点	差式扫描量热法（DSC）、偏光显微镜法、旋转粘度计法、依据活化能的增量确定原油析蜡点
观察蜡晶生长及表面状态	低温显微技术、X射线衍射、激光散射法（LLS）和核磁共振法（NMR）
观察蜡的粒度分布	激光散射法（LLS）

关于降凝剂降凝机理，人们依据不同的试验，曾提出四种降凝假说。

1. 成核理论

成核理论又被称为结晶中心理论。该理论认为，降凝剂分子在作用过程中，由于降凝剂分子的熔点相对高于油品中蜡的结晶温度，或降凝剂相对分子质量比蜡大，故当油温降低时，降凝剂分子比蜡先析出而成为蜡晶的成核中心，使油品在降温过程中形成的小蜡晶比加剂前有所增加，从而不易产生大的蜡团，达到降低凝点的效果。

成核理论对一些试验现象无法作出合理解释。有人从油品加降凝剂前后的X射线衍射图上发现，经降凝剂处理后，蜡晶的晶面间距和衍射峰均发生了变化，说明蜡晶的结构有了明显的改变。如果降凝剂仅作为结晶中心或吸附在蜡晶的活性中心上，那么很难造成这样的变化。

2. 吸附理论

吸附理论认为，降凝剂在略低于析蜡点的温度下析出，它被吸附在已经析出的蜡晶核的活性中心上或蜡晶表面上，将蜡晶分隔开，从而改变蜡结晶的取向性，使其难于形成三维网状结构，从而减弱蜡晶间的粘附作用。一般降凝剂不是晶体石蜡的溶剂，它只是通过改变分散相微粒的大小、形状和结构来改变原油的流变参数。

3. 共晶理论

共晶理论认为，降凝剂分子有与石蜡分子相同的和不同的结构部分，与石蜡分子相同的部分为烃链（非极性基团），在蜡结晶析出过程中进入蜡晶的晶格，取代晶格中的蜡分子（正烷基链分子）而发生了共晶。与石蜡分子不同的非极性基团则对蜡晶的进一步长大起阻碍作用，使蜡晶生长较快的 *XY* 方向生长变慢，而使生长较慢的 *Z* 方向加快，这样就使蜡以各向同性的方式向三维方向生长，使其表面积与体积之比变小，表面能降低，不易形成网状结构。也就是说，原油降凝剂在原油析蜡点温度以下与蜡共同结晶析出，从而破坏蜡的结晶行为和取向性，使其向三维立体方向发展。

4. 改善石蜡溶解性理论

改善蜡的溶解性理论认为，降凝剂如同表面活性剂，加降凝剂后，增加了蜡在油品中的溶解度，使析蜡量减少，同时又增加了蜡的分散度。此外，由于蜡分散后的表面电荷的影响，蜡晶之间相互排斥，不容易聚结形成三维网状结构而降低凝点。结晶学也认为，如果添加剂改善了溶质的溶解性，会使溶液的过饱和度下降，从而降低表观成长速度，阻碍晶体的生长。这种理论主要用于解释具有表面活性特点、对蜡起分散作用的聚合物的降凝作用。

前述的“杂质”作用实际上与降凝剂降凝的吸附理论、共晶理论是一致的，若将降凝剂分子看作“杂质”，则可以解释大多数降凝剂降凝效果、现象和规律。但是并不能认为成核理论和改善石蜡溶解性理论是错误的，而只能认为这两种理论适合范围较窄，或认为在降凝剂作用过程中，吸附降凝和共晶降凝起主要作用，而成核降凝和改善石蜡溶解性降凝只起次要作用。也就是说，单纯认为所有降凝剂的降凝机理都是相同的观点是不恰当的。降凝剂在含蜡原油加剂处理过程中所起的作用，与降凝剂种类及其化学结构有关，而且在蜡晶生长的不同阶段，可能只有一种机理起作用，也可能几种机理同时起作用，需要依据具体情况进行具体分析。

降凝剂是一种化学合成的高分子有机化合物或聚合物，其共性是在分子中具有与石蜡的齿形链结构相似的非极性基团——长烷基主链或侧链，又有与石蜡分子不相同的结构——极性基团或芳香核。因此降凝剂又都是表面活性剂。

乙烯—乙酸乙烯酯共聚物（EVA）是目前使用最广，应用效果最好的一类降凝剂。作为原油降凝剂的 EVA 的平均相对分子质量一般为 8000～20000。EVA 结构式如下所示：

$$-\!\!\left[CH_2-CH_2\right]_m\!\!-\!\!\left[CH_2-\underset{\underset{\underset{\displaystyle O=C-CH_3}{|}}{\underset{\displaystyle O}{|}}}{CH}\right]_n\!\!-$$

EVA 结构式中左侧是乙烯链节，为结晶相；右侧是乙酸乙烯酯链节，含有极性基团，为非结晶相。通过乙酸乙烯酯链节非结晶相的引入，降低熔点，增加它在原油中的溶解性，同时，抑制石蜡晶体的生长。因此，EVA 共聚物分子结构中的乙酸乙烯酯链节平均序列长度对降凝性能的影响很大，研究表明，乙酸乙烯酯链节（VA）在共聚物分子结构中含量为20%～40%时，EVA具有较好的降凝降粘效果。

原油中石蜡形成三维网状结构的过程，就是含蜡原油凝固失去流动性的过程，因此，只有能够防止或推迟石蜡形成网状结构的降凝剂才具有降凝作用。

石蜡形成网状结构是三个连续的过程：结晶成核、蜡晶成长和蜡晶聚结。加入降凝剂后，这三个过程都将发生改变。

（1）结晶成核。

从析出时间上看，当温度降低时，由于EVA的相对分子质量比蜡大，部分降凝剂分子先于蜡而析出，起到晶核作用，从而增加了原油中晶核的数量或蜡晶的数量，减小了蜡晶的体积；从蜡晶结构上看，EVA形成的晶核与蜡分子自身形成的晶核不同，因此导致形成不同结构的蜡晶。

（2）蜡晶成长。

当油温低于析蜡点后有蜡晶析出，开始析出的蜡主要是微晶蜡，呈针状或粒状；后来析出的蜡特别是析蜡高峰温度区析出的蜡主要是石蜡，呈片状。

加入降凝剂后，除部分降凝剂分子在高于析蜡温度时析出成为蜡结晶中心外，大部分降凝剂分子与蜡分子同时析出，降凝剂分子中与石蜡的齿形链结构相似的长烷基链与石蜡分子共晶，而降凝剂分子中的极性基团则吸附在蜡晶表面上。极性基团的作用类似于前述的“杂质”的功能：一方面极性基团具有空间位阻作用，另一方面极性基团使晶面呈现电性，不仅使析出的石蜡分子不能在被极性基团吸附的晶面吸附结晶，而且也防止其他蜡晶与该晶面接近。使蜡晶只能在未被极性基团遮盖的地方生长发育，即降凝剂改变了蜡晶的生长方向，由平面生长变成立体生长，由薄片状蜡晶变成枝－球状蜡晶结构。

（3）蜡晶聚结。

当未加剂原油降温到反常点附近时，单个的薄片状蜡晶的面积较大，晶片方向随机，并均匀地分布在原油中。当油温继续降低时，蜡晶仍然生长。对于相邻的晶片生长方向相交的蜡晶而言，两者就会生长交联在一起，形成网络。

加入降凝剂后，单个蜡晶呈枝-球状结构。与加剂前相比，若油品相等或析蜡量相同，则蜡晶数量少很多（尺寸相同）或蜡晶间距大很多，不容易相互交联。最新研究表明，蜡晶核为薄片状，厚度与分子大小相当（1～3nm）。假定片状蜡晶为圆形，枝－球状蜡晶为球形，其直径相等并为50nm，那么在析蜡量相同的条件下，片状蜡晶数量是球状蜡晶数量的17倍。

随着油温降低，片状蜡晶（加剂前）将逐渐形成三维网状结构，包围液态烃使原油失去流动性；而枝-球状蜡晶（加剂后）难以交联，独立生长发育，形成更大的枝-球状蜡晶聚集体，使原油中仍有大量空间被液态烃占据，原油仍保持一定的流动性。

降凝剂种类不同，极性基团极性和数量不同，使形成的蜡晶的大小不同，但是具有降凝作用的降凝剂都会使原来的片状、针状蜡晶变成枝-球状蜡晶，而且枝-球状蜡晶越大、越密实、越集中，降凝减粘作用越好。

表4－7是长庆白豹原油和青海原油分别加入三种降凝剂EVA（乙烯—乙酸乙烯酯共聚物）、PA（聚丙烯酸酯类）和PA—AN（丙烯酸酯与丙烯腈聚合物）前后的凝点和粘度。

图4－7、图4－8是相应的蜡晶形态的变化。加剂量为100mg/kg、降温速度0.5℃/min。试验应用偏光显微镜观察。

表4－7 白豹、青海原油添加降凝剂前后的凝点和粘度

原油物性 \ 降凝剂		空白样	EVA	PA	PA—AN
白豹	凝点,℃	14	6	6	8
	5℃粘度，mPa·s	479	92.2	137	167
青海	凝点,℃	30	26	27	24
	20℃粘度，mPa·s	465	215	272	101

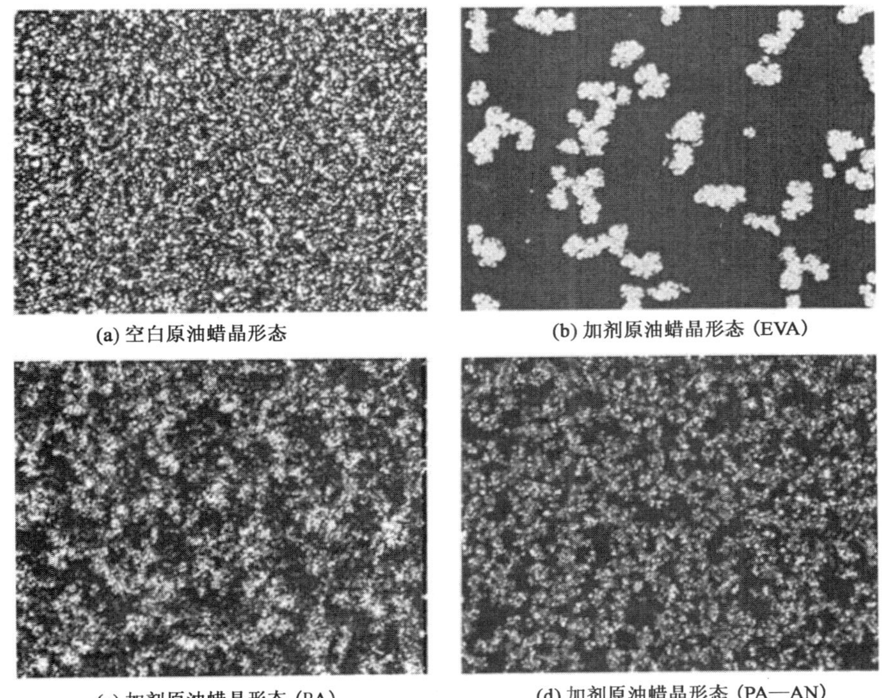

(a) 空白原油蜡晶形态

(b) 加剂原油蜡晶形态（EVA）

(c) 加剂原油蜡晶形态（PA）

(d) 加剂原油蜡晶形态（PA—AN）

图4－7 白豹原油加剂前后蜡晶形态的变化（观察温度10℃）

对照表4－7，观察图4－7和图4－8可以看出：

（1）在观测温度下，两种未加剂原油都已凝固，其蜡晶的特点是多而细小，且均匀分布在原油中，相互交联形成网眼很小的网状结构，将液态烃包围在狭小的密闭空间内，使其失去流动性，导致原油凝固。

（2）加剂后原油中蜡晶的特点是少而粗大，且近似呈枝－球状结构，形成网眼较大的稀疏网络，一方面不容易包围液态烃，使原油凝点、粘度降低，另一方面稀疏网络的强度低，使原油屈服值减小，总之，改善了原油的低温流动性。按照加剂后蜡晶变化程度（枝-球结构、粗大、密实、集中）划分，图4－7（b）>图4－7（c）>图4－7（d），图4－8（d）>图4－8（b）>图4－8（c）。对照表4－7中降凝减粘效果可知，加剂后使蜡晶变化

最大的降凝剂的作用效果最好［图4－7（b）］，使蜡晶变化最小的降凝剂的作用效果最差［图4－8（c）］。

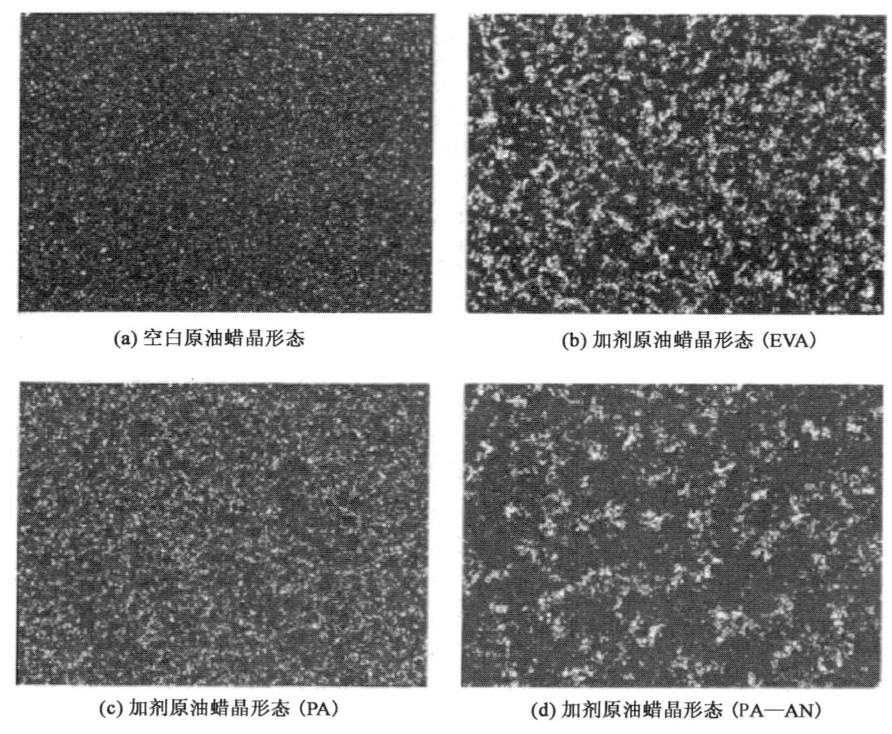
(a) 空白原油蜡晶形态　(b) 加剂原油蜡晶形态（EVA）　(c) 加剂原油蜡晶形态（PA）　(d) 加剂原油蜡晶形态（PA—AN）

图4－8　青海原油加剂前后蜡晶形态的变化（观察温度20℃）

当加剂量太大时，降凝剂分子中的极性基团像前述的“杂质”一样把大部分蜡晶表面覆盖，就会抑制枝－球状蜡晶继续长大，形成新的蜡晶。也就是说，当加剂量足够大时，随着加剂量的不断增加，蜡晶会越来越小。赵晓非等人利用降凝剂EVA18/3和辽河油田高蜡原油，研究加剂量与蜡晶大小的关系。当加剂量大于1000mg/kg达到饱和后，蜡晶大小随加剂量的增加而减小，而降凝效果不变，如图4－9所示。

当原油中的胶质、沥青质对原油流动性也有较大影响时，胶质、沥青质的改性可以解决胶质成分特殊的原油的降凝降粘问题，可望从不同角度找寻新的研究思路。近几年，国内外均有学者把蜡晶改进机理扩展到考虑蜡、胶质、沥青质的综合作用。

国内有人提出了胶质改性作用机理，结合红外光谱分析，认为对粘稠原油有降凝效果的降凝剂分子不仅能有效地与原油中胶质形成氢键或共价键，而且还能与胶质中的胺类、酸酐、有机酸官能团发生化学反应或极性转化。并以此为理论指导，研制出了对某种原油有效的降凝剂。认为如何使原油中高凝点、高粘度的石蜡与胶质进入分散相，降低其在连续相中的浓度，是原油加剂改性研究的重点。

国外对越南white Toger和Dragon原油研究的结果也表明，原油中的胶质和沥青质分子链环产生的叠加反应会产生内聚力，原油的粘度就与其本身的内聚力有关。一般而言，胶质沥青质含量越高，原油的粘度越大。而且原油的粘度还与原油中所含胶质、沥青质的相对密

度有关。加入降凝剂后，降凝剂分子与胶质和沥青质分子通过氢键连接在一起，占据了空间，发生上述叠加反应的可能性就大大降低，从而降低了原油的粘度。

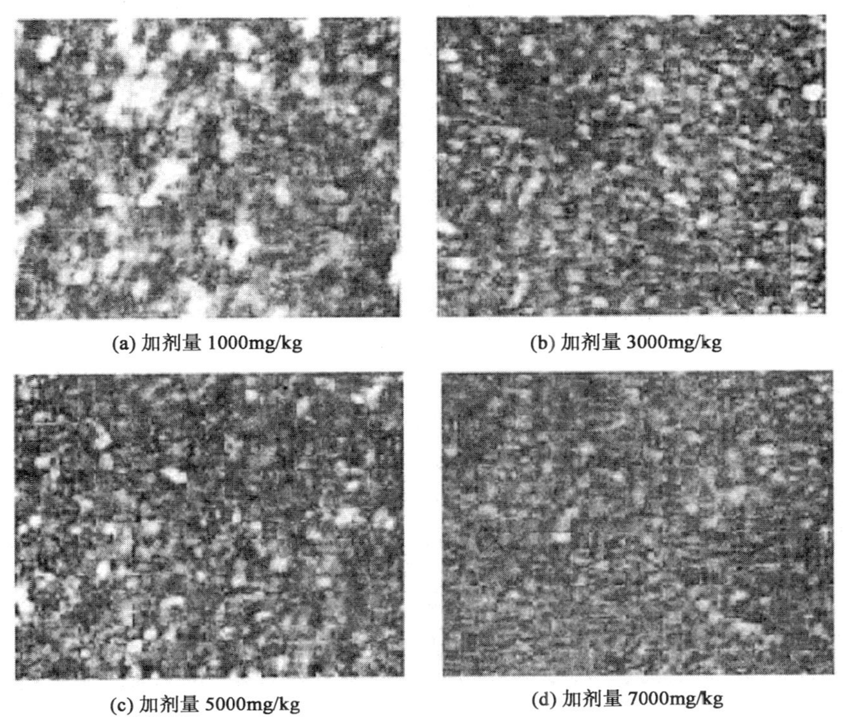

(a) 加剂量 1000mg/kg　(b) 加剂量 3000mg/kg

(c) 加剂量 5000mg/kg　(d) 加剂量 7000mg/kg

图 4－9　蜡晶形态与加剂量的关系

国内还有人提出了降凝剂作用机理就是分散机理的论断。认为分子的表面活性可以增加蜡晶粒子相互间及沥青质胶体粒子相互间的排斥，提高其分散性和抗沉积能力，在宏观上表现出对原油具有较好的降凝、降粘和抗剪切效果，较好地改善原油的流动性。

虽然降凝剂机理研究取得了一些成果，但是由于原油是极其复杂的化学体系，其组成千差万别，因此目前的研究理论尚不能达到根据原油的组成必然地研制出有效的降凝剂。降凝剂的合成与应用更多地依赖筛选和效果评定，可以说机理研究是长期性的工作，需要凭借相关学科和现代分析等技术的发展，企盼不久的将来能取得突破性进展。

第三节　降凝剂的研制

向含蜡原油中添加降凝剂使其凝点降低的过程是一个物理化学过程，影响降凝效果的因素可分为内因和外因。内因是指与降凝剂和原油的内部结构、组成有关的因素；外因是指实施加剂处理工艺时所需的技术条件，如加剂量、加剂温度、原油经历的热历史和剪切史等。

目前加剂处理工艺犹如“求药治病”一样，首先需确诊原油凝点高的原因，然后筛选或复配有效的降凝剂，最后确定合适的工艺条件。

一、原油组成

原油是包含数以万计的烃类及非烃类化合物的复杂混合物，至今没有人能在单体化合物的水平上完成某种原油的全分离和全分析。原油的各种成分都可能在不同条件下对降凝剂作用效果产生影响。目前可以肯定，原油蜡含量及蜡分子的碳数分布是决定原油凝点高低及加剂降凝效果的关键因素，原油加剂降凝的实质是改变原油冷却过程中石蜡结晶的行为，降低石蜡形成三维网状结构的温度。其次是胶质、沥青质的影响。

1. 蜡含量

图4－1给出了我国原油的凝点与蜡含量的统计关系，一般情况下蜡含量越高，凝点越高。但是降凝剂的降凝效果却刚好相反，大体上可以说原油蜡含量越高，降凝剂的作用效果越差。

原油是一个非常复杂的体系，要获得具有代表性的研究对象极为困难。不过原油组分虽然非常复杂，但就对降凝剂降凝效果而言，主要的影响因素是蜡。因此可以用馏分油和生物切片石蜡配成模拟蜡油，通过凝点测试和显微观察蜡晶结构研究各种因素对降凝效果的影响。在直馏柴油馏分中加入不同剂量的生物切片石蜡（以 C_{16}～C_{24}为主），制成试验用模拟蜡油，降凝剂 MOA－1 由实验室自制，为聚丙烯酸长链酯（带有 C_{16}～C_{24}长侧链）、马来酸酐和苯乙烯共聚物。模拟油中 MOA－1 添加量为300mg/kg，处理温度50℃，降温速度2℃/min。研究模拟油加剂前后降凝幅度与蜡含量关系。试验结果如表4－8和图4－10所示。可以看出，对于模拟蜡油和 MOA－1 降凝剂而言，当蜡含量处在20%～50%范围内时，加剂降凝幅度与蜡含量成反比关系。此外，蜡含量对加剂降凝效果存在临界值，当蜡含量大于上限临界值50%后，加剂降凝效果已不明显；当蜡含量低于下限临界值20%时，降凝效果非常明显，但蜡含量在10%～20%范围内变化时降凝效果基本不变。

表4－8　油中蜡含量与凝点的关系

蜡含量，%	加剂前凝点，℃	加剂后凝点，%	降凝幅度，℃
10	33.5	20.5	13.0
20	38.5	26.0	12.5
30	42.0	33.5	8.5
40	44.5	40.0	4.5
50	46.0	45.0	1.0

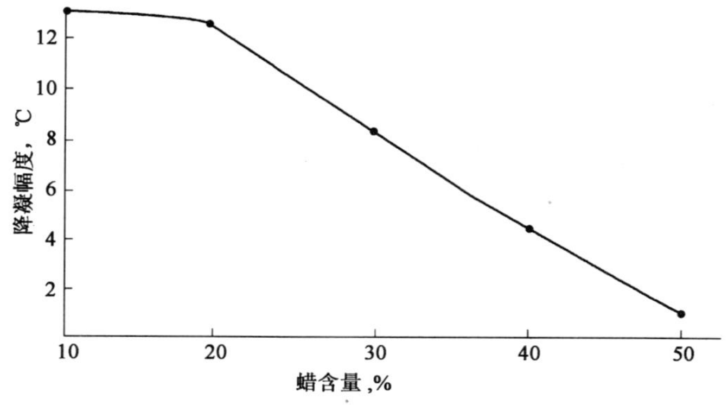

图4－10　蜡含量与降凝幅度的关系

张付生、王彪等研究了原油蜡含量与降凝幅度的关系。表4－9示出26种原油的蜡含量、凝点及加剂后降凝幅度。前18种原油的加剂量为50mg/kg，后8种原油的加剂量为200mg/kg；处理温度为55～80℃，每种原油都选用最佳处理温度。试验所用降凝剂为WHP。

表4－9　原油蜡含量及加剂降凝效果

原　　油	蜡含量 %	胶质含量 %	凝点 ℃	加剂量 mg/kg	加剂后凝点 ℃	降凝幅度 ℃
北疆	0.09	10.01	－20.0	50	－20.0	0.0
轮库线	3.41	10.04	－2.0	50	－40.0	38.0
新疆混1	4.09	8.26	9.7	50	－30.0	39.7
新疆混2	4.54	7.64	11.5	50	－21.0	32.5
新疆混3	4.76	8.26	10.0	50	－20.0	30.0
新疆混4	5.34	6.62	13.9	50	－15.0	28.9
库鄯线1	6.88	9.37	12.0	50	－36.0	48.0
库鄯线2	8.61	9.04	15.0	50	－22.0	37.0
长庆马岭	10.97	5.41	16.0	50	－2.0	18.0
大港	14.10	12.60	23.0	50	6.0	17.0
江汉	14.60	23.00	28.0	50	16.0	12.0
长庆红井子	15.10	5.18	18.0	50	3.0	15.0
二连	16.60	20.60	26.0	50	12.0	14.0
青海	20.00	10.50	25.0	50	12.0	13.0
冀东	20.50	15.70	28.0	50	15.0	13.0
鲁宁线	20.60	23.70	24.0	50	9.0	15.0
吉林	22.30	17.24	26.0	50	13.0	13.0
中原	23.95	7.17	32.5	50	20.0	12.5
吐哈	8.59	3.20	17.0	200	10.0	7.0
苏丹	9.44	14.55	10.0	200	0.0	10.0
牙哈	20.70	6.70	25.0	200	19.0	6.0
大庆	21.40	20.40	29.0	200	20.0	9.0
任丘	28.53	13.78	40.0	200	36.0	4.0
南阳	30.80	9.90	36.5	200	31.0	5.5
江苏	37.00	16.50	42.5	200	36.5	6.0
辽河	55.30	5.40	49.0	200	49.0	0.0

利用表4－9中数据描绘出降凝幅度与蜡含量关系曲线，如图4－11所示。

由此可看出，原油含蜡量对加剂改性效果的影响存在如下规律：

（1）原油蜡含量＜2%时，添加降凝剂基本无降凝效果。

（2）蜡含量在2%～10%范围内，原油对降凝剂感受性良好，凝点降低20℃以上。

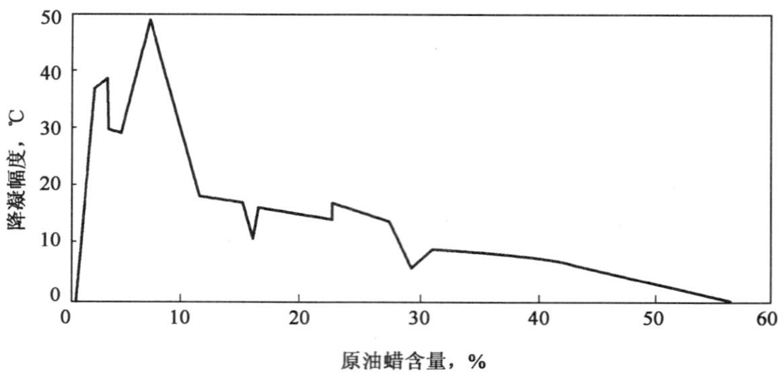

图4-11　原油的蜡含量对其加剂处理效果的影响

（3）蜡含量在10%～25%之间，原油对降凝剂感受性较好，凝点降低10～20℃。

（4）蜡含量>30%，原油对降凝剂感受性较差，凝点降低不超过10℃。

李鸿英等人分析了15种蜡含量不同（7.23%～26.29%）的原油的析蜡规律，发现在凝点温度前，已结晶的蜡（析蜡量）约占原油总量（质量）的2%；在倾点温度前，析蜡量约为1%。也就是说，不管原油蜡含量有多大差别，形成三维网状蜡晶结构使原油失去流动性所需要的蜡结晶量是差不多的。Romingsen等人指出，原油经最佳热处理后在其凝点温度前大约有4%的蜡晶析出。若该原油添加降凝剂，则由于凝点更低，因此在凝点温度前的析蜡量将增加。当然，如果原油热处理效果差，析蜡量就小于4%。

若原油蜡含量小于2%，则表明原油凝固时不可能形成使液态烃失去流动性的三维网状结构，原油凝固是因为粘度太大而引起的粘稠凝固，并不是蜡晶引起的结构凝固，降凝剂对这样的原油自然没有明显的降凝效果。

假定原油的析蜡温度区是相同的，而且蜡晶是均匀析出，即每降1℃析出的蜡晶是相等的，那么可以推知若蜡含量越大，则每降1℃所析出的蜡晶越多，蜡晶析出量从2%（未加剂原油凝点温度前的析蜡量）增加到4%（加剂原油凝点温度前的析蜡量）所需的温降幅度越小，即凝点降低幅度越小，降凝剂作用效果越差。

由上述分析和图4-11可知，蜡含量越高，添加降凝剂后降凝幅度越小，且存在一个上限临界蜡含量，当原油蜡含量高于临界值时，不管降凝剂注入量有多大，均无降凝效果。这是因为当蜡含量太高时，析蜡量从2%增加到4%所需的温降很小。

此外，蜡含量越高，析蜡过程中蜡晶过饱和度相对较大，晶核形成和蜡晶生长较快，使降凝剂分子与其吸附、共晶作用不够充分，也使降凝效果较差。

蜡含量只是蜡影响降凝剂作用效果的一个重要因素，但不是唯一的因素。当高碳蜡比例太高或出现明显的析蜡高峰温度区时，降凝效果也会较差。

2. 蜡的组成

表4-10示出Cabinda和Handil两种原油的物性对比，可以看出它们的蜡含量、API度、芳香烃含量及沥青质含量几乎都相等，Cabinda原油的挥发物含量远远低于Handil原油，似乎Cabinda原油的凝点应高于Handil原油。但事实正相反，Cabinda原油的凝点远远低于Handil原油。其原因就是Cabinda原油的饱和烃含量、极性化合物含量高于Handil原油。

表 4-10 Cabinda 和 Handil 原油的物性对比

原油	API 度	倾点 ℃	蜡含量 %	饱和烃含量 %	芳香烃含量 %	极性化合物含量 %	沥青质含量 %	挥发物含量（250℃） %
Cabinda	32.1	21.1	16.3	48.6	23.5	9.7	0.9	17.3
Handil	32.2	32.2	16.5	38.0	24.0	2.0	1.0	34.5

如果原油中蜡含量相近，但蜡的碳数分布差异较大，那么其加剂降凝效果也会有很大差别。表 4-11 给出部分原油蜡的碳数分布。

表 4-11 部分原油蜡的碳数分布

原　　油	< C_{20},%	C_{20} ~ C_{30},%	> C_{30},%
北疆	63.35	32.07	4.58
库鄯线	38.77	45.47	15.76
大港	2.73	71.18	26.09
冀东	54.85	36.87	8.27
鲁宁线	40.50	49.15	10.35
大庆	0.46	72.52	27.02
中原	0.10	69.70	30.20
南阳	1.61	71.23	27.16
吐哈	16.58	16.62	63.80
牙哈	0.41	81.67	17.92
苏丹	92.12	7.88	0

结合表 4-9 和表 4-11 可以看出，吐哈原油的蜡含量只有 8.59%，凝点应降低 20℃以上，但其降凝幅度却只有 7℃，远远低于蜡含量相近的其他原油的降凝效果。其原因就是蜡中高碳蜡比例大，C_{30}以上高分子蜡约占 63.8%。虽然将加剂量由 50mg/kg 增加到 200mg/kg，其降凝幅度仍然低于蜡含量相近原油降凝幅度的一半。

牙哈原油和苏丹原油中 C_{30}以上高碳蜡较少，但是碳数分布比较集中。牙哈原油中 C_{20} ~ C_{30}之间的蜡占总蜡量的 80% 以上，苏丹原油中 C_{20}以下的蜡占总蜡量的 90% 以上，其降凝幅度也低于蜡含量相近原油降凝幅度的一半。

PDVSA-Intevep 公司曾进行试验，研究原油中高碳蜡对降凝剂作用的影响。试验选用由委内瑞拉原油制作的合成原油以及 10 种不同的降凝剂产品。试验将合成原油分为两类：a 类原油中 C_{24}以上重质成分超过 52%，b 类原油中 C_{24}以上重质成分不到 39%。对两类原油加入降凝剂的试验结果表明：b 类原油对降凝剂感受性好，原油的相对分子质量分布（GPC）呈现出双峰特性。而感受性差的 a 类原油中，异构环烷烃的比例偏高，（GPC）呈现出单峰相对分子质量分布特征。

为了进一步分析蜡碳数分布对降凝剂的影响，试验者又将 C_{13} ~ C_{20}石蜡物质加入 a 类原油，使其轻质成分增加。同样，在 b 类原油中掺入石蜡物质 C_{20} ~ C_{44}，使其中的大分子烷烃值达到 63%（质量分数）左右。结果表明，a 类原油在与 C_{13} ~ C_{20}石蜡物质混合后，仍然对降凝剂的感受性较差，而 b 类原油在与 C_{20} ~ C_{44}石蜡物质混合后，则消失了对降凝剂的感受性。

上述试验结果都表明，即使蜡含量不超过30%甚至低于10%，只要原油中含有较多的高碳蜡或蜡的碳数比较集中，那么原油对降凝剂的感受性也较差。其原因与高蜡油对降凝剂感受性差的道理是一样的。当蜡的碳数比较集中特别是高碳蜡碳数比较集中时，必然存在析蜡比较集中的析蜡高峰温度区。未加剂原油的凝点温度（析蜡量达到2%左右的温度）通常处在析蜡高峰温度区内右侧，当油温低于原油凝点后，刚好处在析蜡速度最大的区域，每降1℃就有大量蜡晶析出，因此析蜡量从2%增加到4%所需的温降很小，即降凝效果差。

一般认为，蜡组分中烷烃和环烷烃对降凝剂感受性最好，少环长侧链的轻芳香烃感受性一般，而中重芳香烃感受性最差。

3. 胶质、沥青质

迄今为止，关于胶质、沥青质，国际上并没有统一的分析方法和明确的定义，人们对胶质特别是沥青质的结构尚未完全了解。图4－12是胶质和沥青质在原油体系中相互作用的示意图。沥青质是不溶于原油的固体，胶质吸附在沥青质的堆叠体表面分散于原油中。沥青质是原油中相对分子质量最大的稠环化合物，分子中芳香环通过分子间力形成平面堆叠体，胶质主要通过氢键作用吸附在沥青质堆叠体表面，多余的胶质形成胶束，使原油成为高粘胶态分散体系。胶质、沥青质的存在是原油粘度高的主要原因。

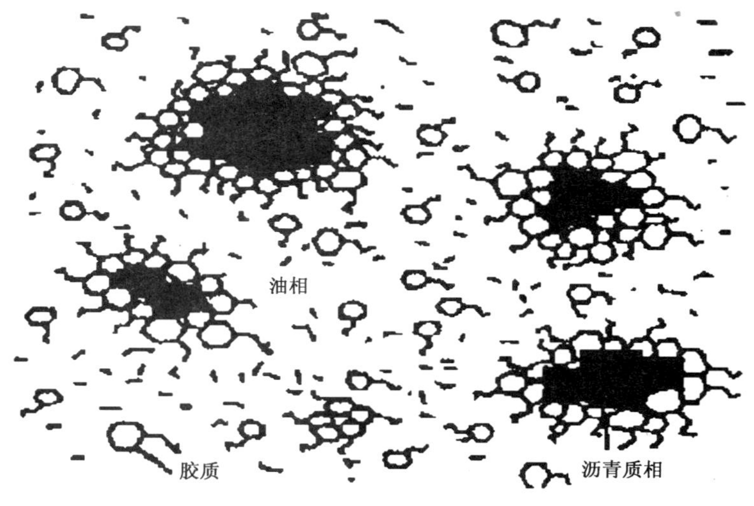

图4－12　胶质与沥青质在原油体系中相互作用示意图

胶质、沥青质会影响蜡晶结构。张红等人采用RIPP7－90氧化铝吸附法从越南Dragon原油中分离出胶质、沥青质，分别以质量分数0.5%、1.0%和2.5%加入到较易凝结的蜡含量为20%的模拟柴油中，升温至50℃并以2℃/min的降温速度降温至20℃，稳定后在偏光显微镜下放大至150倍对比拍照。蜡晶变化如图4－13所示，其中图4－13（a）是蜡含量为20%的模拟柴油的蜡晶照片，图4－13（b）、图4－13（c）和图4－13（d）是胶质、沥青质加入量分别为0.5%、1.0%和1.5%的蜡晶照片。可以看出，随着胶质、沥青质加入量的增加，蜡晶结构和形状发生明显变化，由针状、片状变为近似球状，表面能减少，不容易形成三维网状蜡晶结构。

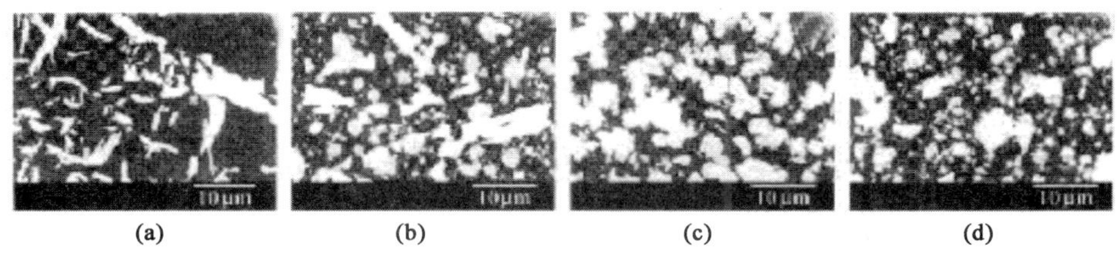

(a) (b) (c) (d)

图 4－13 加入沥青质和胶质的含蜡模拟油的蜡晶微观结构

胶质、沥青质实质上是天然降凝剂。改善蜡晶结构与降低原油凝点是一致的。在直馏分汽油中分别加入两种生物切片石蜡，制成蜡含量为 10% 但蜡组成不同的模拟蜡油 A 和 B。蜡油 A 和 B 的熔点范围分别为 60～62℃和 50～52℃，平均相对分子质量分别为 394 和 324，平均碳数分别为 28 和 23，都是正构烷烃。在模拟蜡油 A 和 B 中，分别加入胜利油田草桥稠油的胶质、沥青质，制成蜡含量都是 10% 但胶质、沥青含量不同的模拟蜡油。处理温度 60℃，降温速度 0.5℃/min，凝点测定结果如表 4－12 所示。

表 4－12 胶质、沥青质对模拟蜡油的降凝作用

胶质、沥青质含量，%	0	2	4	6	8	10
蜡油 A 凝点	28	8	－3	－6	－6	－6
蜡油 B 凝点	26	4	－6	－8	－8	－8

可以看出，胶质沥青质的加入使蜡含量为 10% 的模拟蜡油的凝点大幅下降，说明胶质、沥青质是含蜡油品的天然降凝剂。

原油管道热处理输送工艺的实质就是利用了原油中自然存在的胶质、沥青质的降凝功能。虽然原油组成非常复杂，但是通过大量的对比试验，已总结出胶质影响含蜡原油凝点的规律：当原油中胶质与 C_{16}～C_{38}正构烷烃之比为 0.43～5.2 时，经过最佳条件热处理，就可显示出降凝降粘效果。当胶－正构烷烃比为 0.6～3.0 时，热处理效果最为突出。

除胶－正构烷烃比对含蜡原油降凝效果有较大影响外，沥青质与蜡的相互作用情况也是影响降凝效果的重要因素。

美国 Gulf 石油公司研究发展中心的 D S Schuster 等曾用高效液相色谱分析法从原油中分离出蜡“四组分”（即饱和烃、芳香烃、极性物和沥青质），发现化学降凝过程中沥青质与蜡的缔合起着重要作用。若原油中的沥青质与蜡缔合共存，则表明这些蜡的结晶将被降凝剂所改良。原油中的沥青质不再同蜡缔合的温度很可能就是该种原油加入化学降凝剂所能达到的最低凝点温度。

既然胶质、沥青质是天然的降凝剂，那么天然降凝剂的降凝机理与人造降凝剂的降凝机理应该是相似的。国内外研究人员对胶质、沥青质在石蜡冷却结晶过程中的作用和影响提出过一些不同的解释。吸附理论认为胶质、沥青质在冷却重结晶过程中被吸附在蜡晶表面，起吸附包围作用，降低蜡晶表面能和结构强度。共晶理论认为，带有长侧链的非极性胶质在冷却重结晶过程中能进入石蜡晶体结构中与之共晶，而带有极性基团的胶质被吸附在蜡晶表面，阻止蜡晶生长成大块片状晶体。

在含蜡原油中加入降凝剂，总会显示出一定的降凝效果。不过热处理效果好的原油，加入降凝剂后降凝效果会更好，可以说加剂降凝效果是胶质、沥青质与降凝剂共同作用的结果。一般情况下，原油蜡含量比馏分油蜡含量高得多，而原油降凝所需要的加剂量（5～500mg/kg）却大大低于馏分油降凝所需要的加剂量（1000～5000mg/kg），这些都说明在降凝剂作用过程中，胶质、沥青质起着重要作用。

胶质、沥青质是带有极性基团和烷基链的大分子非烃类稠环化合物，是天然的表面活性剂，一般具有降凝作用且对降凝剂的降凝效果有促进作用。含有酚类、胺类等化合物的胶质，加快降凝剂与石蜡的共晶速度，对降凝剂的降凝效果有促进作用。但含有羟基的较短烷基侧链的芳香醚类化合物的胶质，降低降凝剂与石蜡的共晶速度，对降凝剂的降凝效果有抑制作用，例如大庆原油含有较多的这种胶质，导致大庆原油对降凝剂的感受性较差。

关于胶质、沥青质的影响，有一种假说认为，胶质和沥青质对降凝剂发挥降凝效果具有促进作用，在无胶质的蜡溶液中，分子呈卷曲状态，使降凝剂分子中可与蜡分子发生共晶作用的碳链被包裹在卷曲结构的内部，难于同蜡分子一起形成多核共晶体，因而也就不能很好地起到降凝作用。当蜡溶液中存在适量的胶质时，含极性基团的胶质起着分散作用，它们与降凝剂分子的极性基团相互作用，使得降凝剂分子由卷曲变得舒展，于是蜡分子便能与降凝剂分子一起从溶液中析出，形成多核共晶体，从而使蜡溶液的凝点降低。

二、降凝剂结构

目前使用的降凝剂都是分子中含有长烷基链和极性基团的聚合物。按照长烷基链的位置可分为两大类：一类是以乙烯—乙酸乙烯酯（EVA）为代表的降凝剂，其长烷基链接在分子的主链上；另一类是以聚丙烯酸酯（PA）为代表的降凝剂，侧链即为长烷基链。此外还有一些降凝剂两者兼有。典型结构的降凝剂种类如表4－13所示。

表4－13　典型结构的降凝剂种类

结构特征	降凝剂名称
具有长侧链	聚（甲基）丙烯酸 $C_{16\sim30}$ 长侧链烷基酯， 丙烯酸长链烷基酯和甲基丙烯酸长侧链烷基酯的共聚物， 乙烯基 $C_{10\sim20}$ 烷基醚的均聚物， （甲基）丙烯酸长链烷基酯和其他极性单体共聚物， α－烯烃（$C_{15\sim20}$）—马来酸酐—$C_{16\sim18}$ 胺共聚物
具有长主链	乙烯—乙酸乙烯酯共聚物， 乙烯—甲基丙烯酸酯共聚物， 乙烯—丙烯共聚物， 乙烯—乙烯基甲酮共聚物， 乙烯—马来酸酐共聚物
长侧链、长主链兼有	乙烯—$C_{15\sim27}$ 脂肪酸乙烯酯共聚物， 乙烯—马来酸酐 $C_{16\sim20}$ 醇酯共聚物， 乙烯—苯乙烯—丙烯酸烷基酯共聚物

长烷基链用于和原油中蜡分子共晶析出，形成降凝剂分子与蜡分子的结合；极性基团则吸附于蜡晶表面，一方面产生空间屏蔽作用，另一方面改变晶液界面性质，使蜡晶表面带有极性或电性，有利于蜡晶在原油中分散稳定和枝－球状结构生长，减弱蜡晶聚集成网状结构

的趋势。可见降凝剂分子参与共晶是发挥作用的前提，而具有合适的分子结构是其发挥良好降凝作用的必要条件。影响降凝剂作用效果的降凝剂自身因素包括：非极性碳链的长度及碳数分布、极性基团的含量及极性大小、支化度、相对分子质量及降凝剂在原油中的形态等。

1. 降凝剂非极性碳链长度及碳数分布

一般认为降凝剂中非极性碳链的作用就是与原油中蜡共晶。当非极性碳链的碳数与原油中蜡的平均碳数或碳数分布峰值一致时，降凝剂与蜡的共晶度较高，降凝剂的作用效果较好。对于聚丙烯酸酯（PA）降凝剂而言，其侧链碳原子数与原油中平均碳原子数相等时，降凝效果最好。但最近研究结果表明，聚丙烯酸酯侧链上只有与极性基团相距较远的一部分碳原子参与共晶，由此可知，聚丙烯酸酯侧链碳数略高于原油中蜡的平均碳数时，降凝剂的降凝效果最好。含蜡高凝原油中蜡的碳数分布峰值一般都大于20，因此聚丙烯酸酯侧链碳数大于20的降凝剂的普适性好。由于常用的降凝剂的长烷基链长小于19，因此单独用作含蜡高凝原油的降凝剂时效果不理想。有人利用 C_{18} ~ C_{24} 的混合醇、C_{22} 的高级脂肪醇合成出聚丙烯酸酯，比常用的聚丙烯酸酯具有更好的降凝效果和适应性。

应用溶液聚合法合成各种结构的乙烯—乙酸乙烯酯（EVA）降凝剂和侧链碳原子数为16 ~ 30的聚丙烯酸酯（PA）降凝剂，采用差示扫描量热仪（DSC）测定结晶温度，计算出不同结构降凝剂（平均相对分子质量相近）长烷基链上参与结晶的碳原子数，并研究降凝剂结构与中原、胜利原油加剂降凝的关系，如表4－14、表4－15和图4－14、图4－15所示，表4－16是中原、胜利原油的物性。

表4－14　乙烯链节长度对EVA结晶性能的影响

EVA共聚物编号	平均碳原子数	结晶温度，℃	参与结晶的碳原子数
1	22.6	50	6.78
2	23.0	56	7.70
3	26.0	70	10.92
4	30.4	72	14.00
5	36.8	75	19.14

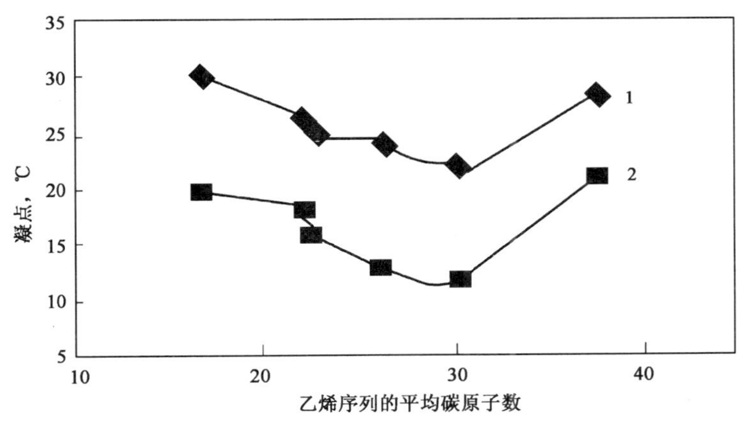

图4－14　EVA共聚物分子中乙烯序列的平均碳原子数对降凝效果的影响

1—加剂中原原油；2—加剂胜利原油

表 4-15　侧链碳原子数对 PA 结晶性能的影响

PA 共聚物	平均碳原子数	结晶温度,℃	参与结晶的碳原子数
PA-14	14	32	5.45
PA-16	16	43	7.35
PA-18	18	56	9.45
PA-22	22	72	11.49
PA-26	26	86	14.96

表 4-16　中原、胜利原油的基本物性

原油	凝点 ℃	蜡含量 %	胶质含量 %	沥青质含量 %	密度 g/cm^3
中原	34	24.4	8.0	1.0	0.8410
胜利	24	26.6	14.6	14.6	0.9023

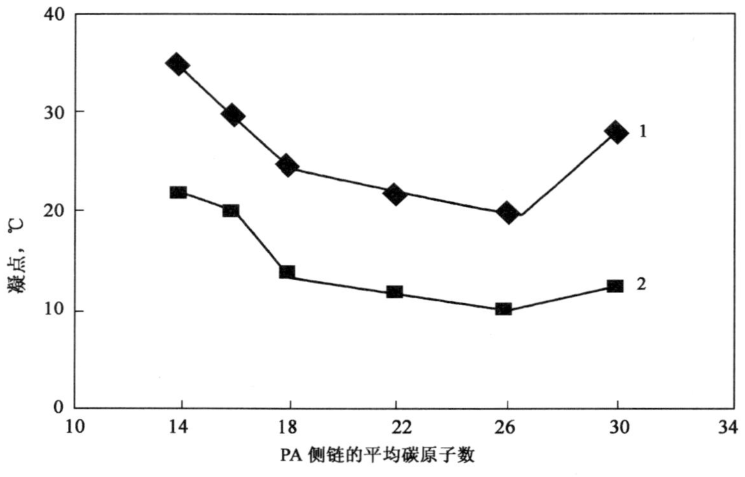

图 4-15　PA 侧链长度对降凝效果的影响

1—加剂中原原油；2—加剂胜利原油

通过气相色谱分析，胜利原油中蜡的平均碳原子数为 20，中原原油中蜡的平均碳原子数为 21。由图 4-14 和图 4-15 知道，当 EVA 共聚物分子中乙烯序列的平均碳原子数为 30 或 PA 降凝剂分子侧链的平均碳原子数为 26 时，两种原油的降凝效果最好。此外，从表 4-14 和表 4-15 又可看出，此时 EVA 参与结晶的碳原子数是 14.00，PA 参与结晶的碳原子数是 14.96，它们大约为胜利、中原原油中蜡的平均碳原子数的 3/4。由此可得出如下结论：不管是 EVA 类降凝剂或是 PA 类降凝剂，其长烷基链上的碳原子不会都参与结晶，只有远离极性基团的部分碳原子参与结晶，而且当参与结晶的碳原子数约等于原油中蜡的平均碳原子数的 3/4 时，降凝剂的降凝效果最好。这一结论可以这样解释：在相同加剂量下，长烷基链上碳原子数过多的降凝剂，其物质的量相对较少，即降凝剂贡献的可结晶的烷基链数较少；同时，烷基链太长，大大减弱蜡极性基团的分散作用，使降凝效果变差。若烷基链长度太短，则能够参与结晶的碳原子数太少，降凝剂对蜡晶生长的干扰作用较小，也使降凝效果变差。

徐海红利用大庆原油和六种聚丙烯酸高碳醇酯，研究了降凝剂侧链碳数分布与原油中蜡的碳数分布的一致性对降凝效果的影响，发现降凝剂的侧链碳数分布与原油中蜡的碳数分布越接近，原油加剂改性效果越好。

事实上，原油凝固时只有一部分蜡析出，其余大部分蜡仍以液态或熔融态形式存在于原油中，被已析出蜡形成的三维网状结构分隔包围而失去流动性。前者应是原油中的高分子蜡，而后者应是原油中的低分子蜡。由于含蜡原油凝固时一般需要的析蜡量约为原油的2%，而加剂原油凝固时石蜡的析出量是原油的4%～5%，因此只有原油凝固前析出的那些石蜡（析蜡量为4%～5%）与降凝剂吸附共晶才具有降凝作用，而原油凝固后析出的石蜡与降凝剂吸附共晶没有任何降凝意义，只能增加已形成的三维网状蜡晶结构的强度。也就是说，降凝剂中非极性烷烃链的碳数分布不应该与原油中所有蜡的碳数分布相关，而应该与原油凝固前析出的那部分蜡的碳数分布相关。由此可以认为，当原油蜡含量小于5%时，降凝剂的非极性烷烃链的碳数分布及平均碳数应与原油中所有蜡的碳数分布及平均碳数一致；而当蜡含量大于5%时，只需考虑与先析出的那部分蜡（析蜡量为5%）的碳数分布及平均碳数相关性即可。图4－14、图4－15的试验数据也证明了这种推论的正确性。平均碳数26或30是远大于一般原油中蜡的平均碳数的。

2. 极性基团含量及其极性

使降凝剂中非极性基团的碳数及其分布与原油中蜡碳数相关，是实现降凝剂与蜡良好共晶的一个条件。而降凝剂中的极性基团含量和极性大小对降凝剂的结晶性能也有很大影响。

降凝剂一方面依靠非极性基团与蜡共晶，另一方面又依靠极性基团起到分散蜡晶的作用，当两种功能都具备时，降凝剂才具有降凝效果，因此降凝剂中极性基团与非极性烷基要有适当的比例才能获得较好的改性效果，这主要表现在降凝剂的结晶性能上。降凝剂分子结构中极性基团含量增加时，非极性基团的相对含量减少，降凝剂的结晶度降低，使降凝剂与蜡不容易共晶。相反，如果降凝剂分子结构中的可结晶部分含量增加，结晶度过大，那么降凝剂分子的极性必然要降低，对晶核的分散作用下降，也达不到良好的降凝效果。

以一组平均相对分子质量相近，VA链节含量不同的EVA聚合物作为降凝剂，VA链节含量变化对中原、胜利原油降凝效果的影响如图4－16所示。

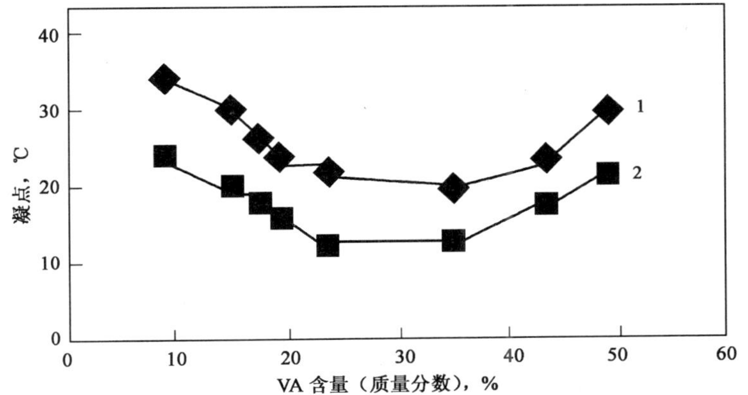

图4－16　VA链节含量与EVA降凝效果的关系

1—加剂中原原油；2—加剂胜利原油

由图4-16可看出，EVA中VA链节含量在23%~35%之间时，降凝效果达到最佳。这同文献上有关EVA中VA链节含量在20%~45%之间对原油有较好降凝效果的报道是一致的。VA链节含量过高，共聚物的刚性增加，结晶度降低。VA链节含量过低时，EVA所起的降凝作用如同低密度聚乙烯一样。

对降凝剂改性的一个重要方法就是在降凝剂分子结构中通过共聚或接枝等聚合方法引入极性基团，例如胺基、磺酸等。将含氮单体与丙烯酸酯共聚，得到含氮的共聚物（丙烯酸酯—乙烯胺共聚物），其结构式如下：

$$-\!\!\left(CH_2-\underset{\displaystyle COOC_{18}H_{37}}{\underset{|}{CH}}\right)_{\!m}\!\!-\!\!\left(CH_2-\underset{\displaystyle NHR}{\underset{|}{CH}}\right)_{\!n}\!\!-$$

其中，m为丙烯酸十八酯的聚合度；n为含氮单体的聚合度。

平均相对分子质量在1.5×10^4左右的含氮聚丙烯酸酯共聚物的极性基团含量对降凝效果的影响见图4-17。

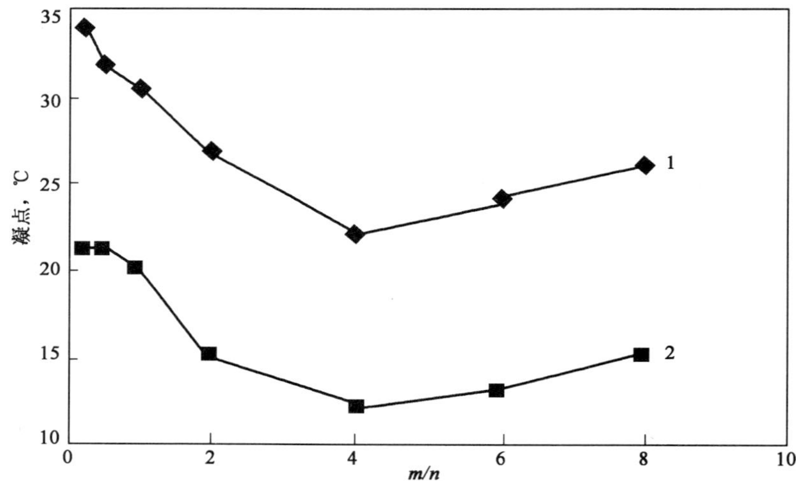

图4-17　聚丙烯酸酯—乙烯胺共聚物极性基团含量对降凝效果的影响

1—加剂中原原油；2—加剂胜利原油

可以看出，随着含氮聚丙烯酸酯共聚物的极性基团含量的增加，降凝效果增加；当$m/n=4$时降凝剂的降凝效果达到最好；极性基团再增加，降凝效果降低。降凝剂分子中的极性基团使得蜡与降凝剂结合后的蜡晶带电，由于蜡晶带同性电荷互相排斥，因此与降凝剂结合的蜡晶不易相互结合形成大的晶体，从而达到降低原油凝点的目的。极性基团的加入，增强了PA降凝剂的极性，即增强与降凝剂结合的蜡晶的电性而使它们之间的电性排斥力增大。但是，如果极性基团含量很高，会使降凝剂在原油中的溶解度下降而减小降凝作用。

对于长侧链烷基酯类聚合物降凝剂来说，降凝剂的结晶能力取决于侧链长度和降凝剂的相对分子质量。EVA同长侧链烷基酯类聚合物相比，虽然烷基序列较短（一般为11个碳），不利于对蜡晶生长起定向作用，但由于改变乙酸乙烯酯的含量可以较大程度地调节结晶能力，因而对原油有较好的适应性和较理想的降凝效果。

3. 支化度

支化度表示聚合物分子结构中支链的多少，用1000个碳原子中所具有的甲基个数来衡量，也可以用具有相同相对分子质量的支化高分子与线性高分子的平均分子尺寸之比或特性粘度之比来评价。支化度也是影响降凝剂结晶性能和降凝效果的重要因素。

将相对分子质量和分子结构相近、支化度不同的一组EVA共聚物降凝剂进行降凝试验，研发支化度对EVA降凝剂降凝效果的影响，如图4－18所示。

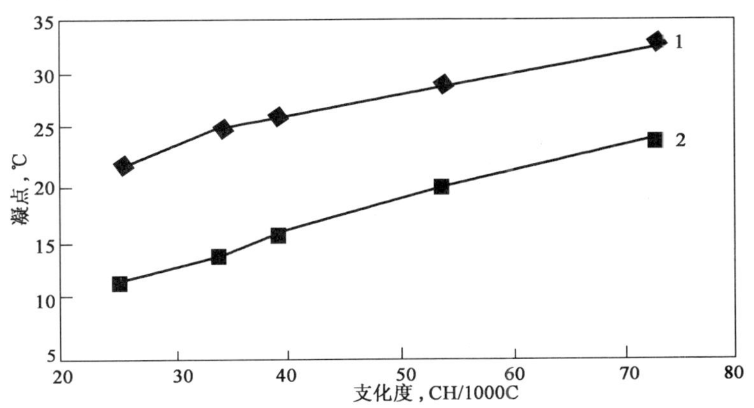

图4－18　EVA支化度与降凝效果的关系

1—加剂中原原油；2—加剂胜利原油

由图4－18看出，支化度低的EVA通常比支化度高的EVA降凝效果更好一些。支化度增加，EVA结晶能力减小，且由于支链的空间效应，使降凝剂对原油中的蜡分子进行吸附和共晶的机会和能力减小，因此，支化度高的EVA降凝剂的降凝效果差一些。

对于多支链的星形降凝剂而言，其降凝降粘作用不但与支链的长度有关，而且还与支链数有关。支化分子较线性分子的链段排布得紧凑，因此多支链高分子的空间结构较对称，许多文献的蜡晶偏光显微照片证实，多支链或空间结构较对称的降凝剂，易诱导石蜡生成球形蜡晶结构，减少了蜡晶的表面积比，使蜡晶不易发展成三维网状蜡晶结构。

关于乙烯—乙酸乙烯酯共聚物（EVA）支化度对EVA性能影响的研究表明，EVA中主要的烃支链是烷基，它们对EVA性能的影响与其对结晶过程的破坏作用有关。若烃支链增长，特别是烃支链增多（支化度增大），则对结晶的破坏作用增大。但当烃支链增加到一定长度后，它们又会成为结晶的一部分。

4. 降凝剂相对分子质量

一般认为，降凝剂相对分子质量分布较宽时，降凝效果较好，并存在一个最佳的相对分子质量范围，相对分子质量过低或过高时降凝效果都不显著。不过，关于最佳相对分子质量范围至今尚未统一认识。

为研究平均相对分子质量对PA降凝剂降凝效果的影响，测定了不同平均相对分子质量的PA－18降凝剂对中原、胜利原油的降凝效果，数据显示在图4－19中。

图4－19显示，聚丙烯酸酯降凝剂（PA－18）的最佳相对分子质量范围为（1～10）$\times 10^4$。而且当平均相对分子质量约为1.3×10^4时降凝效果最好。

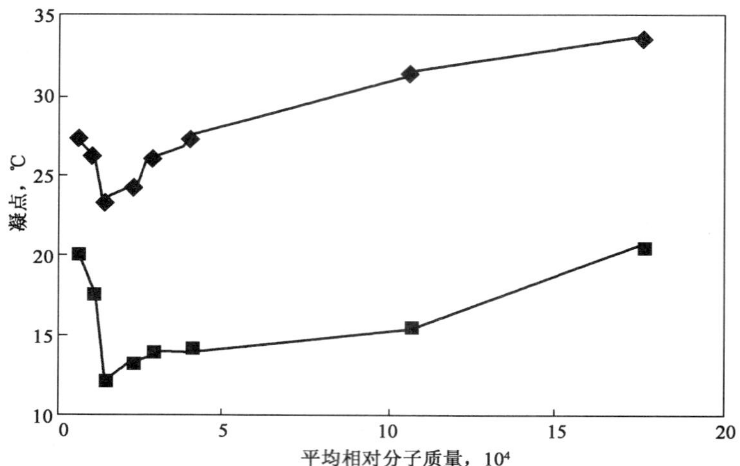

图 4-19　PA-18 的平均相对分子质量对降凝效果的影响

1—中原加剂原油；2—胜利加剂原油

对于 EVA 降凝剂，当 VA 链节含量为 28% 时，EVA 降凝剂的平均相对分子质量对降凝剂降凝性能的影响显示在图 4-20 中。

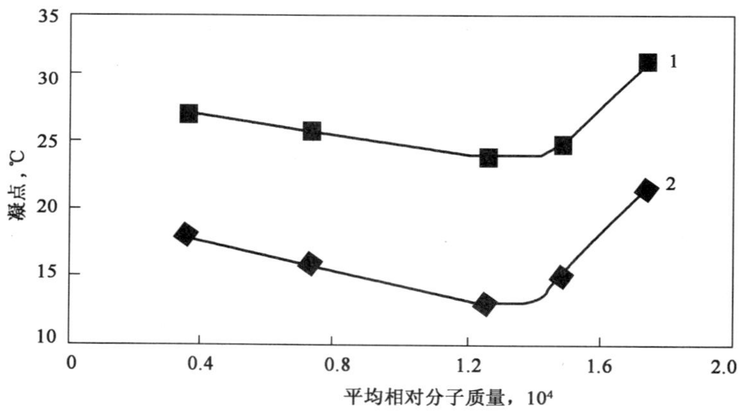

图 4-20　EVA 的平均相对分子质量与降凝效果的关系

1—加剂中原原油；2—加剂胜利原油

可以看出，EVA 降凝效果最好时的平均相对分子质量约为 1.3×10^4，与聚丙烯酸酯 PA 降凝剂降凝效果最好的平均相对分子质量基本一致。

将相对分子质量分布较宽的 EVA 降凝剂进行分级，使其相对分子质量分布变窄。利用相对分子量分布宽（分级前）窄（分级后）不同但平均相对分子质量相近的降凝剂进行降凝试验，测试数据如表 4-17 所示。

可以看出，EVA 降凝剂相对分子质量分布对降凝效果有影响，但不明显。对于聚丙烯酸酯 PA 降凝剂也可得出同样结论。

美国 Lubrizol 公司通过改变反应条件、引发剂的用量得到具有不同相对分子质量的聚合物。表 4-18 示出一组降凝剂的降凝效果。降凝剂的主链结构和侧链长度都相同，只是相对分子质量不同。

表 4－17　EVA 降凝剂相对分子质量分布对降凝效果的影响

项　　目	EVA 平均相对分子量 10^4	加剂中原原油的凝点 ℃	加剂胜利原油的凝点 ℃
分级前	0.72	26.2	15.6
	1.48	24.5	14.3
分级后	0.70	27.3	16.5
	1.54	23.6	13.6

表 4－18　聚合物相对分子质量对降凝效果的影响

序　　号	数均相对分子质量	重均相对分子质量	高峰相对分子质量	倾点,℃
空白油	—	—	—	24
单体	489	489	489	24
1	56000	78700	86700	9
2	33000	42200	40300	11
3	64000	96200	96000	10
4	54000	81400	90000	9
5	61000	88900	92700	10
6	78000	133000	124000	11
7	62000	94000	94000	10
8	54000	75000	85000	9
9	34000	43000	41400	10
10	71000	128000	119000	12

表 4－18 显示，在数均相对分子质量（3.3～7.8）$\times10^4$、重均相对分子质量（4.22～13.3）$\times10^4$或高峰相对分子质量（4.03～12.4）$\times10^4$范围内，相对分子质量对降凝剂的降凝效果影响不是很明显，降凝幅度差别在 3℃以内。不过仍可找出最佳相对分子质量范围。当数均相对分子质量范围为（3.4～6.4）$\times10^4$、重均相对分子质量范围为（4.3～9.6）$\times10^4$或高峰相对分子质量范围为（4.2～9.6）$\times10^4$时，降凝剂降凝效果最好且差别只有 1℃。

三、降凝剂应用技术条件

合适的原油组成和降凝剂结构，只是实现加剂降凝的前提，如果加剂处理工艺不当或者某些影响降凝剂效果的因素无法克服，那么降凝剂的降凝作用将会受到严重影响。

1. 加剂量

随着降凝剂加入量的增加，原油凝点或粘度不断降低，但两者与加剂量并非是线性关系，它们的下降速度越来越慢，直到降凝剂加入量等于最佳加剂量时，凝点或粘度达到最低值，不再随加剂量的增加而降低。最佳加剂量就是原油加剂改性效果不再明显改善时的最低加剂量。当加剂量低于最佳加剂量时，由于降凝剂不足，因此蜡晶析出后，得不到有效的分散，达不到最大的降凝效果；当加剂量大于最佳加剂量时，过量的降凝剂分子不再参与蜡晶的共晶吸附，对降凝效果无明显改善。加剂量超过最佳加剂量是不经济的。图4－21是东黄（东营—黄岛）老线加入不同剂量BEM－3型降凝剂后原油26℃时粘度的变化情况。图中表明，最佳加剂量是75g/t左右。

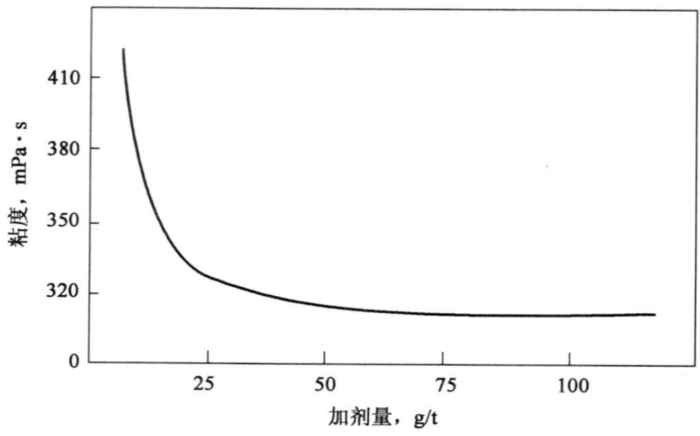

图4－21　26℃时东黄老线原油粘度与加剂量的关系

最佳加剂量并不是固定的，而是与原油组成及降凝剂种类、结构有关。显然，使用加剂量不应该大于最佳加剂量，而是应该依据实际需要再选择加剂量的大小，可以等于最佳加剂量，也可以小于最佳加剂量。

2. 加剂处理温度

基于蜡与降凝剂的吸附、共晶降凝理论，原油加入降凝剂时的温度必须高于原油中全部蜡的溶化温度，使蜡以分子状态溶解于原油中，然后降凝剂在随原油降温冷却的过程中通过与蜡吸附、共晶而起到降凝作用。

最佳加剂处理温度就是降凝效果最大的最低加剂处理温度。一般认为，所谓最佳处理温度是指绝大部分蜡溶化，但高碳微晶蜡又不溶化的温度。当处理温度低于最佳处理温度时，部分石蜡没溶化，降凝剂与石蜡的吸附共晶不充分，降凝效果较差；若处理温度明显高于最佳处理温度，可能引起微晶蜡的溶解，又会使降凝效果降低。

人们不仅认为微晶蜡在加剂降凝过程中起负作用，而且也认为微晶蜡会降低热处理的降凝效果。不过，在对塔里木原油进行热处理和加降凝剂处理的试验中，试验数据却与上述人们的普遍认识不同。试验用降凝剂为GY-3，加剂量为60mg/kg。在处理温度下恒温10min，然后以1℃/min速度动态降温，降到30℃后，改变降温速度为0.5℃/min。试验期间搅拌器转速80～120r/min。试验结果如表4－19所示，原油处理前凝点为0℃。

表4－19　处理温度对塔里木混合油热处理和加剂处理的影响

处理温度，℃		40	45	50	55	60	65	70	80	85	90
凝点，℃	热处理	—	—	－0.5	—	4.5	—	4.0	1.0	－10	－10
	加剂处理	－3.0	－3.5	－13	－13.5	—	－13.5	－13.5	—	—	—

表中数据显示：塔里木混合油的最佳热处理温度为85℃，当处理温度为85～90℃时，降凝幅度为10℃；最差热处理温度为60℃左右，当处理温度为60～70℃时，凝点不仅没降

低，反而升高4~4.5℃。最佳加剂处理温度为55℃，当处理温度为55~70℃时，降凝幅度为13.5℃。一般认为，加剂处理效果是热处理与加剂处理的综合作用效果，表4-19的数据显然与上述认识是相悖的。因为最佳加剂处理温度（55℃）不仅比最佳热处理温度（85℃）低30℃，而且还处于最差热处理温度范围内，也就是说热处理对加剂降凝效果不仅没起辅助作用，反而可能存在恶化作用，所以不能笼统认为热处理效果好（或不好）的原油加剂处理效果一定好（或不好），需要具体情况具体分析。每种原油的最佳处理温度，目前仍然需要通过试验最后确定。

3. 剪切作用

加剂原油加热到最佳加剂处理温度后，其低温流变性得到明显改善，凝点和低温粘度会显著降低。但是原油改性效果会在原油管输过程中因各种因素的影响而逐渐恶化。主要影响因素之一就是管输过程中的剪切作用，即因相邻油层或相邻质点的速度不同而产生的剪切应力作用，轻则使蜡晶颗粒旋转，增加能耗，增大原油粘度；重则蜡晶颗粒被剪断、破碎和变形。

将原油从管道首端输送到末端，都要经过泵、阀和管道等。依据剪切强度和剪切时间的不同，原油在管输过程中经受的剪切大体可分为两类：一类是短时间的高速剪切，如原油在离心泵或大落差管道减压阀中受到的剪切；另一类是长时间的低速剪切，如原油沿管道流动时经受的管流剪切。这些剪切都可能会改变蜡晶形态、大小和结构，影响原油改性效果，而影响大小与原油的组成和剪切的强度、温度及时间有关。

剪切的直接结果是破碎蜡晶或蜡晶聚集体，因此剪切作用有两个特点，一个是积累效应，另一个是滞后效应。例如在某一剪速下，短暂剪切对原油改性效果没影响，而长期剪切可能会有明显作用。再如剪切对剪切温度下原油粘度影响不大，但油温降低后粘度比剪切前明显增大。

吕爱华试验研究了剪切对加剂原油低温流变性的影响。油样蜡含量13.55%，析蜡点32℃，凝点15℃，析蜡高峰温度点22℃，加剂原油凝点8℃。将加剂原油升温到65℃并恒温一段时间，然后以0.5℃/min的降温速度将油样冷却到剪切温度，再利用搅拌器搅拌，剪切转速为1300r/min。测试结果示于表4-20和图4-22。

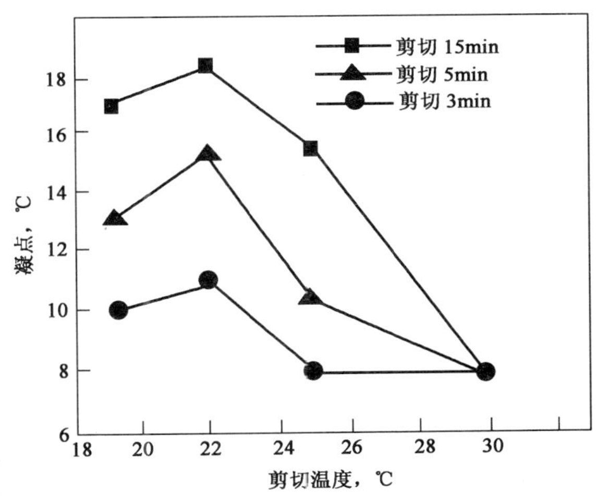

图4-22 剪切温度、剪切时间对加剂原油凝点的影响

表4-20 剪切温度、剪切时间对加剂原油凝点的影响

剪切温度，℃		30	25	22	19
剪切时间，min	3	8	8	11	10
	5	8	10	15	13
	15	8	15	18	17

由图表可以看出，剪切温度不同对加剂原油凝点的影响不同：当剪切温度高于析蜡点或刚低于析蜡点时，剪切对加剂原油的凝点无影响。随着剪切油温降低，剪切对加剂原油凝点的影响越来越大。当剪切温度等于析蜡高峰温度时，加剂原油凝点上升最多。尔后随着剪切温度降低，剪切对原油凝点的影响减小。随着剪切时间延长，剪切影响程度增大，剪切时间越长，加剂原油凝点越高。

剪切恶化加剂原油改性效果的基本原因是：当剪切强度（或速度）和剪切时间的共同作用达到一定程度时，可使蜡晶或蜡晶聚集体破碎，形成较小的蜡晶或蜡晶聚集体。剪切速度越高和剪切时间越长，蜡晶或蜡晶聚集体被破坏得越严重。假定加剂原油中蜡晶是球形，且剪切后半径缩小一半，则剪切使其数量增加到 8 倍。一方面剪切使蜡晶数目增加、蜡晶间距减小，另一方面剪切产生许多蜡晶断面，没有足够的降凝剂分子与之吸附共晶，晶面性质不能改变，因此在剪切后的降温析蜡过程中，石蜡分子容易交联成三维网状结构，使加剂原油凝点上升。

除剪切速度和剪切时间外，剪切影响的大小还取决于剪切前的析蜡量和剪切后的析蜡速度。析蜡量和析蜡速度越大，形成三维网状结构越快。

对于具有明显析蜡高峰温度区的原油而言，存在与之相应的剪切效应高峰温度区。可以这样解释：当剪切温度高于析蜡点时，原油中没有蜡晶析出，各种原油组分处于较均匀状态，剪切无法影响降温过程中蜡的析出、成核和聚集等过程，因此剪切对原油凝点无影响。当剪切温度略低于析蜡点时，原油中析出的蜡晶很小、数量很少，不足以聚集而充分分散于原油体系中，故剪切对原油体系内部整体形态分布几乎没有影响，对凝点同样也无影响。当含蜡原油温度处于析蜡温度以下时，其流变性与原油中析出的蜡晶量、蜡晶结构形态和聚集程度密切相关。当剪切油温处于析蜡高峰温度 22℃时，一方面剪切前已有很多蜡晶析出，剪切会使得已形成的蜡晶聚集体破碎分散，形成大量细小、均匀分布的蜡晶结晶核。另一方面剪切后析蜡速度很快，会有大量的蜡晶迅速析出，以这些结晶核为中心聚集，随着温度降低很快就能形成三维网状结构而使原油凝固，使原油凝点明显升高。当剪切温度降低为 19℃时，虽然剪切前析蜡量增加，剪切会形成更多分散的蜡晶结晶核，但是剪切后析蜡速度减慢，没有足够多的石蜡分子析出附着到结晶核上，故凝点有所降低。而相对析蜡高峰温度而言，在剪切温度高于析蜡高峰温度区时，原油中析出的蜡晶量较少，析蜡速度也较慢，故凝点恶化程度也会较轻。

在实际应用中，应避免原油在油温处于析蜡高峰温度区时通过泵或减压阀。在中洛线、马惠宁线、濮临线和鲁宁线的加剂现场试验中，也都观察到在析蜡高峰温度区的过泵高速剪切恶化了加剂改性效果，过泵后原油凝点明显上升。

一般认为，短距离管道的管流低速剪切对原油改性效果无影响。实际上，从无影响剪切过渡到有影响剪切的临界剪切速度很难确定，因为不仅要考虑剪切速度和剪切时间，更重要的是要考虑剪切温度，即注意高于剪切温度时的析蜡量和低于剪切温度时的析蜡速度。如果析蜡量或（和）析蜡速度很慢，那么临界剪切速度可以较高或管线可以较长。

李玉凤等人研究了剪切对加剂大庆原油流变性的影响。在同样剪切条件下，剪切对原油粘度的影响不仅取决于剪切温度，而且还取决于测粘温度。若剪切温度处于析蜡点与测粘温度之间的中间位置，则剪切对粘度影响最大；若剪切温度靠近析蜡点或测粘温度，则剪切对

粘度影响最小。当剪切温度等于测粘温度时，剪切使原油粘度减小。这也可以利用上述原理进行解释，即剪切后粘度变化取决于剪切前的析蜡量和剪切后的析蜡速度。

李传宪等人试验研究了加剂长庆原油在不同温度下经受高速剪切后对原油低温粘度的影响。原油蜡含量 15.5%，凝点 22℃，反常点 27℃，析蜡点 38℃，析蜡高峰温度区 20～25℃，60℃加剂后凝点 10℃，降凝剂为 GY－2，加剂量是 30mg/kg。模拟泵在不同油温下以 $1312s^{-1}$ 的剪切速度高速剪切 2min，试验结果示于表 4－21 中。

表 4－21 不同温度下高速剪切对加剂长庆原油低温流动性的影响

测粘温度，℃	未剪切原油粘度 mPa·s	高速剪切后原油粘度与未剪切原油粘度之比			
		30℃	25℃	20℃	15℃
12	78.0	1.00	5.81	6.14	2.43
11	106.5	0.87	5.03	5.13	2.81
10	142.9	0.95	4.46	4.59	3.03
9	201.3	0.90	4.07	4.09	2.70

表 4－21 中数据再次验证了剪切前析蜡量和剪切后析蜡速度对加剂原油低温流动性影响的规律。在析蜡高峰温度区（20～25℃），由于剪切前析蜡量和剪切后析蜡速度都较大，因此 20℃和 25℃时的高速剪切使原油低温粘度增加到 4～6 倍。油温降至 15℃时有更多蜡晶析出，但低于 15℃后析蜡速度很慢，故而 15℃剪切使原油低温粘度增加较少，约为 2～3 倍。30℃处于析蜡点与反常点之间，不仅高于 30℃时析蜡量很小，而且低于 30℃时析蜡速度也较慢，因此 30℃高速剪切后原油低温粘度基本不变。

一般情况下，高速剪切会使加剂原油改性效果恶化，而且若不再进行加热升温处理，则改性效果不会恢复。但是有些原油的加剂改性效果在一定条件下可以恢复。库鄯线输送塔里木混合原油，实现了加剂常温输送。加剂原油经过大落差管道的减压阀的高速剪切后，凝点上升 3～6℃，静置 10h 后加剂原油流变性得到恢复。当加剂原油沿管道继续流动 50h 运行 175km 从减压站到达末站后，原油流动性不仅能够恢复，而且得到改善。数据如表 4－22 所示。应用 GY－3 降凝剂，加剂量 8g/t。

表 4－22 库鄯线减压阀对加剂塔里木原油流变性的影响

项　目	减压阀前	减压阀后	末　站
取样油温，℃	9.5～10.5	12.0～12.5	13.1～13.3
凝点，℃	－10～－13	－6～－7	－15～－19
2℃粘度，mPa·s	30～37	35～38	29～33

室内模拟试验还表明，输油温度越低，塔里木原油加剂改性效果越好，原油流变性恢复时间越短。当模拟输油温度为 13℃时，加剂塔里木原油流变性恢复时间为 5～10h；模拟输油温度为 4℃时，原油流变性恢复时间只有 1h 左右。

4. 油温回升

加剂输油管道可分为两种运行模式，即加热常温输送和分段加热输送。前者是在首站对原油进行升温加剂处理后，沿线降温至地温并在接近地温的条件下输送；后者是因为原油加剂后低温流动性较差，只能降低进站油温，减少热站或延长站间距，仍需要隔一定距离对原油加热升温。

加剂原油沿管道流动过程中，若油温回升，则必然会发生部分蜡晶被溶解的现象，改变蜡晶形态，减小蜡晶尺寸，影响原油的改性效果。在下述两种情况下可忽略油温回升的影响。

（1）油温回升到最佳加剂处理温度，相当于对原油再次进行加剂处理。由于油温回升与首次加剂处理的条件相同，因此降温后形成的蜡晶结构也相近，原油改性效果也差不多。在加剂原油分段加热输送模式下，只要各热站的最高油温处在最佳加剂处理温度范围内，原油的改性效果就不会恶化。若某段的热站达不到上述要求，也只影响该段原油的改性效果，对其他站段无影响。

（2）在油温回升的幅度内，若析蜡量或溶蜡量很小，则说明油温在这个温度区间波动时，蜡晶结构和大小没有明显变化，原油的降凝降粘效果也不会有显著改变。在加热常温输送模式下，大部分管段的油温是随着地温波动的，若地温远离原油的析蜡高峰温度区，则在地温波动的范围内，蜡晶结构变化较小，对原油加剂改性效果的影响也较小。

东黄老线加剂输送的模式为：首站一泵到底，沿线三站点炉。首站出站温度（最佳加剂温度）60℃，寿光、丈岭出站温度 55℃。注入 50mg/kg 的 BEM－3 降凝剂可使进站油温由不低于 30℃降至 23～26℃。原油凝点、粘度现场实测值如表 4－23 所示。

表 4－23　东黄老线各站测试结果

油　　样	东营进站空白样	东营出站加剂样	寿光进站加剂样	丈岭进站加剂样	黄岛进站加剂样
出站温度，℃		60	55	55	
凝点，℃	23	8	8	9	11
23℃粘度，mPa·s	869	462	488	497	521

可以看出，随着原油流动距离的增加，原油凝点和粘度缓慢上升。由于只在首站过泵一次，因此原油改性效果的变化应与高速剪切无关。东营出站油样与寿光进站油样相比，凝点相同，粘度略有升高，这是取样温度不同以及室内、现场油样经历的降温剪切历史有差别造成的，应与管流剪切无关。丈岭、黄岛进站油样的凝点、粘度的持续缓慢升高，是两次重复加热温度接近但不等于最佳加剂处理温度造成的。

中洛线和濮临线加剂输送也分别采用“首站一泵到底，沿线多站点炉”的运行方式。首站出站温度或最佳加剂处理温度都高于 65℃，而中间站的重复加热温度都低于 60℃，重复加热次数较少（三次加热）的中洛线的原油凝点升高了 7℃，重复加热次数较多（五次加热）的濮临线的原油凝点升高了 12.5℃。

5. 降温速度

当油温低于析蜡点后，降温快慢会改变原油中石蜡的过饱和度。使蜡晶晶核的生成速度和蜡晶颗粒的成长速度发生变化，造成蜡晶大小、形态各异，导致蜡晶结构不同，宏观上表现为原油粘度和凝点的差别。

一般认为，降温速度越快，原油中石蜡的过饱和度越大，单位时间内析出的蜡晶越多。

一方面石蜡过饱和度大有利于蜡晶形成而不利于蜡晶生长，因此蜡晶数量多，彼此比较靠近；另一方面降凝剂分子远大于石蜡分子，在原油中迁移率小，不能及时与迅速形成的大量蜡晶吸附和共晶，无法将部分片状、针状蜡晶改造成枝－球状蜡晶，因此这些蜡晶容易搭接发育成三维网状结构，即凝点较高和粘度较大。在恒温水浴中将大庆原油加热到70℃，加入500mg/kg的F－5339降凝剂，恒温3h，考察不同降温速度对降凝效果的影响，如图4－23所示。可以看出，降温速度为0.5℃/min左右时降凝幅度最大。

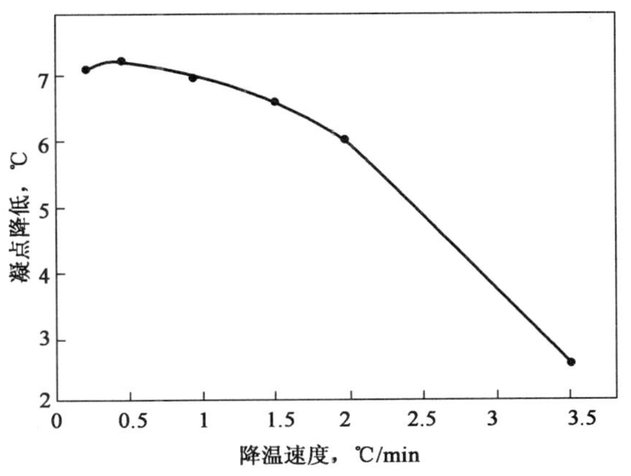

图4－23　降温速度对加剂降凝效果的影响

不同的原油有不同的析蜡高峰温度区，在同样的降温速度下，析蜡高峰温度区的析蜡速度比其他温度区的析蜡速度快得多。因此在析蜡高峰温度区应控制油温均匀缓慢下降，让蜡晶逐渐地均匀析出，降低原油中石蜡的过饱和度，并使其有比较充足的时间与降凝剂相互作用，从而达到较好的降凝效果。

虽然我国对降凝剂的研究起步较晚，但目前已取得了较大发展，研究开发出了不同系列的降凝剂，如CNPC、CE、BEM等系列产品，并在多条原油管道上应用，取得了巨大的社会效益和经济效益。从降凝剂作用机理和实际应用效果方面看，现有的降凝剂技术仍存在不少不足之处，如对于多数加热输油管线而言，原油加剂改性效果尚不能达到全年常温输送的要求；原油降凝降粘效果稳定性较差，经重复加热和输油泵、长期管流剪切后凝点和粘度回升较快；加剂处理温度偏高；特别是对于蜡含量较高、凝点较高、蜡的碳数较高，或胶质成分较特殊的原油，降凝降粘效果还不够理想。为此需要研究新的降凝剂处理技术，重点是研制新型降凝剂。

影响降凝剂作用效果的因素很多，原油的成分又是千变万化的，因此要求某种固定成分和配比的降凝剂对所有含蜡原油都有较明显的降凝效果是不现实的，现在和将来都不大可能出现普适于一切含蜡原油的万能降凝剂，只能是“对症配药”，使降凝剂的结构、成分和配比随原油成分的变化而变化，这样才能使所有的含蜡原油都具有显著的改性效果。不过，从降凝机理和目前降凝剂结构来看，各种降凝剂分子的共性是都含有长烷基链和极性基团，按照长烷基链的位置，降凝剂可分为两类，一类以乙烯—乙酸乙烯酯（EVA）为代表，长烷基链节在分子的主链上；另一类以聚丙烯酸酯（PA）为代表，侧链即为长烷基链。

张付生运用红外光谱分析手段研究蜡与降凝剂之间的相互作用，证实了降凝剂主要是通过共晶作用改变蜡晶的结构，达到降凝的目的。通过X衍射图发现大庆蜡（含2%大庆胶质）经降凝剂BEM处理后，其晶面间距和衍射峰的相对强度均发生了变化，说明蜡晶的结构有了明显的改变。如果降凝剂仅作为结晶中心或吸附在蜡晶活性中心上，很难造成这样的结果。只有降凝剂分子与蜡分子共晶，降凝剂分子进入蜡晶的晶格并取代蜡分子，才会导致蜡晶的结构发生变化。在降凝剂的作用下，大庆原油蜡（含2%大庆胶质）的晶面间距和衍射峰相对强度的变化较冀东原油蜡（含2%冀东胶质）小，说明大庆胶质抑制了降凝剂与蜡的共晶作用，导致降凝剂对大庆原油的降凝效果较差。

四、对降凝剂分子结构的一般要求

从降凝剂作用机理考虑，好的降凝剂，其相对分子质量大小、烷基链长度及极性基团的含量都应有利于降凝剂与石蜡的吸附共晶，有利于蜡晶结构疏散和向三维方向发展。

1. 碳链长度合适

随着油温降低，原油中的蜡按照相对分子质量大小、熔点高低和碳链长短依次析出。先析出的是高相对分子质量蜡，然后是中等相对分子质量和低相对分子质量石蜡。加剂原油凝固前的析蜡量约为原油总量的2%～5%，当降凝剂分子中长烷基链的平均碳数及碳数分布与首先析出的这部分石蜡的平均碳数及碳数分布一致时，降凝剂分子易与石蜡分子吸附共晶，降凝效果较好。或者使降凝剂参与结晶的碳原子数大约为原油中蜡的平均碳原子数的3/4，也可使降凝效果较好。

过去一般认为，当降凝剂中的长碳链烷基与原油中蜡的平均碳数相同时，降凝剂作用效果最好。前述两种方法彼此有一定差别，但都是对这种观点的修正。

2. 结晶温度相同

含蜡原油都存在析蜡温度区，其中常常还包含一个或两个析蜡高峰温度区，原油中蜡都是在析蜡温度区内析出形成蜡晶的，特别是大量蜡晶在析蜡高峰温度区集中析出。若降凝剂结晶温度高于石蜡的析蜡温度区，则降凝剂分子可以成为析出蜡分子的结晶中心，降凝剂对蜡晶结构有一定影响。若降凝剂结晶温度较低，当降凝剂开始析出时原油中的析蜡量已超过2%，则原油内三维网状蜡结构已经形成，原油已经凝固，降凝剂没有任何的降凝降粘效果。

如果降凝剂能够与石蜡持续同步地析出，而且在析蜡高峰温度区内降凝剂结晶量也较大，那么在石蜡晶体生成、发育和形成网状结构过程中，降凝剂分子与石蜡分子始终能够吸附和共晶，降凝剂可以起到最好的降凝降粘作用。

当油温低于析蜡点后，随着油温降低，蜡晶不断析出，析蜡量不断增加。设析蜡量等于原油总量的5%的油温为T^*，则降凝剂的结晶温度范围应在析蜡点与T^*之间。

3. 极性大小适当

目前降凝剂有别于早期降凝剂的一个显著特点是分子上引入不同的极性基团或表面活性基团，调节极性大小的同时也调节了降凝剂在原油中的结晶度，极性合适时既能使降凝剂分子中非极性基团很好地与蜡晶吸附、共晶，又能充分发挥极性基团改变蜡晶表面性质、干扰蜡晶发育方向、形成枝－球状蜡晶结构的功能。

五、研制新型降凝剂的方法

依据降凝剂降凝机理对降凝剂分子结构的要求，一般可以通过下述三种方法提高降凝效果或研制出新型降凝剂。

1. 通过不同类型或不同相对分子质量降凝剂的组合复配提高降凝效果

不同降凝剂的复配是改善降凝剂降凝效果的最方便、最有效和最实用的方法，也是目前

国内外在新型降凝剂研制进展缓慢情况下最常用的方法。

SPE 成员 Lubrizol 公司为了检验降凝剂复配效果，曾做过如下试验：试验样品为 A 和 B 两种原油以及对两种原油分别有效的降凝剂 G 和 E。试验先用等量的 A、B 两种原油制成混合原油，然后分别用降凝剂 G 和剂 E 以及混合降凝剂 GE 对混合原油进行改性试验。结果显示无论降凝剂 G 还是降凝剂 E 都不能使混合原油的凝点明显降低，因为混合原油的石蜡碳数分布比 A 和 B 要广，单独的降凝剂 G 或 E 不能在原油凝固前对石蜡结晶析出的整个阶段发挥作用，但是混合降凝剂 GE 成功地降低了混合原油的凝点，这一结果证明了降凝剂的复配可以增强降凝剂的改性效果。实际上，混合降凝剂 GE 在混合油中的作用如同接力赛一样，在原油降温析蜡过程中，首先一种降凝剂与析出的蜡晶吸附共晶，改善这部分蜡的结构，当这种降凝剂因油温降低而失效时，另一种降凝剂又开始起作用了。从降凝机理方面考虑，降凝剂复配就是扩大了降凝剂的碳数分布范围，使原油凝固前都有降凝剂与析出的石蜡吸附共晶。

苏丹三七区各油田所产原油都是高蜡、高胶、高凝、高粘原油，外输混合油蜡含量 22.2%、胶质含量 28.7%、凝点 39℃及粘度 520mPa·s（50℃、$13s^{-1}$）和 1256.8mPa·s（35℃、$13s^{-1}$）。曾用各种降凝剂单剂如星型聚合物、高碳醇酯—烯烃共聚物、高碳醇酯聚合物、EVA 接枝酯类改性物、EVA 接枝高碳醇酯和烯烃类改性物、马来酸酐—烯烃共聚酯化物、马来酸酐—烯烃共聚胺解聚合物、酚醛树脂接枝聚醚类聚合物等八种降凝剂对混合外输油进行加剂处理。由于降凝剂单剂在组成上都有一定的局限性，降凝幅度多为 2～3℃，最高为 5℃，降凝效果不佳。辛迎春利用两种乙烯—乙酸乙烯酯共聚物和丙烯酸高碳醇酯高分子聚合物进行最佳比例复配，并加入具有强极性基团的三元共聚物和胶质、沥青质改性剂制成混合降凝剂 SLZ，对苏丹三七区混合油降凝效果较好，降凝幅度提高 1～3 倍达到 9～10℃。原油改性效果如表 4-24 所示。

表 4-24 混合降凝剂 SLZ 对苏丹三七区混合原油改性效果

加剂量 g/t	剪速 $13s^{-1}$、不同温度时表观粘度，mPa·s						凝点 ℃	凝点降幅 ℃	35℃屈服值 Pa
	75℃	70℃	60℃	50℃	40℃	35℃			
0	85.0	145.6	220.0	520.0	1100.0	1256.8	39.0		1347.0
1000	73.8	87.5	136.3	234.4	369.8	843.1	30.0	9	4.8

在不提高加剂量的情况下，将不同化学组成的降凝剂复配，提高原油的降凝降粘效果，这就是所谓的降凝剂协同效应。

2. 通过降凝剂与表面活性剂或极性化合物组合复配提高降凝剂作用效果

表面活性剂可分散、增溶石蜡和降凝剂，但只有结构相似才能有良好的配伍性。选用有一定空间结构的表面活性剂，可以增加降凝剂的抗重复加热和抗剪切能力，使降凝剂分子在加剂原油遭受重复加热和剪切后能较好地与蜡分子再发生作用，延长加剂原油改性作用的时间和输送距离。当表面活性剂有较大的空间结构和较长的直链时，复配效果较好，因为较长的直链易于与蜡分子结合，较大的空间结构可阻碍蜡晶的进一步生长。将降凝剂和蜡晶分散剂组合复配，在模拟现场环境条件下，复配剂起到了降低原油凝点和清除蜡沉积的双重效果。

李立等人给出了降凝剂复配的一般原则：

（1）降凝剂与原油“配伍”的必要条件，是降凝剂的分子结构、结晶温度范围应与原油中结晶烃类的分子结构、结晶温度范围相近；原油中的胶质含有与降凝剂可相互影响的极性物质；降凝剂的极性要适宜。当原油凝点高和蜡中碳原子数高时，应适当增加长碳链降凝剂比例。

（2）EVA 类型降凝剂在改善含蜡原油低温流动性方面具有很高应用价值，经试验筛选后可确定 EVA 单剂或双剂作为复配主剂。

（3）原油中含极性基团的胶质对降凝剂的降凝作用有很大影响。若胶质中含有酚类、胺类等化合物，则胶质与 EVA 会相互影响。EVA 可起补充、增强胶质的作用，胶质也能促进 EVA 与石蜡的共晶作用，更能促进 EVA 降凝剂大分子与微晶蜡中正构烷烃的共晶作用，从而大大改善了石蜡、半微晶蜡和微晶蜡的结晶习性。

降凝剂复配就是依据降凝剂复配理论，选择合适的主剂和助剂，调节它们的比例，达到最好的降凝效果。

主剂通常是降凝效果最好的某种类型的 EVA。目前国内形成规模的主要降凝剂产品有 CNPC、CE 和 BEM 等，它们都是以 EVA 为主剂的复配降凝剂。

助剂主要从以下几方面选择：

（1）分子结构与原油中结晶蜡相近，并带有极性基团的高聚物，可以调配主剂的相对分子质量和极性。

（2）表面活性物质，用于调配降凝剂极性，使降凝剂极性适宜。

（3）含有酚类、胺类等的极性化合物，与 EVA 相互影响，促进降凝剂与蜡的共晶作用。

依据苏丹油田混合外输原油含蜡高的特点，选择以 EVA 为主剂，以聚丙烯酸高碳醇酯、丙烯酸高碳醇酯—马来酸酐—乙酸乙烯酯和胶质改性剂等位助剂的多种降凝剂配方，进行大量的复配、筛选，其中两种配方的降凝剂——CNPC No. 1 和 CNPC No. 9A 的降凝效果最好，超过国外剂并在苏丹原油管线上得到应用。

何涛在研制 BEM 降凝剂时，曾筛选了分子结构不同的各种降凝剂（单剂），最终仍然确定 EVA 为主剂，因为其降凝效果最好、广谱性最强。

EVA 的牌号很多，约有数十种。牌号不同，EVA 中乙酸乙烯含量（VA）和熔融指数不同。VA 实际反映了 EVA 中极性基团的多少，熔融指数间接反映了相对分子质量的大小。EVA 对原油的改性作用实际上是两者综合作用的结果。VA 或熔融指数变化对降凝效果的影响如表 4－25 和表 4－26 所示。

表 4－25　VA 含量不同时 EVA 对某原油的降凝效果

VA 体积分数,%	0	≤15	15～25	25～35	35～45	≥45
凝点,℃	32	30	27	15	14	16

表 4－26　熔融指数不同时 EVA 对某原油的降凝效果

熔融指数	5	15	25	40	150
凝点,℃	15	14	15	15	≥20

可以看出，当乙酸乙烯含量为25%～45%和熔融指数小于100时，该原油的降凝效果最好。在对许多含蜡原油的降凝效果研究中，均发现了类似的规律。针对某种含蜡原油，在上述范围内选取几种EVA复配后作为主剂，通常比用单剂EVA作主剂效果要好。针对表4－25、表4－26中的原油，经几种EVA复配成的降凝剂，可使原油凝点从32℃加剂后降到12℃以下。在EVA复配剂中再加入表面活性剂，可以提高降凝剂的抗剪切性能和抗重复加热性能。在室内模拟管道运行试验中，对加剂原油重复加热和高速剪切两次。在各次试验中，表面活性剂的类型不同，但EVA复配剂的加剂量及表面活性剂加剂量都是相同的，凝点测试结果示在表4－27中。未加表面活性剂空白油重复加热和高速剪切两次后凝点为24℃。

表4－27　不同结构表面活性剂与EVA复配后的降凝效果比较

表面活性剂	O	$RCO(=O)—CO[OC(=O)R]_2—OC(=O)R$（结构式：RCO—CO—OCR，各 C＝O，中心碳上连 OCR）	$RO—C(=O)R_1$	$RC(=O)O—C(R_1)(R_3)—R_2$	$CH_3—(CH_2)_{n_1}—C(R_1)(R_2)—(CH_2)_{n_1}—O—C(=O)R_1$
加剂油凝点，℃	23	10	15	18	23

注：R为$CH_3—(CH_2)_n—$，n大于12，n_1为0～1；R_1，R_2，R_3为H，OH—，$CH_3—$，$CH_3CH_2—$等。

可以看出，加入表面活性剂的油样抗重复加热和高速剪切的能力有显著提高，且当表面活性剂有较大的空间结构和较长直链时效果更好。在BEM－3、BEM－5P、BEM－6N及BEM－7H等降凝剂中都用了不同的表面活性剂。

为了进一步提高降凝剂的降凝效果，人们又利用高分子表面活性剂和全氟表面活性剂进行复配。美国CONOCO公司和CIBA GEIGY公司的降凝剂配方中都混入了全氟表面活性剂，代表性的结构是：

$$[(R_f)_nR']_mZ$$

式中　R_f——惰性稳定的疏油和疏水氟代脂肪基；

R'——具有（$n+1$）价的酰胺、磺酸、环烷基团；

Z——具有m化学价的烃基。

全氟表面活性剂的表面吸附能力远大于全氢碳链表面活性剂，其热稳定性大、电负性大、空间位阻大，相邻原子间具有相当大的排斥力，使蜡晶的分散加大。更好的全氟表面活性剂既疏水又疏油，低凝烃是不易粘附上去的，对沥青基原油却具有很大的降粘作用，使非烃类沥青粒子分散。因此利用高分子表面活性剂，增加胺盐、酰胺基等高分散性基团加强分散性是又一种复配原则。

3. 通过选用和合成新型共聚单体制备新型的聚合物降凝剂

与不同的单体通过嵌段或接枝共聚是制备新型降凝剂最为主要和根本的方法，也是改善聚合物性质的一个重要途径。而且共聚物的降凝效果明显好于均聚物，常见的有二元、三元甚至四元共聚物。

王彪等人通过选用第三单体乙烯醇聚醚和乙烯、乙酸乙烯酯共聚，合成了乙烯—乙酸乙烯酯—乙烯醇聚醚三元共聚物（WHP）。WHP 分子中聚醚的含量比较大，分子的极性比 EVA 有所增强，WHP 弥补了 EVA 降凝剂对高碳蜡原油的不理想效果，对新疆混合原油、吐哈原油和中洛线原油的降凝和鲁宁原油的降粘效果均不错，且加剂原油的抗剪切性能也有所提高。从分子结构上看，WHP 可以归属为新型高分子表面活性剂型原油降凝剂。其表面活性可以增加蜡晶粒子相互间及沥青质、胶质粒子相互间的排斥，提高其分散性和抗沉积能力。在宏观上就表现出了对原油具有较好的降凝、降粘和抗剪切效果，能较好地改善原油的流动性，且适应范围也比较广。

邸进申等针对青海原油的降凝问题，以烯烃、烯烃基脂肪酸酯和烯属不饱和酰胺或烯属磺酸盐为原料，通过自由基聚合制备了一种新型聚合物降凝剂，显著改善了青海原油的低温流动性，可使原油的凝点从 31.5℃ 降至 12℃，表观粘度（20℃）从 5158.9mPa·s 降至 79.2mPa·s，屈服值（胶凝强度）从 73.6MPa 降至 0。

纵观 20 世纪 90 年代以后的降凝剂配方研究，发现大多数新型降凝剂都是在原先酯型降凝剂（EVA、聚丙烯酸高碳醇酯等）的分子骨架上引入极性基团或表面活性基团。例如美国 Du Pont 公司发明的油溶性乙烯—丙烯腈二元或三元共聚物。二元共聚物的分子结构式如下：

$$-\!\!\left[CH_2 - CH_2 - CH_2 - \underset{\underset{CN}{|}}{CH}\right]\!\!-$$

其特色是聚合物分子结构中引入强极性基团—CN，其偶极矩高达 4.0D，而酯基偶极矩为 2.0D 左右，极性强的—CN 取代了酯基，新型降凝剂的极性明显增强。

第四节　降凝剂的应用技术

降凝剂技术目前主要应用于低输量热输管道，其运行模式可分为两种：一种是当加剂原油低温（相对地温）流变性较好时采用常温输送；否则仍然采用分段加热输送。但是不管采用哪种运行模式，加剂处理技术的效果都是非常明显的，一方面可以保证低输量运行安全可靠，另一方面可以实现节能降耗。如果在建管线采用降凝剂技术，还可以省去热站投资。目前我国在这一技术领域处于国际先进水平。

所谓“低输量”是相对于管径而言的，某一输量相对于较大的管径是“低输量”，但相对于较小的管径可能就是“正常输量”。低输量管道应用降凝剂后，由于输油温度明显降低，因此原油中析蜡量和管壁上结蜡量显著增加，使管道的当量通径减小和当量管壁增厚，结果一方面降低了油流至管道周围土壤的总传热系数，减少了热能耗，另一方面也会使“低输量”成为“正常输量”。这是降凝剂技术适用于低输量热油管道的原因之一。

一、降凝剂技术应用方法

原油加剂处理旨在改善析蜡点以下特别是反常点以下的所谓“低温”区域的原油流变性。在高温段，原油加剂改性前后的粘度变化较小，只有在低温段才表现出明显差别，也就是说加剂处理只有当管道油温处于低温时才会有实用价值。由于降凝剂技术可以大大降低进

站油温或输油温度，因此会使低输量热输管道的运行方式发生明显变化。低输量管线不同，应用方法也不同。

1. 常温输送或减少热站

常温输送是全线只在首站点炉的所谓“一炉到底”输油方式，其特点是原油在首站加剂加热处理后一路降温直至接近地温，大部分管段实现常温输送。即使不能实现“一炉到底”而仍需要“多站点炉”，但是通常会实现减少热站的目的。需要注意如下问题：首先是中间泵高速剪切对原油降凝效果的影响，应避免在析蜡高峰温度区过泵；其次是管壁结蜡规律的可能变化以及长时间管流剪切对原油改性效果的可能恶化。

2. 避免正反输

加热输送原油管道的进站油温必须高于原油凝点。加热输油管道站间温降与输油量有关，输油量越小，温降越大，即进站油温越低，因此出站油温一定时，热输管道存在最低输量的限制。若输油量低于最低输量，则进站油温低于原油凝点，管道无法正常运行。因此要么提高出站油温（常常受设备所限而不能升高油温），要么实行正反输，即部分时间进行反向加热输送，将原油从下游输向上游，维持管道油温高于一定温度，能耗大大增加。如果输送的原油是加剂原油，那么进站油温虽然低于未加剂原油的凝点，但却比加剂原油的凝点高得多，管道仍可以正常运行。例如马岭原油经添加 50g/t 降凝剂处理后，8℃时原油粘度为 100mPa·s，与加剂前 20℃时原油粘度差不多，也就是说，若加剂前进站油温为 20℃，则加剂后进站油温可以降到 8℃；虽然两种情况下进站油温相差 12℃，但是管道中原油的流动性是相近的。此时需注意两点：一是因多站加热，要重点关注加剂改性效果的重复加热稳定性；二是要准确计算加剂原油的管输特性，确定临界输量。

3. 延长停输时间

间歇输送是低输量加热输油管道节能降耗的主要手段之一。由于加剂原油凝点远低于未加剂原油凝点，因此加剂原油的间歇输送停输时间可以明显延长。除此以外，加剂与不加剂原油的间歇输送有所不同，主要表现于加剂原油存在处理温度的限制。按长输管道操作规程要求，管道在停输前应提前停炉，待炉膛温度降到 80℃以下时方能停输；管道再启动时，输量正常后才能点炉。这必然导致两种情况，一是管道中部分原油的处理温度较低，达不到改性要求；二是部分未加热冷油进入管道。这二者都将对管道运行产生不利影响。因此，在确定停输时间和再启动压力时应考虑其影响。根据中洛管道的运行经验，在操作中，可采取两种措施，一是停输前适当提高输量和温度，减少低温原油比例；二是若工艺流程允许，可采用站内循环方式给加热炉降温，缩短提前停炉时间。

二、原油管道应用降凝剂的前提

如前所述，影响原油加剂改性效果的主要因素是原油组成、降凝剂结构和加剂处理条件。一条原油管道能否应用降凝剂，除筛选降凝剂和优化处理条件提高原油改性效果外，还需在经济上、运行上、安全上进行可行性研究。

1. 管输原油加剂改性效果评价

首先利用某种 EVA 降凝剂初步优化加剂处理条件，如处理温度、加剂量及降温速度等；

然后在最佳处理条件下，对各种降凝剂或复配剂及其与表面活性剂、极性化合物的可能组合复配物进行筛选，最后测试原油最佳加剂改性效果。

由于管线的水力、热力工况不一定能满足最佳处理条件，因此需要依据管线的实际情况确定合理的模拟试验参数和条件，对加剂原油进行管输全过程模拟试验，综合评价管输加剂原油的改性效果。模拟试验内容包括：

(1) 流动剪切、过泵剪切、温度回升、重复加热等因素对加剂原油流变性的影响；

(2) 加剂原油长时间静置后的屈服特性、触变性分析；

(3) 加剂原油非牛顿特性的数学描述；

(4) 加剂原油室内结蜡试验，管线放大试验，研究流速、油温、地温和时间对结蜡速度的影响和管内纵向的结蜡规律。

2. 加剂输送工艺可行性

原油加剂输送工艺的技术特点是：原油加剂后在首站加热到最佳处理温度，一般为55～85℃，当温度较高时应通过换热器将热量回收。由于降凝剂在降低原油凝点的同时还改善了原油的低温流变性，所以进站温度比加热输送降低了许多，从而可以延长热站间距，或者延长间歇输送时的停输时间。当中间站需要再次加热时，不需重新加入降凝剂，而只需将原油加热到一定温度最好是最佳处理温度即可。加剂处理技术适用于原油改性效果明显、输量不足、管线长度在数百公里以上的管道，改性原油凝点最好低于或接近管线的地温。是否采用加剂处理输送技术，需注意如下几点。

(1) 原油加剂后要有很好的改性效果，凝点降低幅度应大于7℃，进站温度下的降粘率在70%以上，原油低温触变性有较大的改善。

(2) 原油输量必须准确，以保证原油输量始终大于最低允许输量。在原油不能进行常温输送的情况下，若原油输量低于允许输量，就会使进站温度低于规定温度，这对管线是不安全的。这时只能采取间歇输送或正反输送的方法解决低输量问题。

(3) 由于非牛顿流体的流变性非常复杂，粘度不但与温度有关，还与剪切速度、温度历史等因素有关，若水力状况不稳定、非牛顿段过长等均会降低管线的安全性，所以管内原油大部分应为牛顿流体或准牛顿流体。

3. 加剂输送经济效益

是否具有明显的经济效益是能否采用加剂输送技术的关键因素，一般从下述三方面评价加剂输送工艺的经济可行性。

(1) 与加热输送相比，加剂输送应能有效地减少加热站。因为加剂处理通常要把原油加热到较高的温度，甚至需要中间站再次加热，所以温升幅度较大（由进站温度加热到处理温度）。若不能有效延长热站间距，减少加热站数量，在经济上可能不合理。

(2) 加剂输送虽然减少了加热站，但原油平均输送温度降低，粘度增大，这可能会使泵站数增加或出站压力升高。在这种情况下，应对节省的热力投资与增加的动力投资进行经济比较。此外，还应进行运行费用比较，包括降凝剂成本、燃料油费用、动力费用、资产占用等项目。

(3) 与加热输送相比，加剂输送在流程上增加了降凝剂稀释、注入、存储、换热等设施的投资，这对短管线是不经济的。

与其他输送方案相比，在满足了工艺上可行、经济上合理的条件下，加剂输送方可实施。

三、加剂输送工艺参数的选择

加剂输送与加热输送所遵守的原则及采用的方法基本一致，但是在一些工艺参数的选择上有一定区别。

1. 最低进站温度

通常根据原油的凝点来确定加热输送的进站温度，含蜡原油的进站温度一般在原油凝点以上3～5℃，粘稠油一般在凝点以上6～8℃或更高。加剂原油除遵循这个原则外，还应考虑进站温度最好高于改性原油反常点，使原油处于牛顿流体。也可适当降低进站温度，但最低进站温度不应低于反常点以下5℃。

2. 最低允许输量

与加热输送一样，加剂处理低温输送的管路工作特性存在着稳定区、非稳定区和非工作区。除流量外，影响摩阻损失的因素还有原油的粘度，而粘度又与输送温度有关。当输量较大时，输量提高所增加的摩阻大于平均输油温度升高粘度减小所引起的摩阻减少，管线的摩阻随着输量的增加而增加，此时管线处于稳定区，该输量为安全输量。当输量减少到一定值时，管内原油温度下降较快，引起粘度大幅度增加，因粘度增大而增加的管内摩阻超过因输量减少而降低的摩阻，故管内摩阻随着输量的减小反而增加，此时管线处于非稳定区。这样，管道的输量会因此而发生波动，即输量降低，摩阻升高；泵排量下降，摩阻进一步增大，泵排量因此继续减少。若管线长期在非稳定区运行，将使管内壁结蜡速度加快，并在输量过低情况下发生凝管。所以，加剂输送的最低允许输量除应满足输送温度高于最低进站温度、低于最高出站温度的条件外，还应满足大于稳定区和非稳定区的分界流量（即临界流量）的条件。

3. 传热系数 K

K 值是油流至周围土壤的总传热系数。经过一段时间运行后，埋地热油管道的 K 值基本稳定，并且每个加热区间的 K 值相差不太大。对于加剂输送的管道，用运行数据反算 K 值时发现，由高温段管线和低温段管线反算出来的传热系数相差很大（最多相差20多倍）。尽管反算的 K 值是不准确的，但它说明管内凝油层、析蜡放热、粘度产生的摩擦热、泵剪切温升以及低温下原油热容增加等对温度的影响非常大。因此，在选取 K 值进行热力计算时必须考虑这些因素，并应用分段计算的方法计算温降。

4. 管道内径

加剂原油在低温输送时，原油中的析蜡量和管壁上的结蜡量将大幅增加。虽然可以采用清管方法除蜡，但由于结蜡速度很高，因此在管线设计时，低温管段的内径要酌情增加一定的结蜡厚度。

四、不同形态的降凝剂产品

降凝剂中的有效成分是固态粉末状聚合物，为使其能够顺利注入管道与石蜡分子充分发生相互作用，通常采用下述三种形态的降凝剂。

1. 液体降凝剂

早期降凝剂产品都是液态降凝剂，要么将固体聚合物溶解在柴油中，要么把固体聚合物溶解在苯、甲苯、二甲苯或混合苯中。其优点是降凝剂注入管道后可迅速分散到油品中，较快地与石蜡分子发生作用。其缺点是降凝剂溶液中起降凝作用的有效成分含量低，一般只有8% ~12%，最高不超过15%。在液体降凝剂中，非降凝成分占90%左右，因此降凝剂成本高、管道用剂量大、运输费用贵。成品油和有机溶剂的闪点较低，属易燃易爆化学品，在储运及应用上存在诸多安全隐患。此外，由柴油溶解制成的液体降凝剂的粘度较大且凝点较高，常温下就变成胶凝态而失去流动性，注入管道时常常需要加热和搅拌；而由苯类溶解制成的苯系列液体降凝剂，对操作人员危害极大。制成液体降凝剂注入目前基本上已属于淘汰技术。

2. 固体粉末降凝剂

为了能够加热管输原油并溶解固体粉末降凝剂，在管道现场必须配有相应设备并进行一定的技术改造。其优点是降凝剂成本低和运输费用少。其缺点是溶解时间较长，溶解度较低，现场工作量很大，溶解设备的维护清洗困难，还存在安全隐患。如果管道输送用剂量较大且常年加剂运行，那么可以采用固体粉末降凝剂。

3. 高浓度粉末分散型降凝剂

该类降凝剂是近些年国内外降凝剂的发展趋势，目前只有少数公司拥有该项技术。其优点是降凝剂有效成分含量高（30% ~40%）、适用温度范围广（ -35 ~60℃）、自身流动性好、注入方便、应用安全，只需要一个储罐和一套注入撬座（占地6m^{2}左右），当管线不需要添加降凝剂时可方便拆除。

高浓度粉末分散型降凝剂是将作为降凝剂有效成分的聚合物制成微细粉末，并将其分散悬浮在惰性液体中，最终形成稳定性、流动性良好的悬浮体降凝剂产品。

关中原等人在制作高浓度粉末分散型降凝剂过程中，以油脂、醇类液体和水作为基液，在高速搅拌下向基液加入一定量的增稠剂，以确保其充分溶解在基液中；然后向上述体系按比例加入不同类型的稳定剂和杀菌剂并继续搅拌，直至稳定剂和杀菌剂均匀分散其中；再按比例加入降凝剂粉末，搅拌一段时间后，即获得相应配方的高浓度粉末分散型降凝剂。将制成的三种高浓度粉末分散型降凝剂（油脂基悬浮体、醇基悬浮体和水基悬浮体）与降凝剂有效成分（聚合物粉末）进行试验对比，发现降凝降粘效果相当，其中油脂基降凝剂的作用效果还稍有提高，这是因为其基液中含有具备脂肪族长链、苯环以及醚类官能团的物质，该物质对含蜡原油具有一定的降凝降粘效果。测试数据显示在表4-28中。试验中有效成分添加量50mg/kg，加剂处理温度65℃，终冷测试温度25℃，试验油样取自铁岭—大连原油管道。

表4-28　高浓度粉末分散型降凝剂对铁大线原油的改性效果

降　凝　剂	凝点降低幅度,℃	降粘率,%
油脂基高浓度降凝剂	12.0	72.3
醇基高浓度降凝剂	11.0	70.5
水基高浓度降凝剂	10.5	69.0
降凝剂有效成分（聚合物粉末）	11.0	71.7

制备超细的聚合物粉末是制备高浓度降凝剂的关键技术之一。粉末的制备包括机械粉碎、液相合成和气相合成等多种方法，其中液相法是目前实验室和工业上最为广泛采用的合成高分子聚合物粉末的方法，液相法又可分为物理法和化学沉淀两大类。赵帆等人采用化学沉淀方法来制备聚合物粉末，该方法首先是将高分子聚合物溶解在有机溶剂中，如煤油、汽油、甲苯、二甲苯、重芳烃等，然后使高分子聚合物溶液与不相溶的溶剂混合，以形成沉淀，采用加热喷雾的方法去掉或回收溶剂后即可得到粒度为微米级的超细粉末。

由于聚合物粉末是油溶性物质，如果直接将其分散到有机溶剂中，聚合物将会逐步溶解，使溶液变稠并最终失去流动性。因此，在将聚合物粉末分散到有机溶剂中形成乳化体系之前，需对聚合物粉末进行表面改性处理，使之具有疏油性。根据聚合物的分子结构特点，选用了极性较强的某类物质作为表面改性剂，并进行了试验。试验结果表明，经表面处理过的聚合物粉末能稳定地分散在含有特殊表面活性剂的弱极性有机溶剂中，当加热到60℃时，体系的粘度无明显变化，长时间静置无分层。利用苏丹原油进行对比试验，和应用于苏丹管线的国产剂 CNPC 相比，在加剂量为250mg/L 的情况下，降凝幅度由9℃提高到12℃，25℃降粘率由 84.4% 增加到 92.6%。

五、降凝剂注入系统

与加热输送不同，加剂输送必须设置一套降凝剂注入系统。液体降凝剂注入系统主要包括注入泵、流量计、降凝剂储罐等。高浓度粉末分散型降凝剂注入系统与此类似，但比较简便，且不需要降凝剂预热降粘。当降凝剂为固态时，其注入系统中还应包括原油加热稀释部分。

1. 降凝剂注入设备

（1）注入泵。注入泵又叫计量泵或比例泵，既可以提供动力，又可计量加剂用量。注入泵是保证降凝剂连续平稳注入的关键设备，所以必须设有备用泵，发生故障应及时检修。降凝剂应在原油进加热炉前注入，注入点应设在输油泵或给油泵的入口端的低压管线上。

（2）流量计。为了准确计量降凝剂的注入量，保证其不低于规定值，通常采用流量计和注入泵共同进行计量控制。如有条件，可安装流量报警器，以便及时发现降凝剂停注情况。

（3）降凝剂注入罐。其容积一般是 5 ~ 20m^3，并带有夹层，可以通热水或蒸汽加热罐中降凝剂。通常应配备搅拌器，其转速范围应在 50 ~ 200r/min（无级调速）。降凝剂排出口应在罐的最底部。

（4）降凝剂储罐。其容积应能储存一个管程以上的降凝剂用量，应安装搅拌器或采用其他有效办法防止降凝剂的沉淀分层，也应该装有预热设备。

2. 液体降凝剂注入系统与处理流程

图 4 -24 是马惠宁线应用的降凝剂注入系统及处理流程示意图。试验采用美国 Exxorc 公司产品 Corexit8806 和 Corekit8361，将两者按照 1:1 比例复配使用。降凝剂注入罐内装有蒸汽加热盘管，通入蒸汽可将降凝剂加热至 50 ~ 60℃。流出蒸汽再进入降凝剂预热装置，升高储罐内降凝剂的温度。电动往复式比例泵将两种降凝剂按 1:1 的比例抽出并经过滤器进入

泵中，过泵后的降凝剂从输油泵的入口管线处注入。过滤器可防止降凝剂中的杂质进入泵内。原油的降凝剂处理过程利用了马惠宁线首站的简易热处理装置，含降凝剂的原油经换热器预热后进入加热炉升温至处理温度，高温含剂原油出炉后进入换热器与冷油换热，急冷降温后出站。

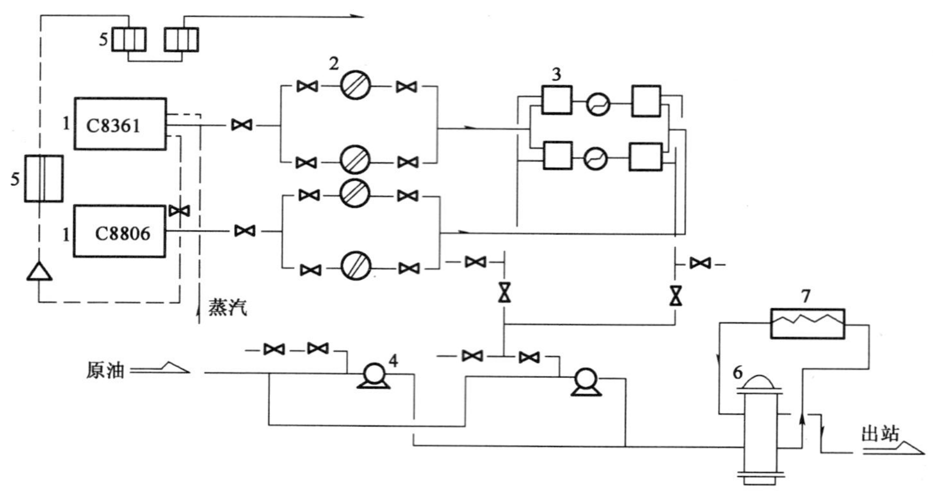

图 4－24　液体降凝剂注入系统与处理流程

1—降凝剂注入罐；2—过滤器；3—电动往复式比例泵；4—输油泵；5—降凝剂预热装置；6—换热器；7—加热炉

3. 高浓度粉末分散型降凝剂注入工艺流程

高浓度粉末分散型降凝剂注入流程如图 4－25 所示。降凝剂产品存放于化学剂专用储罐（ISOTANK）中，与撬装注入系统连接后即可根据生产需要注入输油管道，不需要任何加热、伴热或保温设施，可随时启动或停止注入。撬装注入系统通常采用柱塞泵或隔膜计量泵，其量程取决于注入浓度，通常采用一开一备形式。

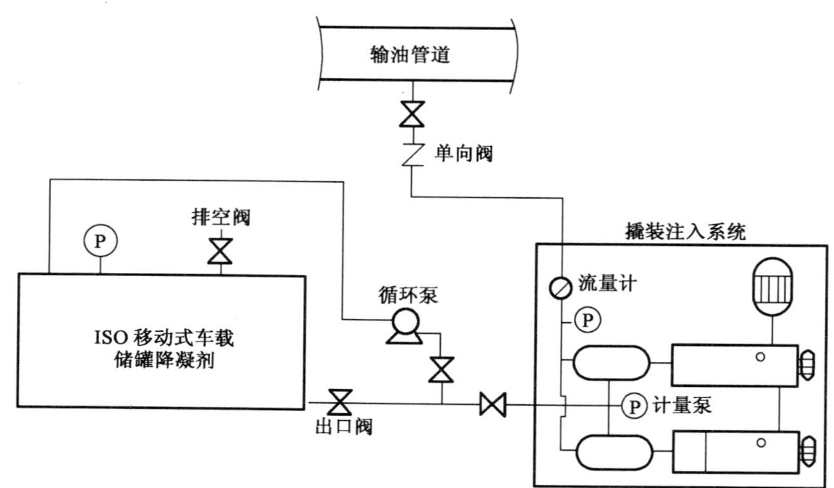

图 4－25　高浓度粉末分散型降凝剂应用工艺流程图

六、降凝剂应用情况

降凝剂的基本功能是明显降低含蜡原油的凝点及其低温粘度，从而改善含蜡原油的低温流动性，降低含蜡原油管道的输油温度。依据加剂原油凝点相对地温的高低以及接近地温时原油粘度、屈服值的大小，低输量加热输油管道有可能实现“一炉到底”的常温输送，即使不能常温输送，至少可以达到减少热站、降低热能耗的目的。对于实行间歇输送或正反输的超低输量热油管道来说，采用加剂输油工艺可以延长停输时间或避免正反输，其节能降耗和保障管线安全运行的作用非常明显。当采用降凝剂技术设计新管线时，还可以避免或减少中间热站建设投资。

1. 国内应用降凝剂情况

降凝剂应用于原油管道始于20世纪60年代后期。我国在70年代末才开始相关研究，30年来取得了显著成绩，不但实现了降凝剂的国产化，研制开发出不同系列的降凝剂产品，在多条管道上得以应用，取得了巨大的经济效益，而且还打入国际市场，参与国际竞争。

1978年《油气管道技术》（《油气储运》前身）第4期刊登一篇文章“含蜡原油常温输送的化学降凝法”，这是国内第一次详细介绍原油加剂改性处理技术的文献综述，文章预测降凝剂将有广泛的应用前景。1984年钟荆线最早提出采用降凝剂解决管线的低输量输送问题。1988年马惠宁线在中国第一次实际采用了添加降凝剂输送工艺，当时它的实际输量不足允许最低输量的80%。虽然管输原油物性较好，夏季可以常温输送，春秋两季经热处理也能正常输送，但冬季4个月仍然需要加热。是添加原油降凝剂的输送工艺使之冬季实现了一炉到底的常温输送，不仅避免了反输，而且还停去沿线多座加热站，达到每年节油2×10^4t，节电295×10^4kW·h。马惠宁线的成功促使其他几条低输量原油管道加快了采用新输油工艺的步伐，例如中洛复线从投产之前就酝酿利用加剂输送应付过低的输量。

目前国内已有若干个降凝效果良好的降凝剂系列产品，如中国科新有限公司生产的CNPC系列降凝剂、中国石化管道储运公司徐州华冠石油化工有限公司生产的BEM系列降凝剂及昆山物资公司等单位联合研制的CE系列降凝剂等。特别是CNPC降凝剂已打入苏丹、哈萨克斯坦等国际市场，并在苏丹1506km外输管线上得到成功应用，标志着国产降凝剂水平已步入国际先进行列。

在苏丹原油外输管道的降凝剂招标中，苏丹黑格林实验室从国际上知名的各大石油公司和化学剂公司，如Shell、Exxon、Champion、Petrolite和Baker等数十家公司征集了上百种降凝剂，将其与选出的我国国产原油降凝剂CNPC No1、CNPC No9A进行了对比筛选试验。试验结果表明，在上百种产品中，CNPC No1、CNPC No9A和Champion WM1310三种降凝剂对苏丹混合油表现出较好的改性效果，此三种产品进入复选试验。复选试验结果选定CNPC No 9A和Champion WM1310进入正式的评价试验和现场试验。现场试验结果表明CNPC No 9A降凝剂的改性效果最佳，可使苏丹混合原油凝点从33℃降至22℃。

除国内首次应用降凝剂的马惠宁管道外，我国应用降凝剂技术比较著名的管道有：（1）苏丹输油管道。这是我国参与建设并应用降凝剂技术的国外输油管道，全长1506km，是目前世界上应用降凝剂技术最长的原油管道。该管道按降凝剂改性常温输送设计，沿途不设加热站。（2）鲁宁输油管道。全长655km、管径729mm、设计输量20Mt/a、实际输量10Mt/a，是国内采用降粘剂技术的距离最长、管径最大、输量最高的原油管道。（3）库鄯输油管道。全长473km，是国内第一条按降凝剂改性常温输送设计的长距离输油管道，也是世界上有名的大落差原油管道。至今国内已有10多条原油管道采用了降凝剂改性技术，降凝降粘效果明显，如表4－29所示。

表4－29　国内部分原油管道应用降凝剂效果

管线名称	降凝剂	加剂量 mg/kg	加剂前后凝点，℃		降凝幅度 ℃	加剂前后粘度，mPa·s		降粘率 %
			前	后		前	后	
鲁宁	BEM	40	24	5	19	3228	498（25℃）	84.6
中洛	BEM	50	32.5	13	19.5	1172	60（30℃）	94.9
魏荆	BEM	50	36.5	23	13.5	1720	119（30℃）	93.1
东黄	BEM	50	17	4	13	396	334（30℃）	15.7
东临	BEM	50	23	3	20	408	314（30℃）	23.0
马惠宁	GY	50	16	－4.5	20.5	2174	74（5℃）	96.6
花格	CE	100	33	15	18	2365	256（20℃）	89.2
东辛	PAE	10	27	10	17	2418	476（20℃）	80.3
火山	GY	50	10	4	6	1536	258（0℃）	83.2
濮临	CE	50	33	19	14	1806	60（30℃）	96.7
库鄯	GY3	8	5	－15.5	20.5	550	36（0℃）	93.4
河石	CE－H	50	36	16	20			
双魏	GY3	50	37	27.4	9.6			

可以看出，原油管道应用降凝剂后都具有明显的降凝降粘效果。大多数管输原油的凝点降低10℃以上。除库鄯线输量达到设计输量外，其他管线都是处于低输量（低于设计输量）运行或超低输量（低于最低允许输量）运行状态。若不采用加剂输送，则不仅沿线所有热站都需点炉，而且还得升高出站油温或实行间歇输送，甚至不得不正反输，其热能耗比正常加热输送还高得多。管道采用降凝剂后，与加剂前相比，耗电量基本持平，但节约了大量燃料油。据统计，节油销售收入扣除降凝剂费用及其他费用，鲁宁线、中洛线、濮临线和魏荆线每年可分别节约1000万元、500万元、400万元和300万元以上。例如鲁宁线（山东临邑—江苏仪征）全长655km，设有首、末站各一座和中间热泵站11座，运行工况是冬、春、秋三季12站加热，夏季6站加热。管输原油（胜利原油）加入40mg/kg的BEM降凝剂后，凝点由24℃降至5℃，25℃降粘率为84.6%，使运行温度由35℃降至25℃。1995年应用降凝剂，冬季虽然仍保持多站加热的运行模式，但减少了热站，由12座减少至6座；在夏春

秋三季实现了一炉到底的常温输送，节约燃料油 2×10^4t。1993 年魏荆线开始应用 GY 降凝剂，使最低允许输量从 5000t/d 降至 2500t/d。中洛线设计输量 5.0Mt/a，实际输量只有 1.3Mt/a；濮临线设计年输量 5.5Mt，实际年输量只有 1.3Mt；东黄线最低年输量设计值为 4.0Mt，实际年输量只有 2.55Mt。由于采用了降凝剂，使这些管线避免了反输，不仅保证了超低输量管线安全运行，而且还获得巨大的经济效益。

加剂输送除节约大量燃料油和保障管道安全运行外，还由于关闭加热站而减少了维修费用。此外，热油管道投产通常采用“热投”，即用大量热水反复预热管道，使管道四周土壤中建立稳定的、类似于管道正常输油时的温度场，热能浪费很大。添加降凝剂后降低了输油温度，加剂输油管道投产时可以“冷投”或“准冷投”，也可以节省大量热能。

如果管道在设计建设时就采用加剂输送取代加热输送，那么不仅在管道投产和运行时可以节约大量的燃油费，而且由于减少或取消了中间加热站，因此还可以节省大量固定投资。例如中国石油天然气管道勘察设计院（库鄯管道设计单位）经过分析计算后认为，若库鄯线加热输送 1998 年塔北混合原油，相对于加剂输送则需要增加 4 座加热站，每座加热站的投资为 1200 万元，仅此一项加剂常温输送就节约基建费 4800 万元，与此相应的运营费用每年又可节约 1043.7 万元。后来我国参与设计的苏丹原油管道，采用降凝剂技术，沿途不设加热站，相对加热输送免建 4 座加热站，节约建设投资 6000 万美元，每年节省燃油 3.67 万吨，折合燃油费 620 万美元。

降凝剂技术具有许多优点，如节省固定投资、降低输油温度、实现常温输送、增长站间距、延长停输时间等，若在地理环境条件恶劣的区域如近海、沙漠、高山、严寒等地区采用降凝技术，其经济效益特别是社会效益将更加明显。

2. 国外降凝剂技术的应用

由于降凝剂的作用对象为含蜡原油，而含蜡原油的分布并不普遍，所以进行降凝剂研究和应用的国家不多，主要有美国、印度、英国、荷兰、法国、澳大利亚、新西兰、日本、德国、哈萨克斯坦、巴西、越南、马来西亚、苏丹等。

目前研究和生产降凝剂的国外著名公司有美国 Du Pont 公司、美国 Conoco 公司、美国 Exxon 公司及美国 Baker 公司。表 4－30 是美国 Du Pont 公司降凝剂（含丙烯腈 18% 的二元共聚物）对不同原油降凝效果的测试数据，表 4－31 是美国 Conoco 公司降凝剂的试验结果。

表 4－30 美国 Du Pont 公司降凝剂试验数据

原油	加剂量 mg/kg	加剂温度 ℃	加剂前倾点 ℃	加剂后倾点 ℃	降凝幅度 ℃
孟买高	250	50	29.4	4.4	25.0
埃及 Geisum	250	50	29.4	－12.2	41.6
埃及 Safir	150	50	18.3	－7	25.3
美国 Henry Fritsh	50	74	46	24	22
英国北海	250	74	29.4	1.7	27.7

续表

原　　油	加剂量 mg/kg	加剂温度 ℃	加剂前倾点 ℃	加剂后倾点 ℃	降凝幅度 ℃
中国大庆	500	74	35	21	14
中国辽河	100	74	24	4.4	19.6
中国华北	100	74	38	27	11
中国中原	500	74	35	27	8

表 4-31　美国 Conoco 公司降凝剂降凝结果

原　　油	加剂量 mg/kg	加剂温度 ℃	加剂前倾点 ℃	加剂后倾点 ℃	降凝幅度 ℃
孟买高	1000	46	29.44	7.22	22.22
斯里兰卡 Kotter	1000	46	26.67	10.00	16.67
美国 Delhi87	1000	46	26.67	21.11	5.56
新西兰	1000	46	32.22	21.11	11.11

国外采用降凝剂技术的代表性管道有：

(1)澳大利亚杰克逊—布里斯班（Jackson - Brisbane）管道。全长 1106km，管径 305mm，沿线最低地温 10℃，原油凝点 22～24℃，蜡含量 15%～20%，加剂处理温度 50～70℃，加剂量 200～1000g/t，全年实现常温输送。

(2)印度孟买高（Bombay High）海底管道。该管道从海上油田到陆上转油站全长 203km，管径 750mm，原油蜡含量 16%，凝点 30～36℃，加剂量 400g/t，加剂温度 40～60℃，加剂后原油凝点降至 3～9℃，在最低海底温度 20℃的情况下，停输 9d 后顺利启动。

(3)荷兰北海 Kotter/Logger 油田海底管道。该管道全长约 120km，原油凝点 24℃，加入 200～250g/t 降凝剂后，凝点降到 0℃。1988 年 2 月，该管道发生事故停 24d 后顺利启动（冬季最低海底温度 3～6℃）。

(4)苏联乌金—古里耶夫—古比雪夫原油管道。管长 1500km、管径 1020mm、原油蜡含量 25%、胶沥含量 17%、凝点 32℃。加入 1000～2000g/t 降凝剂后，凝点降至 18～21℃，15～25℃，降粘率为 43.5%～50.0%。

(5)法国芬纳特—格兰基茅斯原油管道，管长 92km，管径 300mm。原油加入 1500g/t 降凝剂后，原油凝点由 24℃降至 3℃，在地温 4℃时停输 2 周后能够顺利启动。

比较国内外降凝剂及其应用情况可以看出，降凝效果接近，但国内降凝剂用量普遍较低，特别是 20 世纪末以来，国内在新建含蜡原油管道的设计阶段就考虑了添加降凝剂输送工艺，并先后设计、建设了两条著名的加剂常温输油管道——库鄯原油管道和苏丹原油管道。可以说，国内在降凝剂技术方面达到了国际先进水平。

第五节 降凝剂的未来发展趋势

数十年来，虽然降凝剂的研究和应用取得了重大进展，为低输量含蜡原油管道输送带来了可观的经济效益，但是仍然有不少问题需要进一步研究，因此，降凝剂的未来发展方向主要集中于以下几点。

一、提高降凝剂对蜡含量高或蜡碳数分布集中的原油及含有特殊胶质原油的降凝效果

由表4－9可以看出，当原油蜡含量超过20%时，降凝效果较差，特别是当超过25%时，降凝幅度不超过6℃。由表4－11又可以看出，即使蜡含量低于20%，甚至低于10%，但只要蜡碳数比较集中，特别是高碳蜡较多，那么降凝效果也较差，降凝幅度一般也不会超过10℃。大庆原油一方面蜡碳数比较集中（C_{20}～C_{30}占71.2%），另一方面含有对降凝剂具有抑制作用的胶质成分，因此添加降凝剂改性的效果较差。此外，输送大庆原油的东北管线目前还是满输量运行，站间温降较小，因此若不研制出新型降凝剂，则在输送大庆原油的管线上应用降凝剂技术是比较困难的。大庆原油约占我国原油产量的30%，因此若能在东北输油干线上成功采用降粘剂技术，则不仅会推动我国降凝剂研制、应用及输油工艺走上一个新台阶，而且也会取得巨大的经济效益和社会效益。

二、降凝机理的深入研究

含蜡原油的凝固过程，实际上就是蜡晶生成、发育、交联和结网的过程，液态烃变稠凝结的温度就是含蜡原油改性降凝的极限。因此降凝机理的研究大多依据对蜡晶大小、结构、形态及其变化的试验观测结果。目前比较公认的降凝机理是吸附、共晶理论，近几年没有新的突破，常常是侧重于蜡晶变化的人云亦云的定性描述。由于观察油样成分、观察仪器精度、观察条件和方法不同，使得到的蜡晶图像不同，因此会直接影响对降凝机理的理解。例如，有人观察到添加降凝剂后蜡晶颗粒变大了，但又有人观察到加剂后颗粒变小了，矛盾的观察结果可能都是正确的，只是因为原油组成、降粘剂结构及结晶条件不同而使它们的相互作用规律不同而已。目前人们对降凝机理的认识还只是停留在笼统的、概念性的推理，仍需要大量准确的试验结果为基础，对降凝机理进行深入研究。

三、降凝剂筛选、复配规律的深入研究

多年来，国内已筛选、复配出数十种降凝效果良好的降凝剂，对筛选、复配的规律也有一定的认识。但是在某些方面仍然存在盲目性，需要进行大量烦琐的重复试验，即使如此，也不一定能筛选、复配出性能良好的又适合某种原油的理想降凝剂。因此，如果人们掌握了这些规律，就可以节省大量时间，甚至一般技术人员都能够依据需要复配出合适的降凝剂。

四、降低加剂处理温度的可行性与方法

对于短距离加剂输油管道或需要多次重复加热处理的长输管道，降低加剂处理温度显然

是提高加剂改性处理经济效益的有效途径。如果高温原油急冷不影响原油的改性效果，那么可以通过换热器快速降温，使出站温度下降，从而使经济效益进一步提高。

五、实现降凝剂技术与其他输油工艺更佳的结合

将降凝剂技术与其他输油工艺组合应用，可以扬长避短、趋利避害。例如在液环输送中，贴壁液环由低粘液体组成，管心油柱由高粘或高凝原油构成。其优点是沿程摩阻非常小，由于剪切流动主要发生在贴壁液环中，因此摩阻与单独输送低粘液体时摩阻差不多。其缺点是经过泵或加热炉后液环被破坏，故而只能在一泵（炉）到底的管道中应用，对于多泵（炉）长输管道，需要多次成环。其技术难点是当两种液体密度差别较大、雷诺数太高或管心原油粘度较低时，液环不够稳定。对于一泵（炉）到底的低输量含蜡原油管道而言，如果将15%左右的原油进行加剂加热处理，形成贴壁低粘液环，而将85%左右的原油既不加剂又不加热，形成处于管心的高粘油柱，那么基本可以满足液环稳定的三个条件：（1）由同一种原油形成液环和油柱，密度相同，不会出现因重力差引起的油柱整体漂移和偏心。（2）加剂输油管道的输油油温一般明显高于加剂原油凝点但低于或接近未加剂原油凝点，管心油柱粘度很大，油柱不易分散。（3）低输量或超低输量管道，雷诺数小，原油横向脉动较弱，液环和油柱界面处的混合、交换程度较弱。如果这种组合输油工艺试验成功，那么热能耗和降凝剂费用都将降到单纯加剂输送费用的15%左右，经济效益十分明显。

六、研制新型降凝剂

目前降凝剂产品大多是以EVA为主，要想使降凝剂技术有大的突破，只是筛选或复配还不够，必须研究新型分子结构的降凝剂。

七、加剂改性原油流动性预测技术的研究

掌握了改性原油流动性预测技术，就可预知输送过程中改性原油流动性的变化，从而为采用降凝剂技术的含蜡原油管道运行和新管道设计提供可靠数据。

参 考 文 献

[1] 罗塘湖．含蜡原油流变特性及其管道输送．北京：石油工业出版社，1991.

[2] 王彪．原油降凝剂发展概况．精细石油化工，1989，32（5）：43～53.

[3] 唐强．梳型聚合物的合成及降凝性能研究．天津：天津大学，2007.

[4] 宋昭峥，葛际江．高蜡原油降凝剂发展概况．石油大学学报，2001，25（6）：117～122.

[5] 刘林林，王宝辉．原油降凝剂种类及应用．化工技术与开发，2006，35（2）：12～16.

[6] 康万利，马一玫．原油降凝剂研究进展．油气储运，2005，24（4）：3～7.

[7] 贺丰果，马喜平．国内原油降凝剂研究概况．河南石油，2006，20（2）：65～67.

[8] 陈大均．油气田应用化学．北京：石油工业出版社，2006.

[9] 严大凡，张劲军．油气储运工程．北京：中国石化出版社，2004.

[10] 权忠舆．有关原油流变性与石油化学的讨论．油气储运，1996，15（10）：1～6.

[11] 严大凡．输油管道设计与管理．北京：石油工业出版社，1986.

[12] 张帆，李炯．原油长输管道应用降凝剂研究．石油学报，1992，13（4）：126～135.

[13] 宋昭峥，赵密福．聚丙烯酸酯降凝剂对蜡晶形态和电性质的影响．石油学报（石油加工），2004，20（2）：41～46.

[14] Holder G A，Winkler J. Wax cxystallization from distillate fuels. Journal of the Institute of Petroleum，1965，51（7）.

[15] 李鸿英，张劲军．蜡对原油流变性的影响．油气储运，2002，21（11）：6～12.

[16] 敬加强，杨莉．含蜡原油结构的存在性研究．西南石油学院学报，2001，23（6）.

[17] 刘刚，黄一勇．含蜡原油中的蜡晶形态．油气储运，2004，23（1）：23～25.

[18] Cazauz G，Barre L. Waxy Crude Cold Start. Assessment Through Gel Structural Properties. 1998，SPE 49213.

[19] Moussa Kane. Morphology of Paraffin Crystals in Waxy Crude Oils Cooled in Quiescent Conditions and Under flow. Fuel，2003（82）：127～135.

[20] 夏惠芳．剪切影响加剂原油低温流动性机理的研究．北京：中国石油大学出版社，2000.

[21] 古宾 B E. 高粘高凝原油和成品油管路输送．陈祖泽，译．北京：石油工业出版社，1987.

[22] 张付生．降凝剂 BEM 降低原油凝点的机理探讨．油田化学，2001，18（1）：79～82.

[23] 刘林林，王宝辉．原油降凝剂作用机理与影响因素．精细石油化工，2003，23（3）：55～56.

[24] 李志岩．含蜡原油化学改性研究．山东：石油大学（华东），2007.

[25] 赵晓非，刘立新．高蜡原油蜡晶形态及降凝剂的影响．大庆石油学院学报，2005，29（5）：51～53.

[26] 中国石油管道公司管道科技中心信息与经济研究所．世界管道概览．北京：石油工业出版社，2004.

[27] 张红，沈本贤．蜡晶形态结构对原油降凝的影响．石油学报（石油加工），2006，22（5）：74～79.

[28] 张付生，王彪．原油的族组成对原油加降凝剂处理效果的影响．油田化学，1999，16（2）.

[29] Ronningsen H P，Bjorndal B. Crystallization and dissolution temperature，and Newtonian and non-Newtonian flow properties. Energy and Fuels，1991（5）.

[30] 蒋庆哲，宋昭峥．原油组分与降凝剂相互作用．西南石油学院学报，2006，28（1）：59～64.

[31] 刘清林，权忠舆．含蜡原油热处理过程中若干组分的作用．石油学报，1986，7（1）：119～126.

[32] 刘清林，张冬敏．降凝剂在含蜡原油中作用规律的研究．油气储运，1993，12（3）：1～5.

[33] 蒋庆哲，岳国．乙烯—醋酸乙烯酯的结构与降凝性能的关系．西南石油学院学报，2006，28（2）：71～74.

[34] 宋昭峥，葛际江．聚丙烯酸酯结构与降凝的关系．石油学报（石油加工），2004，20（1）：29～34.

[35] 徐海红．聚丙烯酸高碳醇酯系列降凝剂结构—性能的研究．管道科学论文选集 1994－1998. 北京：石油工业出版社，1999.

[36] 吕高稳，冯先强．降凝剂在原油输送中的工艺实践．石油库与加油站，2007，16（5）：30～32.

[37] 刘天佑，曹强．管流剪切对改性原油流动性的影响．油气储运，1997，16（1）：9～16.

[38] 吕爱华．加剂含蜡原油剪切效应和模拟技术研究．山东：石油大学（华东），2006.

[39] 李玉凤，张劲军．剪切作用对加剂大庆原油粘度和凝点的影响．油气储运，2004，23（10）：29～32.

[40] 李传宪，史秀敏．加剂长庆原油的流变性研究．油田化学，2001，18（1）：83～86.

[41] 曹旦夫，姜和圣．BEM 系列原油流动性改进剂及其应用．油田化学，2002，19（4）：363～366.

[42] 刘银庆，康万利．大庆原油降凝剂效果评价．大庆石油学院学报，2006，30（3）：40～42.

[43] 辛迎春．苏丹混合原油复配型降凝剂研制．油田化学，2007，24（4）：364～368.

[44] 李立，高艳清．一种新的降凝剂复配工艺．油气储运，2003，22（3）：48～50.

[45] 何涛．BEM 系列原油流动性改进剂的研制．中国海上油气（工程），2003，15（3）：44～46.

[46] 杨嘉羚，常景龙．对新型降凝剂研究的评述．油气储运，1997，16（5）：5～8，21.

[47] 王彪，张怀斌．一种新型原油降凝剂的研究．石油学报，1998，19（8）：97～103.

[48] 邸进申，张诚．原油流动性改进剂 H89－2 的制备及应用研究．精细化工，1997，14（3）：19～22.

[49] 张帆，李旺．加降凝剂输油技术的现状及发展方向．油气储运，1999，18（2）：22～25.

[50] 赵丽英．改性原油低温输送管道设计技术．管道科学研究论文选集 1994－1998. 北京：石油工业出版社，1999.

[51] 关中原，郭淑凤．新型浓缩悬浮体降凝剂的研制与应用．油气储运，2008，27（10）：24～27.

[52] 赵帆，李锦昕．高浓度粉末分散型降凝剂的研制及评价．油气储运，2002，21（5）：11～13.

[53] 洪建勇，徐诚．苏丹油田管输原油降凝剂的研制及应用．油气储运，2001，20（1）：35～35.

[54] 刘天佑，孙维中．多组分混合原油常温输送技术．油气储运，1999，18（9）：1～7.

[55] 苗青，徐诚．苏丹混合原油加剂常温输送工艺研究．油气储运，2004，23（1）：11～14.

[56] 张帆．降凝剂在海上含蜡原油管道中的应用．中国海上油气（工程），2001，13（6）：34～35，51.

[57] 刘天佑，张秀杰．粘稠油水环输送的参量选择．石油学报，1990，11（4）：112～118.

附录 1　输油管道减阻剂减阻效果室内测试方法

（中华人民共和国石油天然气行业标准 SY/T 6578—2009）

1　范围

本标准规定了通过室内试验环道，测定减阻剂产品的减阻率和增输率来评价减阻剂效果的方法。

本标准适用于原油和成品油管道用减阻剂的评价和优选。

2　规范性引用文件

下列文件中的条款通过本标准的引用而成为本标准的条款。凡是注日期的引用文件，其随后所有的修改单（不包括勘误的内容）或修订版均不适用于本标准，然而，鼓励根据本标准达成协议的各方研究是否可使用这些文件的最新版本。凡是不注日期的引用文件，其最新版本适用于本标准。

GB 265—1988 石油产品运动粘度测定法和动力粘度计算法。

GB/T 1884 原油和液体石油产品密度实验室测定法（密度计法）。

3　术语和定义

下列术语和定义适用于本标准。

3. 1　环道 test loop

流体流动符合特定水力学要求的管道系统，用于评价减阻剂减阻增输效果。

3. 2　减阻剂 drag - reduction

在管输流体中减小流体紊流流动摩擦阻力的化工产品。

3. 3　减阻率 drag - reduction rate

相同条件下，加入减阻剂时的摩阻压降 Δp_1 与不加时摩阻压降 Δp_0 相比降低的程度，以百分数表示。

3. 4　增输率 flow rate adding rate

相同条件下，加入减阻剂时的流量 Q_1 与不加剂时流量 Q_0 相比增加的程度，以百分数表示。

4　方法原理

4. 1　在室内环道测试管段流量相同且流态为光滑区紊流的条件下，通过测定加入减阻剂前后环道测试管段的摩阻压降的差异来计算减阻率，依此评价减阻剂减阻效果。

4. 2　在室内环道测试管段摩阻压降相同且流态为光滑区紊流的条件下，通过测定加入减阻剂前后环道测试管段的流量差异来计算增输率，依此评价减阻剂增输效果。

5　设备和材料

5. 1　环道系统

由三条不同管径的管道、氮气源、氮气储气罐、压力缓冲罐、回流罐、阀门和齿轮泵等构成，其设计和流程应满足特定的水力学要求。环道流程及要求遵照附录 A 的规定。

5.2　数据采集处理系统

5.2.1　压力传感器：测量范围 0～1MPa，可就地显示压力值并远传压力，信号精度不低于 0.1%。

5.2.2　流量计：测量范围 1～100kg/min，测量精度不低于 0.1%。

5.2.3　数据采集模块。

5.2.4　计算机及采集软件：可采集数据并进行数据处理。

5.3　回流泵

额定排量 $5m^3/h$，扬程 0.33MPa。

5.4　分析天平

精度 0.001g。

5.5　恒温磁力搅拌器

温度控制范围为室温至 100℃，搅拌速度 0～1440r/min。

5.6　温度计

范围 0～50℃，分度值 0.2℃。

5.7　量筒

500mL 和 1000mL。

5.8　评价用流体

0 号或 −10 号柴油。

5.9　氮气源

钢瓶装普氮，或其他同质替代品。

6　测试准备

6.1　配制测试样品

用柴油或其他非极性溶剂配制成聚合物浓度为 1g/L 的溶液。

6.2　确定测试条件

测试条件包括：

——评价用流体；

——减阻剂加剂量；

——雷诺数或流量；

——测试温度。

6.3　测定评价用流体物性

测定内容包括：

——按 GB/T 1884 方法测定实验温度下评价用流体的密度，用来确定减阻剂加剂量；

——按 GB/T 265 方法测定评价用流体在实验温度下的运动粘度，用来按式（1）计算雷诺数：

$$Re = \frac{4Q}{\pi d \nu} \tag{1}$$

式中　Re——雷诺数；

Q——流量，m^3/s；

π——圆周率；

d——管道内径，m；

ν——评价用流体的运动粘度，m^2/s。

7　测试内容

7.1　对生产产品测试样，选择四分测试回路，测定在 6000、8000、10000 三个不同雷诺数下的减阻率或增输率，绘制减阻率或增输率—雷诺数曲线图。

7.2　对应用到具体管线的测试样，根据实际管线运行雷诺数选择测试回路，在该测试回路的测试范围内测定在三个不同雷诺数下的减阻率或增输率，绘制减阻率或增输率—雷诺数曲线图。

8　测试方法

8.1　评价用流体测试温度稳定性要求

评价用流体测试过程中温度变化控制在 ±2℃ 范围内。

8.2　测试管路确定

测试雷诺数在 4000 ~ 8000 之间，选择二分管路；测试雷诺数在 8000 ~ 20000 之间，选择四分管路；测试雷诺数在 20000 ~ 40000 之间，采用一寸管路。

8.3　测试操作步骤

8.3.1　基础数据测试步骤

8.3.1.1　按照 6.2 确定的流量以及对采集时间的要求计算出测试所需要的最小评价用流体体积。然后将评价用流体输入压力缓冲罐，体积量不小于计算值。

8.3.1.2　开启氮气储气罐与压力缓冲罐之间的电磁阀使压力缓冲罐中的压力达到按照 6.2 确定的流量或雷诺数所需要的流动压力。

8.3.1.3　打开三条测试管路中选定的测试回路上所有的阀门，并确保其他回路上的所有阀门关闭。

8.3.1.4　打开压力缓冲罐出口阀门。

8.3.1.5　待测试流体油头到达回流罐，管线运行处于稳定状态时，启动数据采集软件采集数据 Q_0 和 Δp_0，采集时间不少于 30s。

8.3.1.6　停止数据采集并保存数据。

8.3.1.7　关闭氮气储气罐与压力缓冲罐之间的电磁阀。

8.3.1.8　打开压力缓冲罐放空阀门卸压。

8.3.1.9　启动回流泵将全部流体回输到压力缓冲罐。

8.3.2　增输率测试步骤

8.3.2.1　将配置好的减阻剂溶液按照 6.2 确定的加剂量加入压力缓冲罐。

8.3.2.2　打开氮气储气罐与压力缓冲罐之间的阀门，使氮气从压力缓冲罐底部进入，利用氮气使减阻剂溶液在评价用流体中混合均匀后，关闭连接阀门。

8.3.2.3　开启氮气储气罐与压力缓冲罐之间的电磁阀使压力缓冲罐中达到基础数据测试的压力。

8.3.2.4　打开三条测试管路中选定的测试回路上所有的阀门，并确保其他回路上的所有阀门关闭。

8.3.2.5　打开压力缓冲罐出口阀门。

8.3.2.6　待测试流体油头到达回流罐，管线运行处于稳定状态时，启动数据采集软件采集数据 Q_1。

8.3.2.7　重复 8.3.1.6 ~ 8.3.1.9 步骤。

8.3.3　减阻率测试步骤

8.3.3.1　重复 8.3.2.1 ~ 8.3.2.4 步骤。

8.3.3.2　开启选定测试管路上的流量调节阀，选择到人工输入控制，按照基础数据设定流量值。

8.3.3.3　打开三条测试管路中选定的测试回路上所有的阀门，并确保其他回路上的所有阀门关闭。

8.3.3.4　打开压力缓冲罐出口阀门。

8.3.3.5　待测试流体油头到达回流罐，管线运行处于稳定状态时，启动数据采集软件采集数据 Δp_1，采集时间不少于 30s。

8.3.3.6　重复 8.3.2.7 步骤。

8.4　基础数据测试、减阻率测试、增输率测试均应平行测试 2 次。加剂后评价用流体经回流泵剪切回到压力缓冲罐后可作为未加剂评价用流体重复使用，三次后应更换流体。

9　数据处理

9.1　增输率计算

按照式（2）计算增输率：

$$Q_R = \frac{Q_1 - Q_0}{Q_0} \times 100\% \tag{2}$$

式中　Q_R——增输率，%；

Q_0——基础数据测试条件下管段输量，L/s；

Q_1——增输率测试条件下管段输量，L/s。

9.2　减阻率计算

按照式（3）计算减阻率：

$$DR = \frac{\Delta p_0 - \Delta p_1}{\Delta p_0} \times 100\% \tag{3}$$

式中　DR——减阻率，%；

Δp_0——基础数据测试条件下管段摩阻压降，kPa；

Δp_1——减阻率测试条件下管段摩阻压降，kPa。

10　允许误差

对同一减阻剂样品，取当日两次平行测试数据，计算所得增输率或减阻率的平均值作为测定结果，保留三位有效数字，偏差应不大于增输率或减阻率平均值的 5%。

11　报告

测定报告应注明测试条件并列出测试结果，包括：

——减阻剂产品标号；

——评价用流体标号、体积；
——减阻剂加剂量；
——测定温度；
——评价用流体在测定温度下的密度和运动粘度；
——测定雷诺数；
——减阻率；
——增输率。

附录A
（规范性附录）
环道流程及要求

环道流程示意图见图A.1。

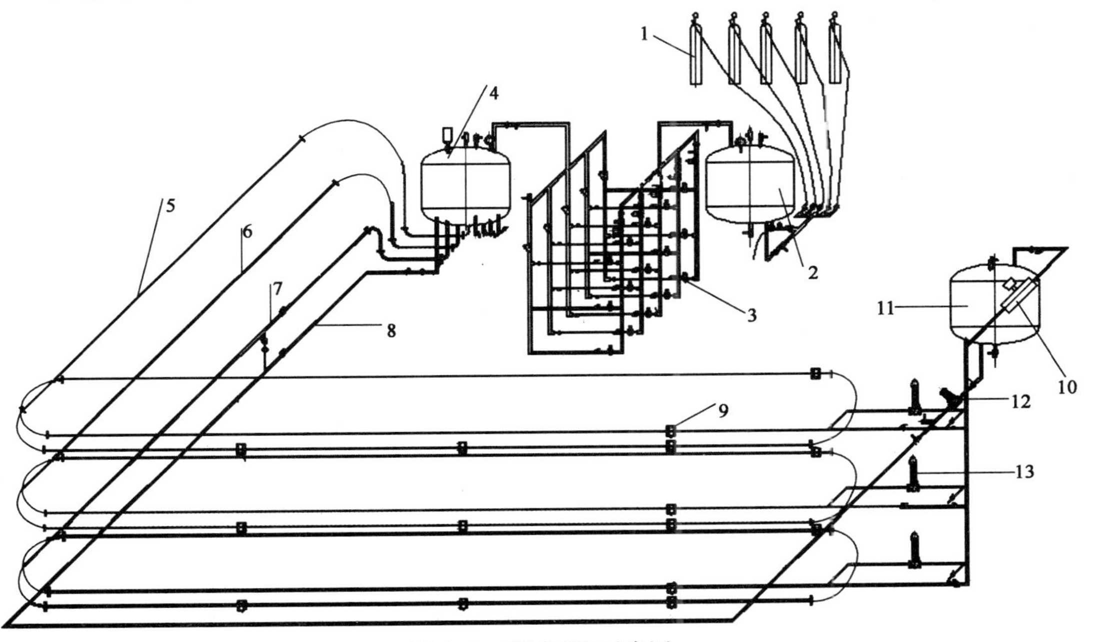

图A.1 环道流程示意图

各编号组件应符合以下要求：

（1）氮气瓶：给氮气压力储气罐增压。如有其他氮气来源，可以取代氮气瓶。

（2）氮气压力储气罐：设计压力1.6MPa、容积$1m^3$，主要功能是作为输油压力缓冲罐压力气源，同时在测试过程中向输油压力缓冲罐中补气，以保证其压力恒定。

（3）恒压调节阀：并排5组，每组2个，调压范围0~1.2MPa。其功能为保证输油压力缓冲罐中的压力稳定在设定值。

（4）输油压力缓冲罐：设定压力1.6MPa、容积$1.5m^3$，主要功能为装载评价用流体，同时作为测试管路的动力源。

(5) 测试回路：管内径为6.35mm，管路上有5个取压点，测试长度30m；水平安装，取压点前后直管段长度不小于30倍管道直径。

(6) 测试回路：管内径为12.7mm，管路上有5个取压点，测试长度30m；安装方式及要求同上。

(7) 测试回路：管内径为25.4mm，管路上有5个取压点，测试长度30m；安装方式及要求同上。

(8) 回流管路：管内径为25.4mm，回流罐内的流体经回流管路回到输油压力缓冲罐。

(9) 压力传感器：可就地显示，测量范围0～1.0MPa，精度0.1%。

(10) 质量流量计：安装在三条测试回路的汇管上，测量通过测试回路的流量。

(11) 回流罐：容积$1m^3$，测试回路终端，罐内流体可利用齿轮泵经回流管路返回输油压力缓冲罐。

(12) 回流泵：额定排量$5m^3/h$，扬程0.33MPa，用于把回流罐内流体回输到输油压力缓冲罐。

(13) 流量调节阀：远程控制调节，精度0.1%，用于调节测试管段流量使之保持恒定。

附录B

(资料性附录)

测试数据表格式

减阻率测试数据表格式见表B.1。

表B.1　减阻率测试数据表

样品名称						
取样时间			测试时间			
测试用流体			测试温度 ℃			
所选管径 m			管段流量 m^3/s			
流体粘度 m^2/s			加剂量 百万分之一			
测试点测试数据 kPa (第一次测试)	取压点	A1	B1	C1	D1	E1
	基础条件					
	加剂条件					
测试点测试数据 kPa (第二次测试)	取压点	A1	B1	C1	D1	E1
	基础条件					
	加剂条件					
计算雷诺数						
D_R	第一次		第二次		平均值	

测试人：__________　　审核人：__________

增输率测试数据表格式见表 B. 2。

表 B. 2　增输率测试数据表

<table>
<tr><td>样品名称</td><td colspan="12"></td></tr>
<tr><td>取样时间</td><td colspan="6"></td><td colspan="3">测试时间</td><td colspan="3"></td></tr>
<tr><td>测试用流体</td><td colspan="6"></td><td colspan="3">测试温度
℃</td><td colspan="3"></td></tr>
<tr><td>所选管径
m</td><td colspan="6"></td><td colspan="3">加剂量
百万分之一</td><td colspan="3"></td></tr>
<tr><td>流体粘度
m²/s</td><td colspan="6"></td><td colspan="3">计算雷诺数</td><td colspan="3"></td></tr>
<tr><td rowspan="3">管段流量
m³/s</td><td colspan="6">测试一</td><td colspan="6">测试二</td></tr>
<tr><td colspan="3">未加剂</td><td colspan="3">加剂</td><td colspan="3">未加剂</td><td colspan="3">加剂</td></tr>
<tr><td colspan="3"></td><td colspan="3"></td><td colspan="3"></td><td colspan="3"></td></tr>
<tr><td rowspan="2">Q_R</td><td colspan="4">第一次</td><td colspan="4">第二次</td><td colspan="4">平均值</td></tr>
<tr><td colspan="4"></td><td colspan="4"></td><td colspan="4"></td></tr>
</table>

测试人：__________　　审核人：__________

附录2 EP系列输油管道用减阻剂

（廊坊市威普管道技术有限公司企业标准 Q/WP 0001—2007）

1 范围

本标准规定了EP系列输油管道用减阻剂的产品种类、要求、试验方法、检验规则以及标志、包装、运输、储存。

本标准适用于EP系列输油管道用减阻剂（以下简称减阻剂）。

2 规范性引用文件

下列文件中的条款通过本标准的引用而成为本标准的条款。凡是注日期的引用文件，其随后所有的修改单（不包括勘误的内容）或修订版均不适用于本标准，然而，鼓励根据本标准达成协议的各方研究是否可使用这些文件的最新版本。凡是不注日期的引用文件，其最新版本适用于本标准。

GB/T 267 石油产品闪点与燃点测定法（开口杯法）。

GB/T 508 石油产品灰分测定法。

GB/T 1884 石油和液体石油产品密度测定法（密度计法）。

GB/T 6680 液体化工产品采样通则。

GB/T 8325 聚合物和共聚物水分散体pH值测定方法。

SY/T 0520 原油粘度测定——旋转粘度计平衡法。

SY/T 6578 输油管道减阻剂减阻效果室内测试方法。

3 产品分类

减阻剂分浆体和胶体两类。其中浆体类根据溶剂不同分为EP-W、EP-A、EP-O、EP-M四种；胶体类为EP-S。

4 要求

减阻剂的技术指标应符合表1的规定。

表1 减阻剂技术指标

项目 品种	外观	相对密度	pH值	灰分 %	开口闪点 ℃	表观粘度 （30℃、$20s^{-1}$） mPa·s	减阻率 %
浆体（EP-W）减阻剂	白色浆状，有刺激性气味	0.78～0.96	5.0～9.0	<0.5	>70	<3000	>20
浆体（EP-A）减阻剂	白色浆状，有刺激性气味	0.80～0.90	5.0～9.0	<0.5	>48	<750	>20

续表

项目 品种	外观	相对密度	pH 值	灰分 %	开口闪点 ℃	表观粘度 （30℃、$20s^{-1}$） mPa · s	减阻率 %
浆体（EP-O） 减阻剂	白色或浅色浆状， 无刺激性气味	0.80～0.98	5.0～9.0	<0.5	>102	<6500	>20
浆体（EP-M） 减阻剂	白色浆状，有 刺激性气味	0.80～0.96	5.0～9.0	<0.5	>78	<850	>20
胶体（EP-S） 减阻剂	浅黄或无色 半透明溶液	0.80～0.90	—	<0.1	—	<50000	>20

5　试验方法

5.1　减阻剂的取样按 GB/T 6680 规定执行。

5.2　外观检验应在正常光线下目测。

5.3　相对密度的测定按 GB/T 1884 规定执行。

5.4　pH 值的测定按 GB/T 8325 规定执行。

5.5　灰分的测定按 GB/T 508 规定执行。

5.6　开口闪点的测定按 GB/T 267 规定执行。

5.7　表观粘度的测定按 SY/T 0520 规定执行。

5.8　减阻率和测试条件按 SY/T 6578 规定执行。

6　检验规则

6.1　检验分类

产品检验分出厂检验和型式检验两类。

6.2　出厂检验

6.2.1　产品须经厂质检部门检验合格并签发合格证后方可出厂。

6.2.2　出厂检验项目。

减阻率。

6.2.3　组批与抽样

按 GB/T 6680 的规定进行。

6.2.4　判定规则

产品经检验，若有一项指标不合格，应从该批产品中重新加倍取样对该不合格项进行复检，若仍不合格，则判该批产品不合格。

6.3　型式检验

6.3.1　有下列情况之一时应进行型式检验：

（1）产品原材料，生产工艺有重大改变时；

（2）停产半年以上重新恢复生产时；

（3）正常生产每年进行一次；

（4）国家质量监督机构提出要求时。

6.3.2　型式检验项目为本标准全部要求。

6.3.3　抽样

按 GB/T 6680 的规定进行。

6.3.4　判定规则

产品经检验，全部项目合格视为产品合格。

7　标志、包装、运输、储存

7.1　标志

产品包装桶或罐上均应有清楚的标志，标志内容应有：

（1）产品名称；

（2）生产厂名与厂址；

（3）产品标准号；

（4）生产日期；

（5）生产批号；

（6）保质期；

（7）净含量；

（8）商标；

（9）其他标志。

7.2　包装

7.2.1　产品分桶装和罐装两种包装形式。

7.2.2　浆体减阻剂应采用塑料容器或经内防锈处理的金属容器包装，EP-S 胶体减阻剂应采用钢质专用容器包装。

7.2.3　上述两种包装方式均应附有产品合格证和使用说明书。

7.3　运输和储存

7.3.1　运输中应避免太阳直射。

7.3.2　减阻剂不应露天堆放，储存环境温度应符合表 2 的规定，存放应保持干燥和通风。

表 2　减阻剂储存温度范围

品　　种	储存温度范围，℃
浆体（EP-W）减阻剂	10～40
浆体（EP-A）减阻剂	－25～30
浆体（EP-O）减阻剂	30～50
浆体（EP-M）减阻剂	0～40
胶体（EP-S）减阻剂	0～50

7.3.3　桶装减阻剂的堆放不应大于两层。

7.3.4　桶装或罐装减阻剂加盖密封，不得稀释存放。

7.3.5　产品保质期 12 个月。

附录 3 PIPEWAY 系列成品油减阻剂

（Q/SY GD0172—2005）

1 范围

本标准规定了 PIPEWAY 系列成品油减阻剂的产品种类、技术要求、试验方法、检验规则以及包装、标志、运输、储存。

本标准适用于 PIPEWAY 系列成品油减阻剂。

2 规范性引用文件

下列文件中的条款通过本标准的引用而成为本标准的条款。凡是注日期的引用文件，其随后所有的修改单（不包括勘误的内容）或修订版均不适用于本标准，然而，鼓励根据本标准达成协议的各方研究是否可使用这些文件的最新版本。凡是不注日期的引用文件，其最新版本适用于本标准。

GB/T 260 石油产品水分测定法。

GB/T 261 石油产品闪点测定法（闭口杯法）。

GB/T 264 石油产品酸值测定法。

GB/T 508 石油产品灰分测定法。

GB/T 510 石油产品凝点测定法。

GB/T 511 石油产品和添加机械杂质测定法（重量法）。

GB/T 2540 石油产品密度测定法（比重瓶法）。

GB/T 6680 液体化工产品采样通则。

SY/T 0520 原油粘度测定——旋转粘度计平衡法。

SY/T 6578 输油管道减阻剂减阻效果室内测试方法。

3 产品分类和技术要求

3.1 PIPEWAY 系列成品油减阻剂分为粉体、浆体和胶体三类。

3.2 PIPEWAY 系列成品油减阻剂的技术指标见表 1。

表 1 成品油减阻剂技术指标

品　　种	粉体减阻剂	浆体减阻剂	胶体减阻剂
外观	白色粉末	淡黄或白色浆体状，无刺激性气味	淡黄或无色半透明溶液
水分	—	无	无
机械杂质	无	无	无
酸度	—	<7.0	<7.0
灰分,%	<1.0	<0.5	<0.1

续表

品　　种	粉体减阻剂	浆体减阻剂	胶体减阻剂
闭口闪点,℃	—	>80	>50
凝点,℃	—	-30 ~ -5	—
相对密度	0.90 ~ 1.10	0.78 ~ 0.96	0.80 ~ 0.90
表观粘度，mPa · s	—	<3000	<80000
减阻率,%	>30	>30	>30

注：①表观粘度测试条件：25℃，$20s^{-1}$。

②减阻率测试条件：0 号柴油，温度 25℃，聚合物加剂浓度 5g/t，流动压力 0.1MPa。

3.3　PIPEWAY 系列成品油减阻剂在注入管线前，用户应取样在预定添加浓度下依照相应的国家标准对成品油质量进行检测，以最终确定加剂的安全性。

4　试验方法

4.1　减阻剂的取样按 GB/T 6680 规定执行。

4.2　外观检验应在明亮的自然光线下，由检验人员目测。

4.3　水分的测定按 GB/T 260 规定执行。

4.4　机械杂质的测定按 GB/T 511 规定执行。

4.5　酸度的测定按 GB/T 264 规定执行。

4.6　灰分的测定按 GB/T 508 规定执行。

4.7　闭口闪点的测定按 GB/T 261 规定执行。

4.8　凝点的测定按 GB/T 510 规定执行。

4.9　粉体、浆体和胶体减阻剂的相对密度均按 GB/T 2540 规定执行。

4.10　表观粘度的测定按 SY/T 0520 规定执行。

4.11　减阻率的测定按 SY/T 6578 规定执行。

5　检验

5.1　PIPEWAY 系列成品油减阻剂应以生产批次为单位，由生产厂按 GB/T 6680 规定抽取试样，并按表 1 所列项目检验。

5.2　用户对产品质量另有要求，则按合同规定项目检验测试。

6　包装、标志、运输、储存

6.1　包装

6.1.1　产品包装容器应清洁。

6.1.2　粉体减阻剂应用金属容器包装，单个包装净重不应超过 200kg。

6.1.3　浆体减阻剂应用塑料或金属容器包装。

6.1.4　胶体减阻剂应用专用金属容器。

6.1.5　上述三种产品包装均应附有产品合格证和使用说明书。

6.2　标志

包装容器上均应印贴有清楚的标志，标志内容应有：

——产品名称；

——执行标准；

——质量或体积；
——商标；
——生产日期；
——生产批号；
——有效期；
——生产厂名与厂址；
——安全标志；
——注意事项。

6.3 运输和储存

6.3.1 运输中宜避免太阳直射。

6.3.2 减阻剂不应露天堆放，宜在常温下储存，存放地宜保持干燥和通风。

6.3.3 桶装减阻剂的堆放不应大于两层。

6.3.4 桶装或灌装减阻剂加盖密封，不得稀释存放。

附录4 管输原油降凝剂技术条件及输送工艺规范

（中华人民共和国石油天然气行业标准SY/T 5767—2005）

1 范围

本标准规定了管输原油降凝剂的技术条件、试验方法、检验规则、包装、标志、运输、储存等方面的要求，还给出了有关原油管道加降凝剂输送工艺的选定原则与步骤、工艺条件及参数的确定原则、运行操作要求及原因物性监测要求和特殊的安全要求。

本标准适用于管输原油用降凝剂及其在输送水含量不高于1.5%的含蜡原油管道的输送工艺。

2 规范性引用文件

下列文件中的条款通过本标准的引用而成为本标准的条款。凡是注日期的引用文件，其随后所有的修改单（不包括勘误的内容）或修订版均不适用于本标准，然而，鼓励根据本标准达成协议的各方研究是否可使用这些文件的最新版本。凡是不注日期的引用文件，其最新版本适用于本标准。

GB 525 轻柴油。

GB 253 煤油（neq ASTM D3699：1983）。

GB/T 261 石油产品闪点测定法（闭口杯法）（neq ISO2719：1973）。

GB/T 378 发动机燃料铜片腐蚀试验法。

GB/T 510 石油产品凝点测定法。

GB/T 4756 石油液体手工取样法（neq ISO3170：1988）。

GB/T 6003.1 金属丝编织网试验筛（eqv ISO3310-1：1990）。

GB/T 6679—2003 固体化工产品采样通则。

GB/T 6680—2003 液体化工产品采样通则。

GB/T 1039 利用试验数据确定产品质量与规格相符性的实用方法（eqv ASTM D3244：1990）。

SY/T 0520 原油粘度测定 旋转粘度计平衡法。

SY/T 0522 原油析蜡点测定 旋转粘度计法。

SY/T 0541 原油凝点测定法。

SY 5737 原油管道输送安全规定。

SY/T 6005—1994 原油降凝剂采购规定。

SY/T 7547 原油屈服值测定 旋转粘度计法。

SY/T 7549 原油粘温曲线的确定　旋转粘度计法。

3　术语和定义

下列术语和定义适用于本标准

3.1　管输原油 pipelining crude oil

经脱水、稳定、混合后，含水量不高于 1.5%，在管道输送过程中物性基本保持稳定的原油。本标准以下提到的“原油”均指“管输原油”。

3.2　改性原油 treated crude oil

净添加降凝剂处理后，流动特性有所改变的原油。

3.3　终冷温度 final temperature of cooling

在降凝剂效果评价试验中，原油添加降凝剂处理过程的最低温度，同时也是处理过程结束取样、测试的温度。一般取原油凝点或凝点以下 5℃的温度作为终冷温度。

3.4　降凝幅度 magnitude of solidification point depression

按本标准规定测得的原油凝点与改性原油凝点的差值。

3.5　降粘率 ratio of viscosity reduction

在终冷温度和相同剪切速度下，原油与改性原油的表观粘度（或粘度）之差值对原油表观粘度的百分比。

3.6　屈服值下降率 ratio of yield value reduction

在终冷温度下，原油与改性原油的屈服值之差值对原油屈服值的百分比。

4　管输原油降凝剂技术条件

4.1　不应含有对管输和炼制设备产生腐蚀及对油品质量带来不良影响的组分和杂货。使用者有要求时，供货方应按使用者要求提供必要的检验数据。

4.2　物性应符合表 1 要求。如为固态产品，应是树脂状均匀颗粒，需按附录 A 进行油溶性试验，技术指标应达到合格。油溶后产品，其物性也应符合表 1 要求。表 1 中指标项由供货方提供实际的具体数据。

表 1　原油降凝剂物性要求及试验方法

项　目	指　标	验收允许范围	试验方法
外观	均匀、无沉淀、不分层	—	目测
凝点 ℃	满足使用要求	±4℃	GB/T 510
表观粘度 mPa·s	满足使用要求	±10%	SY/T 0520
闪点（闭口） ℃	≥40	±2℃	GB/T 261
有效组分的质量分数（ω） %	满足使用要求	±2%	参见附录 B
铜片腐蚀	合格	—	GB/T 378
如共需双方同意，可用其他方法试验，或免去此项要求			

当事双方由于验收试验结果落在允许范围之外而产生纠纷时，应按 GB/T 17039 处理。

4.3　降凝剂实验室效果评定的各项指标要求列于表 2。实际数据由供货方提供。

表 2　降凝剂的实验室效果评定要求

<table>
<tr><th colspan="3">项　目</th><th>技 术 要 求</th><th>试 验 方 法</th></tr>
<tr><td colspan="3">加剂处理最高温度，℃</td><td>≤70</td><td rowspan="5">按第 5 章的要求</td></tr>
<tr><td colspan="3">加剂量（折合纯量），mg/kg</td><td>≤100</td></tr>
<tr><td colspan="3">降凝幅度，℃</td><td>≥10</td></tr>
<tr><td colspan="3">降粘率，%</td><td>≥70</td></tr>
<tr><td colspan="3">屈服值下降率，%</td><td>≥90</td></tr>
<tr><td rowspan="6">稳定性</td><td rowspan="2">静态</td><td></td><td>≤3</td><td rowspan="6">见附录 C</td></tr>
<tr><td></td><td>≤8</td></tr>
<tr><td rowspan="2">高速剪切</td><td></td><td>≤3</td></tr>
<tr><td></td><td>≤8</td></tr>
<tr><td rowspan="2">重复加热</td><td rowspan="2"></td><td>≤2</td></tr>
<tr><td>≤3</td></tr>
</table>

5　管输原油降凝剂效果的室内评定

5.1　方法概述

在实验室将原油添加适量降凝剂，加热至原油中蜡晶全部溶解，再按一定方式降温，使降凝剂在原油降温析蜡过程中发挥作用。在处理的终冷温度下取样测定改性原油的凝点、表观粘度、屈服值，并与原油低温流动特性作相应对比；进行稳定性试验，从而得出该降凝剂对该种原油的降凝幅度、降粘率、屈服值下降率以及稳定性数据；以此作为其实验室常规评定的结果。

5.2　仪器、试剂

5.2.1　恒温水浴：控温范围 0～95℃，精度 ±1℃。

5.2.2　试瓶：250～500mL 的三口烧瓶或广口瓶。

5.2.3　微量注射器：0.1～1mL，分度值 0.002～0.02mL。

5.2.4　天平：感量 0.1g。

5.2.5　温度计：0～100℃，分度值不大于 0.5℃。

5.2.6　搅拌器：转速范围 50～100r/min。

5.2.7　同轴圆筒形旋转粘度计：剪切速度范围 5～200s^{-1}，仪器重现性不大于 ±2%，控温精度 ±1℃。

5.2.8　溶剂：二甲苯或煤油。

5.3　样品准备

5.3.1　原油样品：按 GB/T 4756 取得原油样品，每评定一种降凝剂至少需要原油样品 2kg。

5.3.2　降凝剂样品：按 GB/T 6680 取得已知密度的降凝剂样品，每批量至少 50g；若样品粘稠不易用注射器抽取时，取 20 ~ 40g，按溶剂与降凝剂之比为 1∶1 至 3∶1 的比例稀释；当样品为固态颗粒时，按 GB/T 6679 取样，至少 20g，用溶剂按 7∶1 至 9∶1 的比例溶解，备用。

5.4　原油物性参数测定

对 5.3.1 原油样品进行下列各项测定。

5.4.1　析蜡点：按 SY/T 0522 测定。

5.4.2　凝点：按 SY/T 0541 测定。

5.4.3　表观粘度：按 SY/T 0520 测定原油在甲级处理终冷温度下的表观粘度，剪切速度范围 5 ~ 80s^{-1}。

5.4.4　粘温曲线：按 SY/T 7549 确定 70℃ 至加剂处理终冷温度范围的原油粘温曲线，剪切速度范围 5 ~ 80s^{-1}。

5.4.5　屈服值：按 5.6.1 测定改性原油凝点后，在改性原油凝点以上 3℃ 温度下按 SY/T 7547 测定原油的屈服值。

5.5　改性原油制备

5.5.1　取 5.3.1 原油样品 150g 装入清洁干燥试瓶。

5.5.2　用微量注射器按所需量抽取 5.3.2 制备的降凝剂，注入 5.5.1 试瓶中。降凝剂添加量以每千克原油添加降凝剂毫克计。

5.5.3　将试瓶固定于水浴中，在瓶口内装好温度计及搅拌桨，适当密封。启动水浴加热。加热最高温度应高于原油析蜡点 10℃ 以上，通常为 50 ~ 70℃，恒温 5min，同时启动搅拌器适度搅拌。

5.5.4　将浴温降至原油析蜡点以下 5℃，使试油从处理最高温度起，以约 1℃ /min 的降温速度降至原油析蜡点温度。

5.5.5　控制浴温，使试油降温速度为 0.3 ~ 0.5℃/min，降至加剂处理的终冷温度。如有特殊要求时，该温度由供需双方协商确定。

5.6　改性原油物性参数测定

在加剂处理的终冷温度下，取改性原油试样进行下列各项测定。

5.6.1　凝点：按 SY/T 0541 测定。

5.6.2　表观粘度（或粘度）：按 SY/T 0520 测定，直接测定终冷温度下的表观粘度，剪切速度范围 5 ~ 80s^{-1}。

5.6.3　屈服值：按 SY/T 7547 测定，不经预热，直接测定终冷温度下的屈服值。

5.6.4　稳定性：按附录 C 测定。

5.6.5　粘温曲线：按 SY/T 7549 确定从终冷温度至加剂处理最高温度范围的改性原油粘温曲线，剪切速度范围 5 ~ 80s^{-1}。

5.7　结果计算

按 5.5 进行两次重复试验，取由 5.5 和 5.6 测得的凝点、表观粘度及屈服值的算术平均值，按下列各式进行计算。

5.7.1　降凝幅度计算见式（1）：

$$\Delta T_N = T_{N0} - T_{N1} \qquad (1)$$

式中　ΔT_N——降凝幅度，℃；

T_{N0}——原油凝点，℃；

T_{N1}——改性原油凝点，℃。

5.7.2　降粘率计算见式（2）：

$$\varepsilon_\mu = \frac{\mu_0 - \mu_1}{\mu_0} \times 100\% \qquad (2)$$

式中　ε_μ——降粘率；

μ_0——原油表观粘度，MPa · s；

μ_1——改性原油表观粘度，MPa · s。

μ_0和μ_1应取5～80s^{-1}范围内相同剪切速度条件下的测定值。若找不出相同剪切速度下的测定值，可按几个剪切速度下测定值的回归方程，计算出所需剪切速度下试样的表观粘度。

5.7.3　屈服值下降率计算见式（3）：

$$\varepsilon_r = \frac{\tau_0 - \tau_1}{\tau_0} \times 100\% \qquad (3)$$

式中　ε_r——屈服值下降率；

τ_0——原油屈服值，Pa；

τ_1——改性原油屈服值，Pa。

5.8　报告

内容应包括表2各项的实际数据及5.4.4与5.6.5确定的粘温曲线。

6　实验室模拟试验

6.1　应依据拟使用降凝剂的管道实际运行工况进行实验室模拟试验。

模拟试验内容可包括：

经过管道输送全过程的剪切和热历史条件，包括经历过泵、温度回升、重复加热以及静止等，改性原油的流动特性。

掺合未加降凝剂的原油或原油组分改变导致效果的变化。

6.2　应向使用者提交试验报告，并注明模拟方法及具体的模拟试验条件。

7　管输原油降凝剂的采样、检验

7.1　采样

固态降凝剂的采样应符合GB/T 6679—2003中4.3.1.1对袋装小颗粒物料的采样规定；非固态降凝剂的采样应符合GB/T 6680—2003中7.1.1.3对流动态液体的大桶装产品（不大于200L）和7.2对稍加热即可成为流动态的粘稠液体产品的采样规定。

7.2　检验

降凝剂的检验规则，应符合SY/T 6005—1994第5章的规定。

8　管输原油降凝剂的保证、标志、运输、储存

8.1　包装

固态降凝剂应使用牛皮纸袋或聚乙烯塑料袋密封，外包聚丙烯编织袋保护；非固态降凝剂宜使用200L铁桶或适当的容器包装，容器盖应密封不泄露。

8.2　标志

包装袋或铁桶外应印有生产厂名、产品名称及代号、标准编号、生产日期、批号、有效期和净质量等标志。

8.3　运输

在运输降凝剂产品时应注意防火，避免暴晒和包装件

8.4　储存

储存时应置放在防火、通风、干燥的仓库内。降凝剂产品应在有效期内使用。过期应复检，性能符合第 4 章要求仍可使用。

9　原油管道加降凝剂输送的一般要求

9.1　应用加降凝剂输送工艺的各运营单位，应遵照本标准各项原则制定相应的具体技术要求和各岗位操作规程。

9.2　当本标准以下某些条款因实际条件不能执行时，应制定试验运行方案，报经主管部门批准后执行。

10　原油管道加降凝剂输送工艺条件

10.1　降凝剂配制及注入

10.1.1　降凝剂有效组分质量浓度：使用原油配制时应为5%～10%，使用成品油配置时应为10%～15%。

10.1.2　用于配制降凝剂的油品，水含量不得高于1.5%。

10.1.3　配制降凝剂时，应适量加料，避免溢出，配制温度控制在85℃以下，匀速搅拌直至全部溶解。

10.1.4　配制后的降凝剂应采用搅拌器搅拌或循环泵间歇循环的方式防止分层或沉降。

10.1.5　运行中应根据流量计读数，按规定的注入量及时调整计量泵流量；流量计应按期检定。

10.1.6　降凝剂注入点应设在输油泵前的管线上。

10.2　运行参数

10.2.1　降凝剂注入量应是符合表 2 要求且满足安全输油的最低加入量。

10.2.2　降凝剂注入站原油加热温度应是根据第 5 章室内试验，以及 11.2.3 的模拟试验和水力热力计算结果选定的经济安全处理温度，向下波动不超过 2℃。

10.2.3　各站最低进站温度应定为高于进站改性原油凝点 3℃以上的经济合理温度。

10.2.4　改性原油应尽量减少重复加热。需在中间站再次加热时，应尽量使其加热温度避开改性效果因温度回升严重恶化的范围。能否采用冷热油掺合，应通过试验确定。

10.2.5　改性原油需在中间站再次过泵时，应使其过泵温度尽量避开改性效果受剪切恶化的温度范围。

10.2.6　管线允许停输时间应通过现场试验确定。

11　原油管道加降凝剂输送工艺的选定

11.1　选定原则

在原油管道上应用加降凝剂输送工艺，应从技术可行、经济合理、安全可靠三方面综合考虑。

11.2　选定步骤

11.2.1　按第5章、第6章的规定，初步评定所输原油价降凝剂处理的效果，筛选降凝剂。

11.2.2　按第4章的规定，认定所选降凝剂满足技术要求。

11.2.3　通过实验室模拟和管道工业性试验的方法，确定加降凝剂处理后原油改性的实际效果。根据管道实际情况，其内容可包括：

（1）经过管道流动全过程原油的改性效果。

（2）改性原油经历过泵、温度回升、重复加热以及静止后效果的变化。

（3）掺合未加降凝剂的原油或原油组分改变导致的效果变化。

11.2.4　运用加降凝剂处理后相应管段改性原油的物性与流变性，根据管道实际情况选用合理参数，进行热力、水力计算，预测输油工艺方案。

11.2.5　遵照11.1的原则，根据11.2.1～11.2.4的结果，确定不同工况下选用加降凝剂输送的工艺。

12　原油管道加降凝剂输送工艺的运行要求

12.1　降凝剂注入应设专门岗位。定时巡检机泵、搅拌器、过滤器、流量计等设备的运行情况。注入泵按设备要求定期保养。应保证注入系统能连续、均匀、定量地注入降凝剂。注入系统短期停运应采用保温伴热或其他方式保持管线不凝。长期停运应放空或清扫管线。

12.2　运行期间应控制中间不点炉泵站旁接油罐罐位波动，罐中加剂原油掺入管道的量不宜超过输量的10%。

12.3　运行期间应定期采取清管器清管或大排量热洗的方法清除管壁沉积物。全线清管时顺序宜由后向前逐段进行。

12.4　管线停输再启动时，注入站加降凝剂的原油应达到规定处理温度后再出站。中间加热站应在最短时间内使原油达到规定加热温度。

12.5　工艺转换

12.5.1　当由加剂输送向加热输送工艺转换时，中间站应由下游向上游逐站点炉，即点炉站加热油头到达下站，上站方可点炉；全线点炉完成，且各站进站温度高于未加剂处理原油凝点3℃时，再停注降凝剂。

12.5.2　当由加热输送向加剂输送工艺转换时，应首先开始注入降凝剂，注入站原油加热达到10.2.2要求后出站；将中间站罐中原油尽快用加剂原油置换；由上游向下游逐站停炉，即加剂油头到达下站且凝点低于预定值时，上站方可停炉。

12.5.3　因降低输量而向加剂输送工艺转换时，应首先开始注入降凝剂，注入站原油加热达到10.2.2要求后出站；将中间站罐中原油尽快用加剂原油置换；当加剂油头到达下站且凝点低于预定值时，首站方可降低输量。反之，应首先提高输量，待各进站原油温度高于未加剂处理原油凝点3℃时，注入站方可停注降凝剂。

12.5.4 加热输送和加剂输送工艺相互转换期间不允许管线停输、反输和投放清管器。

12.6 加剂原油不宜掺合未加剂原油输送。必须掺合输送时，应根据试验结果进行水力、热力计算，确定安全允许掺合比例及条件，依此运行。

12.7 加剂输送不宜进行反输。必须反输时，管内返回输送的原油到达加热站的最低进站温度应高于进站原油凝点3℃。反输最低输量宜大于正输最低输量的1.3倍，反输总量不小于加热站最大间距管容积的1.5倍。反输期间不允许停输。

13 采用加降凝剂输送工艺的原油管道化验监测

13.1 岗位的设置与职责

化验监测岗位主要应设在降凝剂注入站与末站，另可根据管线具体情况在中间站设置需要的化验监测岗位。化验人员应持证上岗，计量器具应按规定检定。化验监测岗位负责监测降凝剂性能以及管输原油、加剂改性原油的凝点和粘度。

13.2 取样点、测试周期及测试项目在正常运行时执行表3规定。凝点测定执行SY/T 0541；粘度测定执行SY/T 0520。降凝剂性能监测执行第4章的规定，其结果应满足第4章规定的技术要求。

13.3 非常工况下的监测

当管道来油性质发生变化，或有非常规运行工况以及工艺变换时，应根据需要增加中间站化验监测点并适当缩短各站取样测试周期。若在中间站取样，应采取措施避免在原油析蜡高峰区温度下带压取样阀门的强剪切作用。

表3 化验监测要求

取 样 点	测 试 周 期	测 试 项 目
注入站	每批次	降凝剂性能
注入站进站管线	每周一次	原油凝点
	每月一次	包括输油温度范围的原油粘度—温度曲线
注入站出站管线	每日一次	改性原油凝点
	每周一次	包括输油温度范围的改性原油粘度—温度曲线
末站进站管线	每日一次	改性原油凝点、取样温度下的改性原油粘度

14 安全措施

14.1 本标准执行中涉及原油管道安全的一般技术要求应执行SY 5737。

14.2 应按时对化验监测数据和全线压力、温度、输量等运行情况进行综合分析，发现异常应立即查找原因采取针对性措施（如增加降凝剂注入量、中间站启泵、提高输油温度或输量等）及时处理。

14.3 降凝剂注入泵应有备用泵，并确保注入系统运行正常。降凝剂配制及注入系统的设计运行应制定必要的安全措施。

14.4 根据运行压力上升趋势，应及时采取相应工艺措施（如加大输量、热洗或清管等）。

14.5 在加降凝剂处理输送与其他工艺相互转换时，应严格按规定程序操作。

14.6 加剂输送管道应制定事故预案。

附录 A
（规范性附录）
固态降凝剂油溶性试验

A. 1　原理

将固态降凝剂在指定条件下配制成指定浓度的轻柴油或原油溶液，观测降凝剂溶解状况并评定其油溶性。

A. 2　仪器和试剂

A. 2. 1　水浴：0～80℃，精度 ±1℃。

A. 2. 2　搅拌器：转速 50～120r/min。

A. 2. 3　天平：感量 0. 2g。

A. 2. 4　温度计：0～100℃，分度值不大于 0. 5℃。

A. 2. 5　试瓶：250mL 广口瓶。

A. 2. 6　轻柴油：符合 GB 252 中对 0 号或 －10 号轻柴油的要求。

A. 2. 7　原油：拟添加降凝剂进行改性处理的原油。

A. 3　轻柴油油溶性试验

A. 3. 1　试瓶内加入轻柴油 75g，置于恒温 70 ±1℃的水浴中，向试瓶内加固态降凝剂 25g，装好搅拌器并将瓶口合适密封，以 80～120r/min 搅拌，观察其溶解状况并记录从开始搅拌至完全溶解的时间。

A. 3. 2　将 A. 3. 1 制备的溶液在室温下静置 24h，目测溶液是否分层。

A. 3. 3　溶解时间不大于 5h，且 A. 3. 2 的结果不分层，认为固态降凝剂的轻柴油油溶性试验合格。

A. 4　原油油溶性试验

A. 4. 1　试瓶内加入原油 90g，置于恒温 80 ±1℃的水浴中，向试瓶内加入固态降凝剂 10g，装好搅拌器并将瓶口合适密闭，以 80～120r/min 搅拌 8h。

A. 4. 2　将 A. 4. 1 制备的溶液趁热用滤网过滤，滤网规格为 SSW0. 40/0. 25（符合 GB/T 6003. 1 的规定）。目测，筛网上和试瓶壁是否有颗粒或胶状附着物。

A. 4. 3　若筛网上和试瓶壁无颗粒或胶状附着物，则认为固态降凝剂的原油油溶性试验合格。

A. 5　试验报告

根据 A. 3. 3 或 A. 4. 3 结果，报告固态降凝剂油溶性试验结果。

附录 B
（资料性附录）
降凝剂有效浓度的测定

B. 1　原理

选择一种能与降凝剂溶液中的煤油或轻柴油等溶剂充分互溶，但又不溶解降凝剂中的高

分子聚合物的溶剂（如乙醇），将降凝剂中的有效成分——高分子聚合物沉析出来，将沉析物过滤、烘干、恒量，计算非固态降凝剂的有效浓度。

B. 2　仪器和试剂

B. 2. 1　烘箱：控温 35 ±5℃。

B. 2. 2　天平：感量 0. 1g。

B. 2. 3　量筒：50mL。

B. 2. 4　烧杯：100mL，400mL。

B. 2. 5　玻璃表面皿：直径 100mm。

B. 2. 6　定性滤纸：直径 125mm。

B. 2. 7　无水乙醇：化学纯。

B. 2. 8　煤油：符合 GB 253 中对煤油的要求。

B. 3　样品处理

将玻璃瓶内的降凝剂样品（不超过容积的四分之三）摇匀。对粘稠样品应预热至 50 ~ 60℃，用玻璃棒搅拌后摇匀。

B. 4　测定

B. 4. 1　用已知质量的 100mL 烧杯，称取降凝剂样品 15 ~20g（精确至 0. 1g）。加煤油 20 ~25mL，搅拌均匀。

B. 4. 2　量取无水乙醇 200mL，倒入 400mL 烧杯中。

B. 4. 3　将 B. 4. 1 制备的降凝剂溶液，以细线流状缓慢倒入 B. 4. 2 烧杯内的无水乙醇中，倒入过程用玻璃棒快速搅拌，倒入完毕继续搅拌约 1min。如沉析物呈大块胶团状，可用不锈钢剪刀剪碎，继续用玻璃棒搅拌、静置各 3 ~5min。

B. 4. 4　将烧杯内上层清液倒入 B. 4. 1 的 100mL 烧杯，用玻璃棒刷洗残留的降凝剂溶液。然后缓慢倒入 B. 4. 2 烧杯内。搅拌、静置各 3 ~5min。

B. 4. 5　将烧杯内上层清液倒入已知质量的定性滤纸过滤。对烧杯内的沉析物加入约 300mL 无水乙醇，用玻璃棒挤压搅拌 1 ~2min。

B. 4. 6　依次将烧杯内的清液和沉析物倒入 B. 4. 5 的定性滤纸上过滤。

B. 4. 7　将滤纸和滤出的沉析物放在表面皿上，放入 30 ~40℃的烘箱内烘干至恒量（前后两次称量之差不大于 0. 1g）。

B. 5　计算

B. 5. 1　降凝剂有效组分的质量分数（%）按式（B. 1）计算：

$$\omega = \frac{W_2}{W_1} \times 100\% \tag{B. 1}$$

式中　ω——降凝剂有效组分的质量分数；

W_2——沉析物质量，g；

W_1——降凝剂样品质量，g。

B. 5. 2　取平行测定两个结果的算术平均值作为试样的浓度。

B. 6　精密度

同一操作者平行测定两个结果之差应不大于 2%。

附录 C

（规范性附录）

改性原油稳定性试验

C.1　原理

将按5.5制备的改性原油分别经静置、高速剪切及重复加热处理，测定其降凝幅度和降粘率的回升值，以评定改性原油的静置、高速剪切及重复加热的稳定性。

C.2　仪器和试剂

C.2.1　水浴：0～80℃，精度±1℃。

C.2.2　搅拌器：转速50～1500r/min，桨叶65mm×17mm。

C.2.3　天平：感量0.1g。

C.2.4　同轴圆筒形旋转粘度计：剪切速度范围5～200s^{-1}，仪器重现性不大于±2%，控温精度±1℃。

C.2.5　试瓶：250～500mL的三口烧瓶或广口瓶。

C.2.6　微量注射器：量程0.1～1mL，分度值0.002～0.02mL。

C.2.7　温度计：0～100℃，分度值不大于0.5℃。

C.2.8　煤油：符合GB 253对煤油的要求。

C.3　静置稳定性试验

C.3.1　按5.5制备改性原油，并按5.6.1，5.6.2测定终冷温度下的凝点T_{N1}及表观粘度μ_1。

C.3.2　将C.3.1剩余样品在终冷温度密闭静置72h，按5.6.1，5.6.2测定凝点T_{N2}及表观粘度μ_2。

C.3.3　按C.6计算经静置稳定性试验后降凝幅度和降粘率的回升值。

C.4　高速剪切稳定性试验

C.4.1　同C.3.1

C.4.2　另取油样，执行5.5.1～5.5.4，当油温降至原油凝点以上5℃时，用搅拌器以1200～1500r/min搅拌1min，然后以0.3～0.5℃/min降至终冷温度。测定其凝点及表观粘度。

C.4.3　按C.6计算经高速剪切稳定性试验后降凝幅度和降粘率的回升值。

C.5　重复加热稳定性试验

C.5.1　同C.3.1。

C.5.2　将C.5.1得到的改性原油，重复5.5.3～5.5.4的步骤一次，测定其凝点及表观粘度。

C.5.3　按C.6计算经重复加热稳定性试验后降凝幅度及降粘率的回升值。

C.6　结果计算

稳定性试验要求做平行试验。两次试验的凝点、表观粘度的测定结果应符合其相应测定

方法的误差规定，并取两次的算术平均值作为测试结果。

C. 6. 1 降凝幅度回升值按式（C. 1）计算：

$$\Delta T = T_{N2} - T_{N1} \tag{C. 1}$$

式中 ΔT——降凝幅度回升值,℃ ;

T_{N1}——改性原油凝点,℃ ;

T_{N2}——改性原油经稳定性试验后的凝点,℃。

C. 6. 2 降粘率回升值按式（C. 2）计算：

$$C = \frac{\mu_2 - \mu_1}{\mu_0} \times 100\% \tag{C. 2}$$

式中 C——降粘率回升值；

μ_0——原油在终冷温度的表观粘度，mPa · s；

μ_1——改性原油在终冷温度的粘度，mPa · s；

μ_2——改性原油经稳定性试验后在终冷温度的粘度，mPa · s。